国家级实验教学示范中心
"电气工程基础实验中心"系列实验教材

电子技术实验教程
（电工学Ⅱ）

模电实验
数电实验
综合设计与仿真实验

主　编　王　英
参　编　曾欣荣　谢美俊　陈曾川
　　　　赵　舵　曹保江

西南交通大学出版社
·成　都·

内容简介

本实验教材是国家级实验教学示范中心-"电气工程基础实验中心"系列实验教材;是国家级"十二五"规划教材《电子技术基础》(电工学Ⅱ)的配套实验教材;是在总结和积累了《电子技术实验》讲义 15 年的教学应用与实践经验的基础上撰写而成的。

本实验教材针对电子技术内容展开实验教学论述,其知识点主要包含模拟电子技术实验和数字电子技术实验两部分内容。实验教材共由五部分组成,即电子技术实验的基础知识、模拟电子技术实验、数字电子技术实验、电子电路综合设计与仿真实验、附录等。实验内容难易覆盖了不同层次、不同专业的教学要求,各实验教学课程可灵活组合实验教学项目。

本实验教材可作为高等学校工科电工学实验课程的实验教材,各电气、电子专业的电子技术实验基础教材和参考教材,也可作为各种不同层次的电工电子教学的实验教材,还可作为从事电子技术工作的工程技术员参考教材。

图书在版编目(CIP)数据

电子技术实验教程(电工学Ⅱ)模电实验·数电实验·综合设计与仿真实验/王英主编. —成都:西南交通大学出版社,2015.3(2023.7 重印)

国家级实验教学示范中心 "电气工程基础实验中心"系列实验教材

ISBN 978-7-5643-3836-7

Ⅰ. ①电… Ⅱ. ①王… Ⅲ. ①电子技术–实验–高等学校–教材 Ⅳ. ①TN-33

中国版本图书馆 CIP 数据核字(2015)第 060115 号

国家级实验教学示范中心
"电气工程基础实验中心"系列实验教材

电子技术实验教程(电工学Ⅱ)
模电实验·数电实验·综合设计与仿真实验

主编 王 英

责 任 编 辑	李芳芳
封 面 设 计	墨创文化
出 版 发 行	西南交通大学出版社 (四川省成都市金牛区交大路 146 号)
发 行 部 电 话	028-87600564　028-87600533
邮 政 编 码	610031
网　　　　址	http://www.xnjdcbs.com
印　　　　刷	成都中永印务有限责任公司
成 品 尺 寸	185 mm × 260 mm
印　　　　张	15
字　　　　数	376 千
版　　　　次	2015 年 3 月第 1 版
印　　　　次	2023 年 7 月第 2 次
书　　　　号	ISBN 978-7-5643-3836-7
定　　　　价	33.00 元

课件咨询电话:028-87600533
图书如有印装质量问题 本社负责退换
版权所有 盗版必究 举报电话:028-87600562

前　言

　　创新型国家建设中，人才的培养是根本，技术基础学科则是人才培养的关键。随着科学技术的发展，电子技术已不再仅仅是电类各专业的重点技术基础课程，它已成为大多数工科类各专业所要求的内容。新的工业革命和信息时代的到来，无疑对工程实践能力要求越来越高，学生不仅要掌握理论知识，还要努力提高自身的工程能力，电子技术实验课程正是电子技术理论与电子工程实践能力间的桥梁，引导学生一步步的成长，启发学生去实现自己的梦想，从实践中成长为具有时代特色的工程师。

　　电子技术实验是电子技术课程的重要实践性教学环节。实验的目的不仅是要巩固和加深理解所学的理论知识，更重要的是要提高实验技能，提高分析、设计电子电路的工程实践能力。

　　本实验教材是国家级实验教学示范中心-"电气工程基础实验中心"系列实验教材；是国家级"十一五"、"十二五"规划教材《电子技术基础》(电工学 II)的配套实验教材；是四川省精品课程"电工学"建设教材；是西南交通大学重点教材建设项目；是在总结和积累了《电子技术实验》讲义15年的教学应用与实践经验的基础上撰写而成的。

　　本教材根据电子技术理论知识的认识规律，展开各章节实验项目的设立，项目内容主要包含模拟电子技术和数字电子技术两部分，并分为五个章节进行分层次的展开论述。第1章"电子技术实验的基础知识"，重点介绍电子技术实验的基础知识，电子电路的测量方法及实验操作的安全规则；第2章"模拟电子技术实验"，其实验项目主要是围绕模拟电子技术的基本电子元器件特性和基本应用展开，重点掌握电子器件特性和参数的测试，掌握基本的应用模块电路的技术指标参数的确定与测试，如直流稳压电源电路、基本的放大电路和运算放大电路等；第3章"数字电子技术实验"，其实验项目主要是围绕数字逻辑电路的分析、设计及应用展开，重点掌握组合逻辑电路和时序逻辑电路基本应用和逻辑分析，掌握数字逻辑电路的基本调试方法，如逻辑门电路的应用，编码器、译码器、选择器、比较器和加法器等组合器件的应用，触发器、计数器和555定时器等时序器件的应用；第4章"电子电路综合设计与仿真实验"，重点是将几个基本的功能模块电路组合在一起，形成一个功能上较为复杂的综合性实验，其项目给学生提供了更大的拓展与发挥空间。如"稳压源与耦合放大电路的综合设计仿真实验"中，综合了直流稳压电源模块与基本的电压放大电路模块，是二极管、稳压管和三极管等器件的综合应用；又如"数字钟系统仿真"实验项目是组合逻辑电路与时序逻辑电路的综合，其实验电路图的方案不是唯一的；第5章"附录"，重点介绍电子器件型号命名方法、器件使用规则、常见故障排除方法、集成器件的外引线排列次序和EE2010电子综合实践装置的使用说明书等，为实验项目提供辅助资料，为实验操作提供实践装置平台。

　　本教材的实验项目难易程度适中，内容覆盖了不同层次、不同专业的教学要求，各实验教学课程可灵活组合实验教学项目。本教材可作为高等工科院校大学本科非电类各专业"电子技术基础"课程的实验教材；作为各电气、电子专业的电子技术实验的参考教材；作为职业大学、成人教育大学、电视大学和网络教育等同类专业的实验教材；还可作为从事电子技术工作的工程技术员的参考资料。

本教材由西南交通大学王英执笔主编，另：曾欣荣参编第 4 章和第 5 章；谢美俊执笔编写第 3 章的"基本逻辑门芯片的参数与功能测试"实验项目，参编第 5 章；陈曾川参编第 2 章和第 4 章；赵舵参编第 3 章，曹保江参编第 4 章。在教材编写过程中，参考了众多优秀教材，受益匪浅，另外，很多"电子技术基础"课程的前辈和同行也给予了大量的支持，在此编者表示衷心的感谢。

由于编者水平有限，书中错误和不妥之处，恳请广大读者批评指正。

编　者

2015 年 3 月

目 录

第1章 电子技术实验的基础知识 ·················· 1
- 1.1 电子技术实验的目的和要求 ·················· 1
- 1.2 实验规则 ·················· 3
- 1.3 电子技术实验中的测量方法 ·················· 4
- 1.4 实验室的安全规则 ·················· 8

第2章 模拟电子技术实验 ·················· 10
- 2.1 实验一 基本的单相桥式整流、滤波、稳压电路 ·················· 10
- 2.2 实验二 单管电压放大电路 ·················· 17
- 2.3 实验三 两级阻容耦合放大电路 ·················· 26
- 2.4 实验四 MOS场效应管特性的基本应用测试 ·················· 32
- 2.5 实验五 反馈放大电路 ·················· 39
- 2.6 实验六 运算放大器的线性应用（1）·················· 48
- 2.7 实验七 运算放大器的线性应用（2）·················· 55
- 2.8 实验八 RC正弦波振荡电路 ·················· 59

第3章 数字电子技术实验 ·················· 64
- 3.1 实验一 基本逻辑门芯片的参数与功能测试 ·················· 64
- 3.2 实验二 与非门组成故障报警电路 ·················· 67
- 3.3 实验三 组合数字比较器 ·················· 72
- 3.4 实验四 半加器、全加器的组合电路设计 ·················· 77
- 3.5 实验五 半加器的应用 ·················· 83
- 3.6 实验六 用D触发器组成移位寄存器 ·················· 88
- 3.7 实验七 智力竞赛抢答电路 ·················· 94
- 3.8 实验八 计数-译码-数码显示综合性实验 ·················· 98
- 3.9 实验九 分频器 ·················· 106
- 3.10 实验十 74LS290异步计数器的应用 ·················· 112
- 3.11 实验十一 74LS161同步计数器的应用 ·················· 122
- 3.12 实验十二 555集成定时器及其应用 ·················· 129
- 3.13 实验十三 综合性电子秒表计时电路设计 ·················· 139

第4章 电子电路综合设计与仿真实验 ·················· 146
- 4.1 实验一 串联型稳压电源综合实验 ·················· 146

4.2 实验二 稳压源与耦合放大电路的综合设计实验 …………………………… 152
4.3 实验三 方波-三角波-函数发生电路 …………………………………………… 154
4.4 实验四 电子温度计综合性实验 ………………………………………………… 159
4.5 实验五 模电器件性能测试设计实验 …………………………………………… 162
4.6 实验六 互补对称功率放大电路的仿真实验 …………………………………… 166
4.7 实验七 数模综合设计乘法器电子电路 ………………………………………… 169
4.8 实验八 八路定时竞赛抢答电路的设计与仿真 ………………………………… 173
4.9 实验九 双向移位寄存器 ………………………………………………………… 180
4.10 实验十 电子表计时显示电路的设计 ………………………………………… 185
4.11 实验十一 照明灯自动亮灭控制电路的设计 ………………………………… 190
4.12 实验十二 数字钟的综合性设计实验 ………………………………………… 192
4.13 实验十三 交通灯控制系统的设计 …………………………………………… 196
4.14 实验十四 简易电子琴的设计 ………………………………………………… 203

第5章 附 录 …………………………………………………………………………… 207
5.1 常用半导体分立器件的命名 ……………………………………………………… 207
5.2 集成器件型号的命名 ……………………………………………………………… 212
5.3 集成电路使用规则 ………………………………………………………………… 216
5.4 集成器件的外引线排列次序 ……………………………………………………… 218
5.5 实验注意事项及常见故障排除 …………………………………………………… 226
5.6 EE2010电子综合实践装置使用说明书 …………………………………………… 228

参考文献 …………………………………………………………………………………… 234

第1章 电子技术实验的基础知识

1.1 电子技术实验的目的和要求

1.1.1 电子技术实验的目的

电子技术是高等工科学校本科非电类专业的一门技术基础课程。在电子技术日新月异、不断渗透到其他学科领域的形势下,为培养卓越的工程技术人才,电子技术实验显得更为重要。

电子技术是一门工程实践性很强的课程。在实验中,应加强工程意识的训练,注重实验技能的培养,包括:掌握电子器件性能指标的测试方法;掌握电子电路的分析与设计方法;掌握电子电路的组装、调试和故障的排除方法;掌握仿真软件实验与测试方法;迅速拓展、巩固和加深电子电路技术的理论知识及实验技能,等。

电子技术实验内容,如按理论课程分类,可分为模拟电子技术实验和数字电子技术实验,而在电子系统中,常常会同时含有模拟电子电路和数字电子电路;如按实验的性质分类,可分为验证性实验、综合性实验、设计性实验三大类。

验证性实验项目主要是针对某一个基本的理论知识点展开实验,通过实验操作、数据测试、故障判断、项目分析等,有目的的巩固其理论知识点,认识电子电路现象,培养基本实验知识、方法和技能,打好工程实践基础。

综合性实验项目主要是针对应用性实验,实验项目主要是综合应用某一范围内的理论知识展开实验,培养学生综合运用所学知识能力。

设计性实验项目主要是进一步提高综合应用能力,通过设计性实验项目实施,全面了解和掌握知识的内涵,由"综合"上升到"探索",再由"探索研究"反馈到"综合应用",灵活运用所学知识,探索未知的"角落"。

1.1.2 电子技术实验的基本要求

一个电子技术实验一般可分为三个阶段,如框图 1-1-1 所示。第一个阶段为"预习阶段",预习实验相关内容,写出实验预习报告。预习报告是顺利完成实验的保障;第二阶段为"实验操作与数据测试阶段",在做好实验前的预习基础上,开始实际操作测试,实验过程和实验结果关系到实验报告的深度和正确性;第三阶段为"实验报告的撰写阶段",实验报告的好坏,直接反映出电子技术实验的操作技能、测试能力、数据分析与理论研究等科学实践的水平。

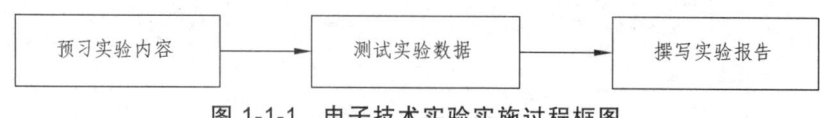

图 1-1-1　电子技术实验实施过程框图

1. 预习报告

"预习报告"是实验前对每一个学生提出的要求。实验前每一位学生应反复向自己提出以下几个问题,并完成实验前的预习报告。即

(1) 我进实验室做什么项目?

(2) 我做实验的目的是什么?

(3) 实验项目的基本原理、实验电路图和实验内容要求是什么?

(4) 怎么才能准确无误的实施操作完成实验项目?

(5) 实验数据怎么测试?怎样判断测试实验数据的正确性?

(6) 实验实施过程中要用到那些电子仪器、仪表?如何操作使用这些仪器、仪表?

(7) 实验中有哪些安全注意事项?

每一位做实验者,通过"预习报告"的论述,阅读理论教材和实验教材,深入了解实验目的、原理、内容,掌握实验项目操作技能和实验参数的测试方法,便于准确无误完成实验项目的同时从中获得最大的知识量和实践能力的提高。

2. 实验过程

"实验室"不仅仅是一个实验课程学习的平台,它还是科学与研究的发源地。从简单的"证明"、"验证"性实验开始,告诉大家,实验是怎样进行的,参数是如何测量出来的,仪器、仪表的作用是什么。看似简单的理论是如何在实验中得以证明,而实验证明的过程又教会我们更多的科学研究方式方法,所以,实验室是所有学生提高实践能力、展现科学研究水平的地方。

由于电气电子类实验涉及人身安全和国家财产的安全,所以实验进行中必须保证安全第一,遵守实验操作守则是做实验者必备的实验素质,因此,在实验过程中,要求必须做到:

(1) 准时进入实验室,在规定的时间内完成实验任务,遵守实验室的规章制度,实验任务完成后整理好实验器件和仪器、仪表等。

(2) 掌握实验中的仪器、仪表、装置等技术指标、参数和使用方法。

① 了解设备的名称、用途、铭牌规格、额定值及面板旋钮情况。

② 重点关注设备使用的极限值。

注意量测仪表仪器最大允许输入量。如:电流表、电压表和功率表要注意最大的电流值或电压值;万用表、示波器、数字频率计等的输入端都规定有最大允许的输入值,不得超过,否则损坏设备。多量程仪表要正确使用量程,千万不能用欧姆挡测量电压,或用电流挡测量电压。

③ 掌握设备面板上各旋钮的作用,实验中禁止无意识地乱拨动旋钮。

④ 使用设备前,首先判断设备是否正常或完好。有自校的可通过自校信号对设备进行检查。如:示波器有自校的正弦波或方波;频率计有自校标准频率。

(3) 严格按照科学的操作方法进行实验,按实验电路图进行正确接线和布线。

① 合理安排仪表元件位置，接线该长则长，该短则短，达到接线清楚，容易检查，操作方便的目的。

② 接线规律为：先接实验电路图中的回路，再接并联支路。电流大的用粗导线，而电流小的用细导线。

（4）实验中出现故障时，首先应用理论知识，根据故障现象，耐心分析原因，并能通过自己努力或在老师的指导下独立排除故障。

（5）用正确方法读取实验数据，细心观察实验现象，准确测绘波形曲线参数，做到原始数据记录完整和准确。

3. 实验报告

撰写实验报告是整个实验项目中的一个重要学习环节，是每一个工程技术人员必须经历的一项基本训练，一份优秀的实验报告则会反映出实验者的科学实践水平，是一项成功实验的最好答卷。因此，下面分别对验证性和设计综合性两类实验报告的撰写，提出不同的要求。

1）验证性实验报告的撰写要求

① 实验报告必须用规定的实验报告纸撰写。

② 实验报告中所有图形都用同一颜色的笔绘制，绘制电路图的线条要笔直工整，曲线图必须画在坐标纸上。

③ 实验报告字迹清楚、工整、整洁，整个报告版面布局合理。

④ 实验报告内容齐全。即实验目的、实验原理、实验仪器仪表和器件的型号规格、实验步骤、实验原始数据的整理分析、实验故障的分析、实验结果的分析、实验内容的讨论及心得体会等。

2）设计综合性实验报告的撰写要求

① 实验报告必须用规定的实验报告纸撰写。

② 设计任务、要求和技术指标；实验条件，即实验中用的仪器、仪表、软件、实验装置和元器件的型号规格。

③ 实验电路的设计原理、方案等，主要包含有设计原理的论述，设计实验电路框图、实验电路原理图或实验电路图等的阐述说明，可以单元模块电路的形式展开讨论各功能电路。

④ 写出实验步骤，讨论分析实验数据、波形和现象，论述实验故障原因及解决的办法或方案。

⑤ 分析实验结果。

⑥ 围绕思考题或实验讨论题展开研究性论述。

⑦ 讨论实验结果是否存在误差，是否能进一步改进完善电路性能，或降低成本，或实验方案修正，或实验步骤的改进，或实验内容的增删等。

⑧ 写出设计心得体会。总结设计性实验中的收获与体会、成功与经验、失败与教训，全面提高工程实践素质。

1.2　实验规则

为了在实验中培养学生严谨的科学作风，确保人身和设备的安全，顺利完成实验任务，特制定以下实验规则：

（1）严禁在实验进行中带电接线、拆线或改接线路。

（2）测量线路接好后，要认真复查，确信无误后，经指导教师检查同意，方可接通电源进行实验。

（3）通电操作时，必须全神贯注观察电路、仪器仪表的变化，如有异常，应立即断电，检查故障原因。如实验过程中发生事故，立即关断电源，保持现场，报告指导教师。

（4）测量中应注意正确读出测量数据。实验完毕后，先由本人检查实验数据，分析判断测量数据是否正确，若有问题，分析问题的原因并解决。实验测量数据提交实验指导教师检查，经教师认可后方可拆实验线路，并将实验器材、导线整理好。

（5）室内仪器设备不准任意搬动调换，非本次实验所用的仪器设备，未经教师允许不得动用。不会使用的仪器仪表、设备，不得贸然使用。若损坏仪器设备，必须立即报告指导教师，并作书面检查，责任事故要酌情赔偿。

（6）实验操作中要严肃认真，保持安静、整洁的实验学习环境。

1.3 电子技术实验中的测量方法

1.3.1 模拟电子技术实验的测量方法

1. 测量电压的方法

下面介绍两种测量电压的方法，即直接测量法和示波器测量法（又称比较测量法）。

1）直接测量法

直接测量法是一种直接用电压表测量电压的方法。

在测量电压时，注意考虑电表的输入阻抗（或电阻）、仪表的量程、频率范围等。在仪表的量程选择上，尽量使被测电压的指示值（即电压值的大小）大于仪表满刻度量程的 2/3，减少仪表所产生的测量误差。

2）示波器测量法

示波器测量法是用示波器同时测量显示被测电压与已知电压，通过对被测电压信号与已知电压信号间的比较后，计算出被测电压值。所以，示波器测量法又称为比较测量法。

（1）直流电压的测量。

测量步骤如下：

● 设置被选用通道的输入耦合（AC-GND-DC）方式为"GND"。

● 扫描方式的选择（SWEEP MODE）为自动（AUTO）方式，屏幕上显示扫描光迹，即屏幕显示一条扫描基线。

● 调节垂直移位，使扫描基线移到示波器屏幕刻度的中心水平坐标上，并定义此时的电压值为零（即称为基准电压）。

● 将被测信号输入被选用的通道插座。

● 将输入耦合（AC-GND-DC）方式置为"DC"。

- 测量扫描线在垂直方向偏移基线的距离，扫描线向上移为正电压，下移为负电压。
- 按下式计算被测直流电压值：

直流电压值 U = 垂直方向格数 × Y 轴电压衰减指示值（VOLTS/DIV）× 偏转方向（+ 或 –）

例如：在图 1-3-1 中，测出扫描基线比原基线上移 3.5 格，如 Y 轴电压衰减指示值为 2 V/div，则被测直流电压 U 为

$$U = 3.5 \times 2 = 7 \text{（V）}$$

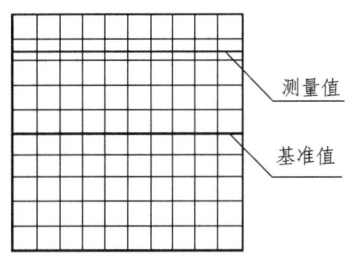
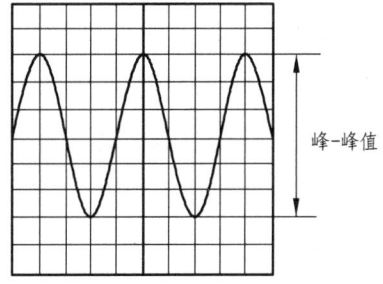

图 1-3-1　直流电压测量图　　　　　图 1-3-2　交流电压测量图

（2）交流电压的测量。
- 将示波器 X 轴扫描速度微调（VARIABLE）顺时针旋足，即置于"校准"位置。
- 将被测交流电压 $u(t)$ 信号从 Y 轴"CH1"输入，即垂直方式设置为"CH1"通道。
- 调整 X 轴扫描速度，使波形稳定，并使屏幕显示至少一个波形周期。
- 调整垂直移位（VERTICAL POSITION），使波形的底部在屏幕中某一水平坐标上。
- 调整水平移位（HORIZONTAL POSITION），使波形顶部在屏幕中央的垂直坐标上。
- 测量垂直方向波形峰-峰两点的格数。
- 按下面公式计算被测信号的峰-峰电压值 U_{P-P}

$$U_{P-P} = \text{垂直方向峰-峰间的格数} \times \text{Y 轴电压衰减指示值（VOLTS/DIV）}$$

例如：在图 1-3-2 中，测出交流电压波形峰-峰两点的垂直格数为 6 格，如 Y 轴电压衰减指示值为 3 V/div，则被测交流电压 $u(t)$ 信号的峰-峰值电压 U_{P-P} 为

$$U_{P-P} = 6\text{格} \times 3\text{ V/div} = 18\text{ (V)}$$

峰值电压（即最大值电压）U_m 为

$$U_m = 3\text{格} \times 3\text{ V/div} = 9\text{ (V)}$$

有效值电压 U 为

$$U = \frac{U_m}{\sqrt{2}} = \frac{U_{P-P}}{2\sqrt{2}} \approx 6.36\text{ （V）}$$

2. 阻抗的测量方法

在模拟电子电路中，阻抗参数值是描述系统的传输及变换的一个重要技术指标。特别是低频条件下模拟线性放大电路的输入电阻和输出电阻，是反映放大电路特性的重要参数。

根据电路理论中欧姆定律，可得：
直流电路中电阻为

$$R = \frac{U}{I}$$

正弦交流电路中阻抗为

$$Z = \frac{\dot{U}}{\dot{I}} = R + jX$$

即欧姆定律是测量阻抗的理论基础。

下面重点讨论模拟线性放大电路的输入电阻和输出电阻的测量方法。

1）放大电路输入电阻 r_i 的测量方法

测量输入电阻 r_i 的电路如图 1-3-3 所示，其中电阻 R 值为已知。

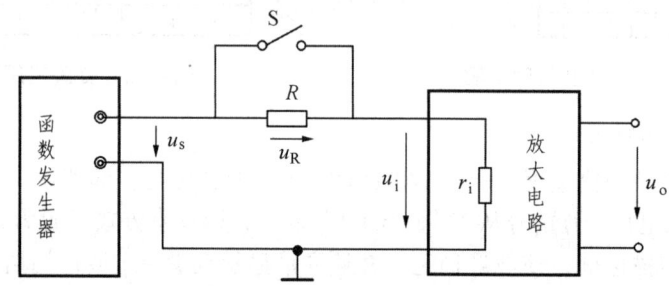

图 1-3-3　放大电路输入电阻 r_i 测量图

在测量放大电路输入电阻 r_i 前，先估算一下输入电阻 r_i 的大小。当测量较低的输入电阻 r_i 时，用"输入换算法"测量；当测量较高输入电阻 r_i 时，用"输出换算法"测量。

注意：函数发生器输出的信号为低频小信号，保证放大电路工作在线性放大状态下，即用示波器观测输出波形是否失真，调节输入信号，确保放大电路输出波形不失真。

（1）输入换算法。

用仪器、仪表分别测量图 1-3-3 中的有效值电压 U_S、U_i，则根据欧姆定律，分析计算输入电阻 r_i 为

$$r_i = \frac{U_i}{\dfrac{U_S - U_i}{R}} = \frac{U_i}{U_S - U_i} \cdot R$$

（2）输出换算法。

选择电阻 R 值大小尽量接近被测输入电阻 r_i 的值。

当图 1-3-3 中开关 S 闭合时，用仪器仪表测量输出电压有效值，即输出电压 $U_o = U_{o1}$。根据放大电路原理得

$$A_u = \frac{U_o}{U_i} = \frac{U_{o1}}{U_S} \tag{1-1}$$

当图 1-2-3 中开关 S 打开时，用仪器、仪表测量输出电压有效值，即输出电压 $U_o = U_{o2}$。则

$$A_u = \frac{U_o}{U_i} = \frac{U_{o2}}{U_i} \quad (1\text{-}2)$$

$$U_i = \frac{r_i}{R + r_i} U_S \quad (1\text{-}3)$$

将式（1-3）代入式（1-2），得

$$A_u = \frac{U_{o2}}{U_S} \cdot \left(1 + \frac{R}{r_i}\right) \quad (1\text{-}4)$$

因式（1-1）等于式（1-4），则

$$\frac{U_{o1}}{U_S} = \frac{U_{o2}}{U_S} \cdot \left(1 + \frac{R}{r_i}\right) \quad (1\text{-}5)$$

所以输入电阻 r_i 为

$$r_i = \frac{U_{o2}}{U_{o1} - U_{o2}} \cdot R \quad (1\text{-}6)$$

2）放大电路输出电阻 r_o 的测量方法

放大电路输出电阻 r_o 的测量原理电路如图1-3-4所示，电阻 R_L 为放大电路的负载电阻，并且已知电阻 R_L 的参数值。

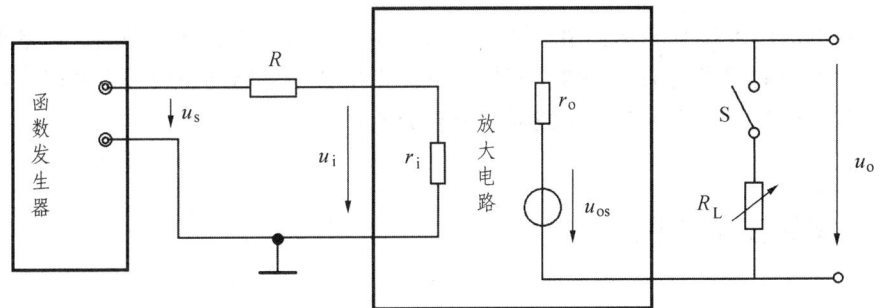

图1-3-4 放大电路输出电阻 r_o 的测量图

在保持输入函数信号 u_S 不变条件下，分别用仪器仪表测量开关 S 闭合时输出电压 U_{oL} 和开关 S 打开时输出电压 U_o，则通过换算得放大电路的输出电阻 r_o 为

$$r_o = \frac{U_{oS} - U_{oL}}{\dfrac{U_{oL}}{R_L}} = \frac{U_o - U_{oL}}{U_{oL}} \cdot R_L$$

1.3.2 数字电子技术的测量方法

数字电子电路的实验过程是基本逻辑器件功能特性了解掌握的过程，是检验、修正设计方案的实践过程，是理论知识应用的过程，是电子工程师们必须掌握的基本技能，而实验中的测试方法、分析技能则是数字电子电路正常工作的基本保证。

数字电路技术测量方法主要分为集成电路器件功能测试和数字逻辑电路的逻辑功能测试。

1. 数字集成电路器件功能测试方法

在实验之前，对所选用的数字集成器件，应进行器件的逻辑功能检测，避免在实验过程中因器件原因发生电路故障，增加故障分析判断的难度。常用的有如下三种检测器件功能的方法：

1）仪器测试法

仪器测试法是通过一些数字集成电路测试仪，对数字集成电路器件功能进行检测的方法。

2）实验法

根据已知数字集成电路器件的功能，设计一个能直接反映其功能的测试电路，通过实验电路是否能完成其器件的逻辑功能，判断器件的功能是否正常。

3）替代法

先用一个已知功能正常的同型号器件连接一个数字应用电路，再用被测器件去替代这个正常工作的相同型号器件，从而判断器件功能是否正常。

2. 数字电路的分析测试方法

数字电路的测试方法有多种，用不同的仪器仪表，其测试方法略有不同。但基本上都是通过测试数字电路的逻辑结果，并加以分析，从而得出数字电路的逻辑关系和时序波形图。在实验中，常用的测试仪器主要是示波器、逻辑分析仪等。

1.4 实验室的安全规则

安全用电是实验中始终需要注意的重要问题。为了很好地完成实验，确保实验人员的人身安全和实验仪器、仪表、设备等装置的完好，在电子技术实验中，必须严格遵守下列安全用电规则：

1. 断电操作

在接线、改线、拆线时，都必须在切断电源的情况下进行，即先接线后通电，先断电再检查线路故障、改接线路、拆线等。

2. 绝缘测量

在电路通电情况下，人体严禁接触电路中不绝缘的金属导线或连接点等带电部位。万一遇到触电事故，应立即切断电源，进行必要的处理。

3. 集中注意力

在整个实验过程中，特别是设备刚通电运行时，要随时注意仪器、仪表、设备等实验装置的运行情况，如发现有过载、超量程、过热、异味、异声、冒烟、火花等，应立即断电，并请老师检查处理。严禁在实验过程中玩弄其他电子产品。

4．额定值工作

了解有关电子器件的规格、技术指标及功能，严格按额定值使用。注意仪表的种类、量程和连接方法的区别。

5．肃静实验

实验中做到：严肃认真、保持安静、环境整洁。

第 2 章 模拟电子技术实验

2.1 实验一 基本的单相桥式整流、滤波、稳压电路

2.1.1 实验目的

（1）掌握用万用表判定二极管管脚及好坏的方法。
（2）了解各元件的工作性能和外形。
（3）了解基本的单相桥式整流、滤波、稳压电路的工作原理。
（4）掌握示波器观测电路的输出波形及调试过程。
（5）了解电路各元件参数对电路输出波形图的影响。

2.1.2 实验原理

1. 二极管

由于二极管结构中仅存在一个 PN 结，所以其工作特性分为正向特性和反向特性。而正向特性又可分为两个工作区，即导通区和死区；反向特性可分为截止区和击穿区，其伏安特性曲线如图 2-1-1 所示。

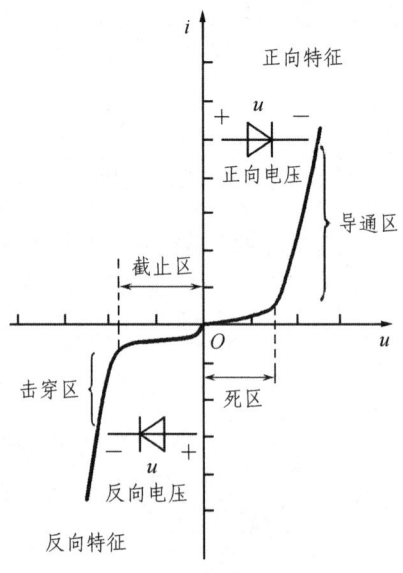

图 2-1-1 二极管的伏安特性曲线图

1）死　　区

当二极管所加的正向电压 u 较小时，由于外加电场还不足以克服 PN 结的内电场对多子扩散运动所造成的阻力，这时的正向电流几乎为零，二极管**呈现很高的电阻**。这段区域称为"**死区**"，其电压值称为**死区电压**（又称开启电压，或称门坎电压）。

通常，硅管的死区电压为 0.6~0.7 V，锗管为 0.2~0.3 V。

2）导通区

当 u 大于死区电压时，PN 结的内电场大大削弱，于是电流增长很快。二极管**呈现低阻状态**，这时二极管为"**正向导通**"状态。

3）截止区

二极管两端加反向电压，当反向电压在一定的范围内时，由少数载流子的漂移运动而形成不随反向电压的变化而变化的很小的反向饱和电流，二极管**呈现高阻状态**，这时二极管为"**反向截止**"状态。

在室温下硅管的反向电流小于 1 微安，锗管为几微安至几百微安，锗管的反向电流易受温度的影响。

4）反向击穿特性区

在反向电压增加到某一值时，反向电流会突然增加，这时二极管被**反向击穿**。击穿后的二极管失去了单向导电性能。

5）二极管极性测量

在使用二极管时，首先要确定二极管的好坏及管脚的极性。测试原理是根据二极管的单向导电性（即：正向导通时，二极管呈现电阻小于加反向电压时的电阻值），用万用表测量确定。测试时选 $R \times 100$ 或 $R \times 1k$ 挡，如所测量的阻值接近于∞，则红测试棒一端对应于二极管的正极；如测量的阻值约几百~几千欧姆，则黑测试棒一端对应于二极管的正极。

注意：万用表在欧姆测量电路中，红测试棒（插在表"＋"孔里）连接于表内电池负极，黑测试棒（插在表"－"孔里）连接于表内电池正极。

2. 单相桥式整流、滤波、稳压电路工作原理

任何电子设备都需要用直流电源供电，直流稳压电源是将交流电压转换成稳定的直流电压的电子设备，它的种类很多，一般的直流电源电路组成如图 2-1-2 所示。

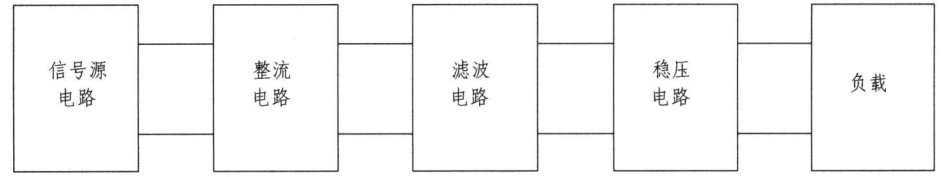

图 2-1-2　基本的单相桥式整流、滤波、稳压电路框图

1）信号源电路

主要功能是利用变压器的变压工作原理，将电网的交流电压降压变换成所需的小信号交

流电压 u_S，即为整流电路提供合适的正弦交流电压信号 u_S。如图 2-1-3（a）所示。

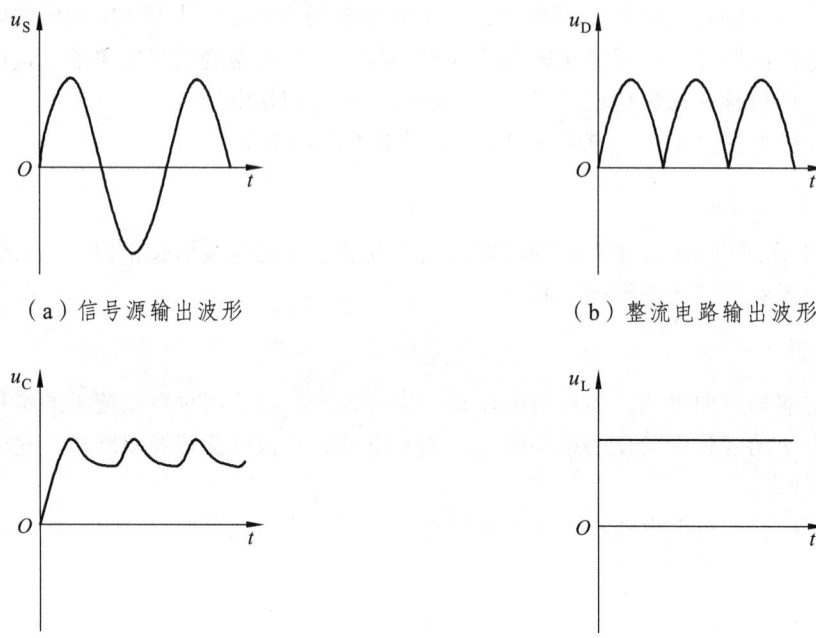

图 2-1-3 单相桥式整流、滤波、稳压电路波形分析图

2）整流电路

整流电路如图 2-1-4（a）所示，其电路是利用二极管的单相导电性，将信号源电路所提供的交流电压变换成单相脉动输出电压 u_D，如图 2-1-3（b）所示。整流电路电压电流平均值计算式如下

① 负载上的平均电压值为

$$U_L \approx 0.9 U_S$$

② 每个二极管截止时所承受的最高反向电压就是电源电压的最大值为

$$U_{DRM} = \sqrt{2} U_S$$

一般，为了保证整流二极管不被击穿，整流二极管的最大反向峰值电压取 $2\sqrt{2}U_S$。

③ 每个二极管中流过的平均电流为

$$I_D = \frac{I_L}{2} = 0.45 \frac{U_S}{R_L}$$

④ 桥式整流电路输出电压 u_D 的脉动频率 f_0 为交流电源频率 f（=50 Hz）的 2 倍，也等于交流电源周期 T 倒数的 2 倍，如图 2-1-3（b）所示，即

$$f_0 = 2f = \frac{2}{T}$$

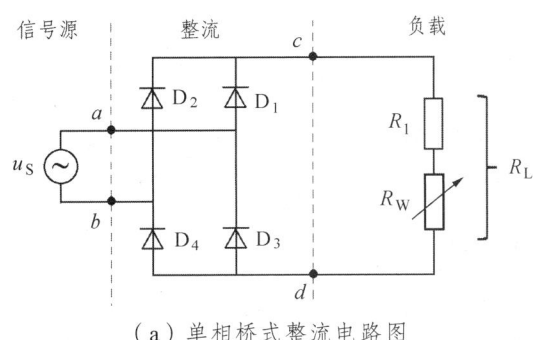

(a)单相桥式整流电路图

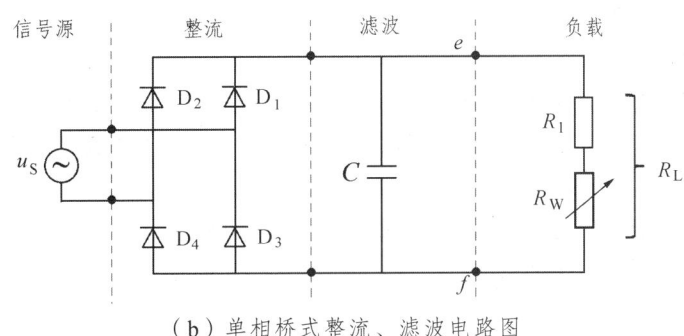

(b)单相桥式整流、滤波电路图

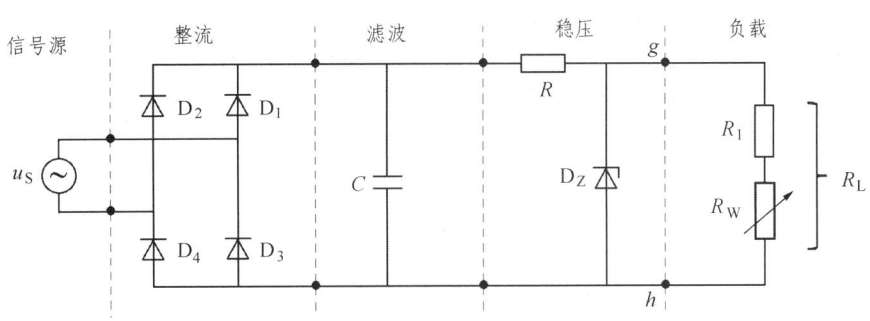

(c)基本的单相桥式整流、滤波、稳压电路图

图 2-1-4 实验电路图

3)滤波电路

滤波电路如图 2-1-4(b)所示,其电路是利用电容 C 的存储特性,将整流电路输出的脉动电压中的交流成分滤掉,使滤波电路的输出电压较为平滑,如图 2-1-3(c)所示。电容滤波电路特点及平均值计算式如下:

① 输出的电压 u_L 脉动减小,电压平均值 U_L 提高,其估算式为

$$U_L = (1.1 \sim 1.2) U_S$$

在实验中，整流滤波电路的平均直流输出电压 U_L 可用输出电压的峰值 U_P 减去脉动电压峰-峰值 $U_{P\text{-}P}$ 的一半来计算，如图 2-1-3（c）所示，即

$$U_L = \frac{U_P - U_{P\text{-}P}}{2}$$

② 输出电压的脉动程度与电容器的放电时间常数 R_LC 有关。R_LC 越大，脉动就越小，负载电压平均值 U_L 越高。为了使输出电压脉动程度小些，一般要求

$$R_LC \geqslant (3 \sim 5)\frac{T}{2}$$

式中，T 是交流电源电压的周期。

③ 二极管导通时间缩短，导通角小于 180°；滤波电容 C 开始充电时，流过二极管的电流幅值增加而形成较大的冲击电流。为了避免瞬间充电电流过大而烧坏管子，滤波电容不能无限制加大。

④ 由于在一周期内电容器 C 的充电电荷等于放电电荷，即通过电容器 C 的电流平均值为零，可见在二极管导通期间其电流平均值近似等于负载电流的平均值。为了使二极管不因冲击电流而损坏，在选用二极管时，一般取额定正向平均电流为实际流进的平均电流的 2 倍左右。

⑤ 输出电压平均值 U_L 受负载 R_L 的影响较大。此电路带载能力较差，通常用于输出电压较高、负载电流较小且变化较小的场合。

4）稳压电路

自动调整稳定输出的直流电压[即：简单的稳压电路如图 2-1-4（c）所示]，使输出电压或负载电流发生变化时保持稳定。其输出波形如图 2-1-3（d）所示。

稳压电路种类很多，由简单到复杂，其技术指标和电子电路差别很大。一般当负载要求功率较大、效率高时，常采用开关式稳压电源。

2.1.3 预习内容

（1）预习实验内容，明确实验目的，掌握图 2-1-4 各电子电路的波形观测方法。

（2）了解有关二极管的管脚识别方法；根据实验要求，在预习报告中，拟定测量二极管好坏及管脚极性的实验操作步骤。

（3）预习单相桥式整流、滤波、稳压电路的工作原理。

（4）预习脉动电压的峰-峰值、二极管两端的反向峰值电压测量方法。

（5）预习滤波电容大小的变化对输出脉动电压的影响。

（6）预习负载电阻 R_L 大小的变化对输出脉动电压的影响。

（7）预习实验过程中所用到的仪器设备的结构原理及使用方法。

2.1.4 实验仪器、仪表和装置

将实验中所使用的仪器和设备情况记录在表 2-1-1 中。

表 2-1-1 实验仪器、仪表和装置记录表

设备名称	型号或规格	精度	数量	备注
双踪示波器				
函数信号发生器				
万用表				
电子实验箱				
硅桥				
电阻				
电位器				
电解电容				
晶体管				
稳压管				

2.1.5 实验步骤

1．二极管的管脚极性测量

根据预习报告拟定的实验测量步骤，用万用表测量确定二极管的好坏及管脚极性。

2．基本的单相桥式、整流、滤波电路的测量

1）单相桥式整流电路

① 按图 2-1-4（a）接线，同时，打开示波器电源开关，调节有关的选择旋钮（或按钮）的位置，做好测量前的所有准备。

② 用万用表测量信号源输出的电压有效值 U_S，并用示波器观测图 2-1-4（a）中 a、b 两点间信号源 u_S 的周期、最大值和波形图，将有关测量参数记录于表 2-1-2 中。

③ 用示波器观测图 2-1-4（a）中 c、d 两点间桥式整流电路的周期、电压最大值、脉动电压最小值及输出波形图，并记录有关的参数于表 2-1-3 中。

表 2-1-2 信号源输出参数表

万用表测量值	示波器测量值		
U_S/V	信号源 u_S 的周期	信号源 u_S 的最大值	信号源 u_S 的波形图

表 2-1-3　单相桥式整流、滤波电路的测量参数表

项　目	周期	电压最大值	脉动电压最小值	波形图		
				R_{L1}	R_L	R_{L2}
单相桥式整流						
单相桥式整流、滤波						

2）单相桥式、整流电路

① 按图 2-1-4（b）接线，当负载为 R_L 时，用示波器观测 e、f 两点间的相关数据，并记录于表 2-1-3 中。

② 用示波器分别测量负载为 R_{L1}（即：$R_{L1} < R_L$）、R_L 和 R_{L2}（即：$R_{L2} > R_L$）时，电路输出端 e、f 两点间的波形图，并记录于表 2-1-3 中。

3）单相桥式整流、滤波、稳压电路

按图 2-1-4（c）接线，用示波器分别测量负载为 R_{L1}（即：$R_{L1} < R_L$）、R_L 和 R_{L2}（即：$R_{L2} > R_L$）时，电路 g、h 两点间电路输出的波形图，观测输出电压和纹波变化情况。

2.1.6　实验数据分析及要求

（1）画出实验电路图，同时在图中画出测量仪器、仪表的测试连接方式。

（2）用坐标纸画出实验测量中各波形图，并分析电路电阻、电容和负载参数对各输出波形的影响。

（3）根据实验测得的参数，完成表 2-1-4 中的各项内容。

表 2-1-4　桥式整流、滤波电路参数表

测量项目		单相桥式整流		单相桥式整流、滤波	
		计算式	计算值	计算式	计算值
	负载上的平均电压值				
	每个管子承受的最大反向电压/V				
选择的参数	每个管子的平均电流/mA				
	每个管子承受的最大反向电压/V				
	信号源输出有效电压值				

2.2 实验二 单管电压放大电路

2.2.1 实验目的

（1）掌握测量晶体管的管型、管脚和电解电容器极性方法。
（2）研究单管电压放大电路静态工作点的意义，即：掌握放大电路中各元件的功能；掌握放大电路静态工作点的测试及调试方法。
（3）掌握静态工作点变化对单管电压放大电路性能的影响。
（4）掌握单管电压放大电路主要性能指标的测试方法。

2.2.2 实验原理

1. 双极型晶体管

晶体管（Transistor）又称三极管，是一种有三个电极的半导体器件。按其工作原理可分为双极型晶体管（BJT）和单极型晶体管（FET）。双极型晶体管有两种载流子（电子和空穴）同时参与导电，是一种电流控制型（CCCS）器件。单极型晶体管仅有一种载流子（电子或空穴）参与导电，是一种电压控制型（VCCS）器件（即场效应管）。本实验研究双极型晶体管，简称晶体管或三极管。

1）晶体管结构及图形符号

晶体管由两个 PN 结组成，根据组合的方式不同，可分为 NPN 型和 PNP 型两种，其结构示意图和图形符号如图 2-2-1 所示。

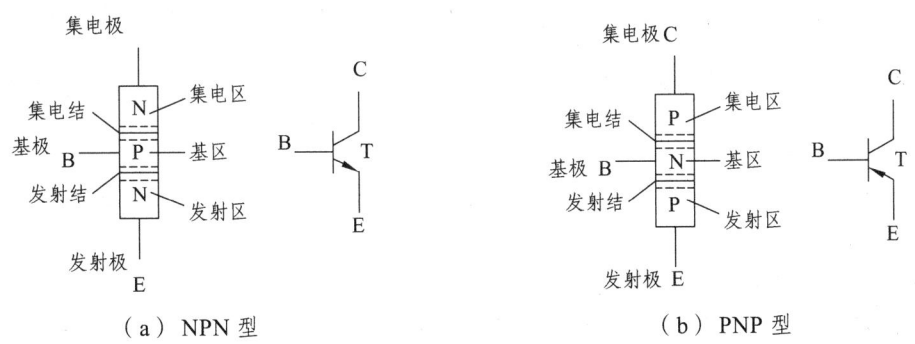

（a）NPN 型　　　　　　　　　　　（b）PNP 型

图 2-2-1　晶体管的结构示意图和图形符号

2）晶体管的特性曲线

晶体管特性曲线是指晶体管各电极之间电压和电流的关系曲线。它直观的表达出管子内部的物理变化规律，描述出管子的外特性。

以共发射极电路为例，电路如图 2-2-2 所示，则晶体管的输入、输出特性曲线为：

① 输入特性曲线：是指当集-极电压 U_{CE} 为常数时，基极电流 I_B 与发射结电压 U_{BE} 之间的关系曲线族（见图 2-2-3），即

$$I_B = f(U_{BE})\big|_{U_{CE}=常数}$$

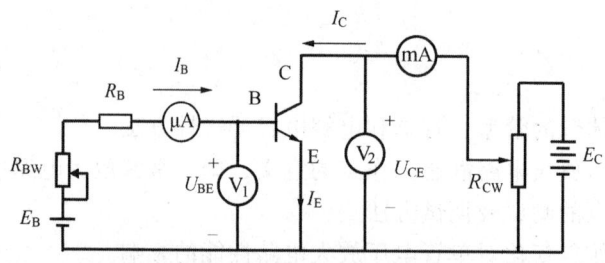

图 2-2-2　晶体管的特性曲线测试图

硅管的死区电压约为 0.5 V，锗管约为 0.2 V，在正常工作时，NPN 型硅管的发射结电压为 $U_{BE} = 0.6 \sim 0.7\,V$；PNP 型锗管为 $U_{BE} = -0.2 \sim -0.3\,V$。

② 输出特性曲线：是指当基极电流 I_B 为常数时，集电极电流 I_C 与集-射极电压 U_{CE} 之间的关系曲线族（如图 2-2-4 所示），即

$$I_c = f(U_{CE})\big|_{I_B=常数}$$

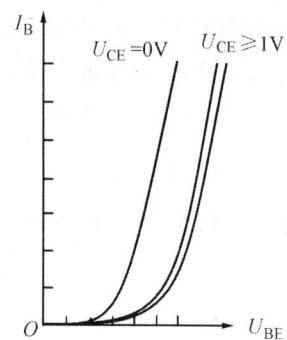 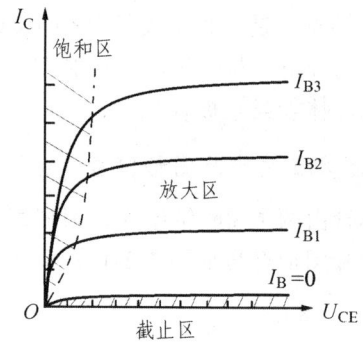

图 2-2-3　晶体管共发射极输入特性曲线　　　图 2-2-4　晶体管共发射极输出特性曲线

3）晶体管的工作状态

由图 2-2-4 分析可知，晶体管的工作状态可以分为三个区域，即：饱和区、放大区和截止区。

（1）饱和区。

饱和区是一个非线性区，其特点如下：

电压条件　晶体管的发射结、集电结均为正偏；

电流关系　集电极电流 I_C 基本上不受基极电流 I_B 的控制，晶体管失去了电流放大作用。即 $I_C \neq \beta I_B$，$I_B > I_{BS}$；

临界饱和点　基极临界饱和电流 I_{BS} 与集电极临界饱和电流 I_{CS} 关系为 $I_{BS} = \dfrac{I_{CS}}{\beta}$；

集-射极临界饱和电压 U_{CES} 为 $U_{CES} \approx 0.3\,V$ 或 $U_{CES} \approx 0\,V$，即晶体管处于饱和状态时，集极与发射极间的电压 U_{CES} 很小，晶体管的集电极 C 与发射极 E 间可等效为"短路"。

（2）放大区。

放大区是一个线性区，其特点如下：

电压条件 晶体管的发射结正偏,集电结反偏,即 NPN 管的基-射极电压为 $U_{BE}>0$,基-集极电压为 $U_{BC}<0$;而 PNP 管为 $U_{BE}<0$,$U_{BC}>0$。

电流关系 集电极电流 I_C 与基极电流 I_B 成正比关系,即 $I_C=\beta I_B$;并且基极电流 I_B 小于临界饱和电流 I_{BS},即 $0<I_B<I_{BS}$。

(3)截止区。

截止区是一个非线性区,其特点如下:

电压条件 基-射极电压 $U_{BE}\leq 0$,发射结、集电结均为反偏;

电流关系 基极电流 I_B 和集电极电流 I_C 均约为零,即 $I_B\approx 0$,$I_C\approx 0$,晶体管的集电极 C 与发射极 E 间可等效为"开路";晶体管失去了电流放大作用,即 $I_C\neq \beta I_B$。

(4)晶体管的三种工作状态下发射结电压的参考数据如表 2-2-1 所示。

表 2-2-1 不同工作状态下的发射结电压 U_{BE} 参考数据表

晶体管分类	晶体管的管型	发射结电压 U_{BE} 数据		
		截止区	放大区	饱和区
锗 管	NPN	≤0.1 V	≈0.2 V	≈0.3 V
	PNP	≥-0.1 V	≈-0.2 V	≈-0.3 V
硅 管	NPN	≤0.5 V	≈0.6 V	≈0.7 V
	PNP	≥-0.5 V	≈-0.6 V	≈-0.7 V

2. 单管电压放大电路

如图 2-2-5 所示放大电路是共发射极放大电路,又称单管电压放大电路。输入端接交流信号源 u_i;输出端接负载电阻 R_L,输出端电压为 u_o。

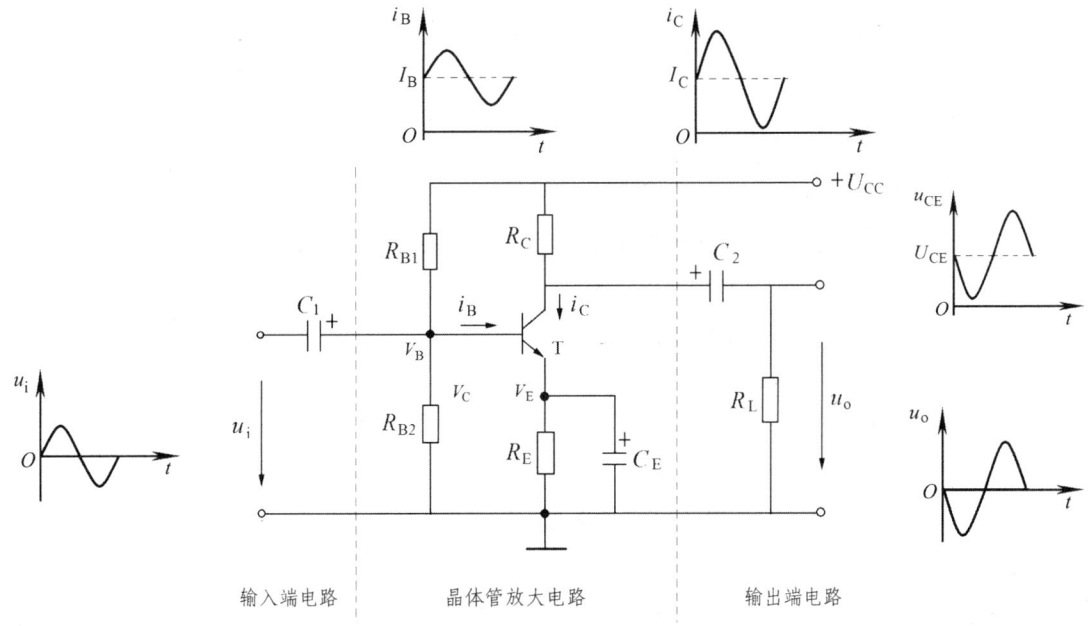

图 2-2-5 共发射极电压放大电路

1)放大电路中各元器件的功能

(1)晶体管 T。

晶体管 T 是电流放大器件。其放大作用是利用晶体管的基极电流来控制集电极电流,将直流电源 U_{CC} 的能量转化为所需的信号供给负载。

(2)直流电源 U_{CC}。

直流电源 U_{CC} 作用有两个:一是保证晶体管 T 发射结处于正向偏置、集电结处于反向偏置,使晶体管工作在放大状态;二是为放大电路提供能源。

(3)集电极电阻 R_C。

集电极电阻 R_C 的作用是将集电极电流的变化转换为电压变化,以实现电压放大。

(4)基极电阻 R_B。

基极电阻 R_B 作用是为晶体管提供合适的基极静态电流 I_{BQ}。

(5)发射极电阻 R_E。

发射极电阻 R_E 在电路中引入了"电流串联负反馈",其作用是稳定放大电路的静态工作点。

(6)耦合电容器 C_1 和 C_2。

耦合电容器 C_1 和 C_2 有两个作用:一是隔断直流(简称"隔直"),是利用 C_1、C_2 隔断放大电路与信号源、放大电路与负载之间直流联系,以免其直流工作状态互相影响;二是传输交流(简称"通交")。C_1、C_2 沟通信号源、放大器和负载三者之间的交流通路。

2)放大电路工作状态

(1)无波形失真工作状态。

电压放大电路的基本要求,就是输出信号尽可能不失真。如图 2-2-5 所示的放大电路静态工作状态为线性放大区时,在小信号输入条件下,其电路中输入、输出电压、电流信号变换规律如图 2-2-5 中波形所示。即:当电路静态工作点 Q 选择合适时,可得如图 2-2-6 所示无失真的输出信号波形图(其中,图中电量 I_B、I_C、U_{CE} 为放大电路静态值)。

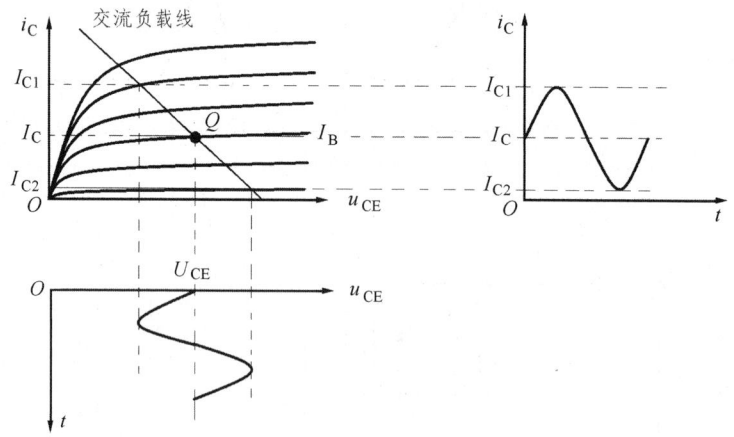

图 2-2-6 无失真输出信号波形图

(2)失真工作状态。

所谓**失真**,是指输出信号的波形不像输入信号的波形。引起失真的原因有多种,其中最基本的一个,就是由于静态工作点不合适或者信号太大,使放大电路的工作范围超出了晶体管特性曲线的线性范围。这种失真通常称为**非线性失真**。非线性失真又可分为截止失真和饱和失真。

截止失真：如图 2-2-7 所示,由于静态工作点 Q 的位置太低,在输入正弦电压的负半周,晶体管进入截止区工作,使 i_B、u_{CE} 和 i_C 都出现严重失真,i_B 的负半周和 u_{CE} 的正半周被削平。由于 i_B、u_{CE} 和 i_C 的波形失真是因晶体管的截止特性而引起的失真,故称为截止失真。

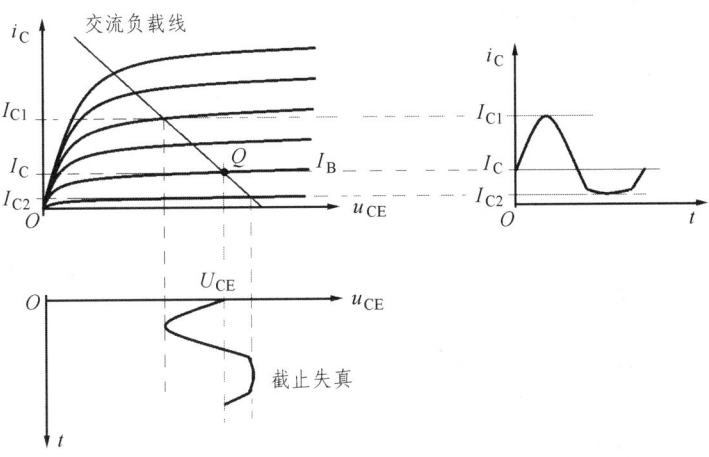

图 2-2-7　截止失真输出信号波形图

饱和失真：如图 2-2-8 所示,由于静态工作点 Q 的位置太高,在输入正弦电压的正半周,晶体管进入饱和区工作,这时 i_B 可以不失真,但是 u_{CE} 和 i_C 出现严重失真,如图 2-2-8 中 u_{CE} 的负半周已不是正弦变化。这种失真波形是由于晶体管的饱和特性而引起的失真,所以称为**饱和失真**。

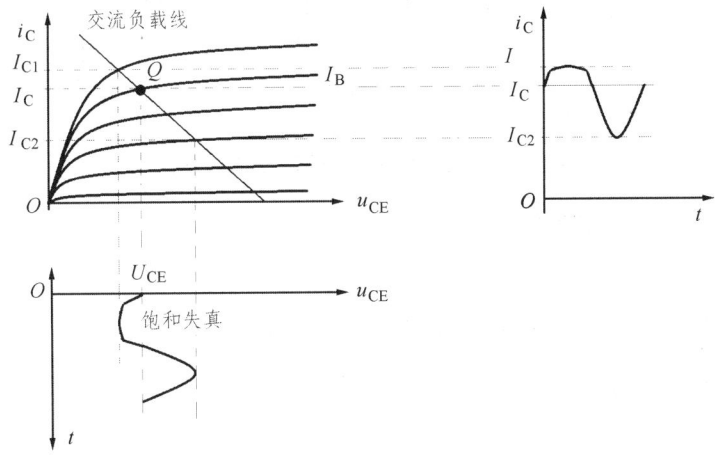

图 2-2-8　饱和失真输出信号波形图

（3）失真的调试方法。

调试放大电路的条件：一是发射结正偏,集电结反偏;二是放大电路要有完善的直流通路和交流通路。

调试静态工作点 Q：一般采用改变偏置电阻 R_B 的方法来调节静态工作点 Q。如放大电路信号发生截止失真,则说明放大电路的基极电流 I_B 较小,调节偏置电阻 R_B 使基极电压 U_{BE} 增加,从而增大基极电流 I_B,使之截止失真消失;如放大电路发生饱和失真,则说明放大电路的基极电流 I_B 较高,调节偏置电阻 R_B 使基极电压 U_{BE} 减小,从而减小基极电流 I_B,使饱和失真消失。

3）放大电路的基本分析与性能指标的测试方法

（1）静态分析。

放大电路如图 2-2-5 所示。

基极电位　　　　$V_B = \dfrac{R_{B2}}{R_{B1}+R_{B2}} U_{CC}$

发射极电流　　　$I_E = \dfrac{V_B - U_{BE}}{R_E}$

集电极电流　　　$I_C \approx I_E$

基极电流　　　　$I_B = \dfrac{I_C}{\beta}$

集-射极电压　　　$U_{CE} \approx U_{CC} - I_C(R_C + R_E)$

（2）性能指标的分析计算。

$$r_{be} = 300 + (1+\beta)\dfrac{26 \text{ mV}}{I_E \text{ mA}}$$

有电容 C_E　　放大电路如图 2-2-9 所示。

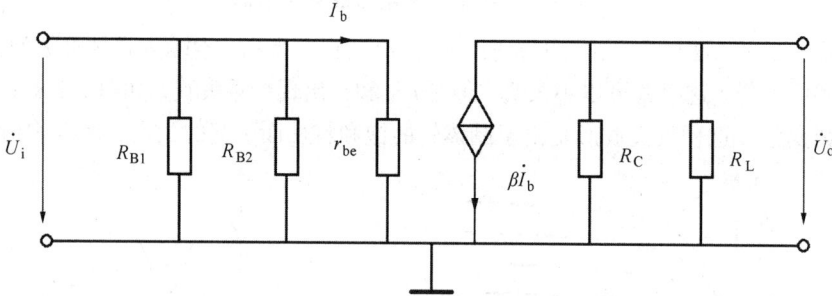

图 2-2-9　有电容 C_E 时的微变等效电路

输入电阻 r_i　　$r_i = R_{B1} // R_{B2} // r_{be}$

输出电阻 r_o　　$r_o = R_C$

电压放大倍数　　$\dot{A}_u = \dfrac{\dot{U}_o}{\dot{U}_i} = -\dfrac{\beta(R_C // R_L)}{r_{be}}$

无电容 C_E　　放大电路如图 2-2-10 所示。

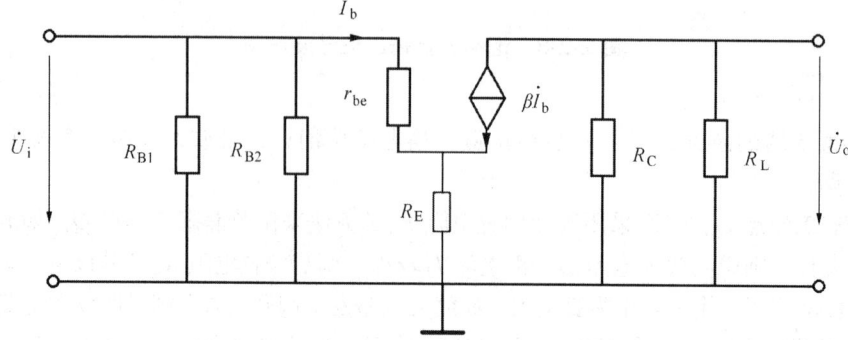

图 2-2-10　无电容 C_E 时的微变等效电路

输入电阻 r_i $r_i = R_{B1} // R_{B2} // (r_{be} + R_E(1+\beta))$

输出电阻 r_o $r_o = R_C$

电压放大倍数 $\dot{A}_u = \dfrac{\dot{U}_o}{\dot{U}_i} = -\dfrac{\beta(R_C // R_L)}{r_{be} + (1+\beta)R_E}$

2.2.3 预习内容

（1）根据第 5 章介绍有关晶体管的管脚识别方法，拟定实验中测试晶体管管脚的操作步骤及注意事项。

（2）明确实验目的，预习如图 2-2-11 所示放大电路的放大原理，预习其静态和动态参数的计算方法。

（3）预习如图 2-2-11 所示放大电路的实验要求、内容、操作步骤及实验测试方法。

（4）预习实验测量仪器设备的结构原理及使用方法。

（5）预习放大电路图 2-2-11 的技术指标，分析原理，写出估算静态工作点 Q 值（即：I_{BQ}、I_C、U_{CE}、r_{be}）和动态性能指标表达式（即：输入电阻 r_i、输出电阻 r_o 和电压放大倍数 A_u、A_{us}）。

2.2.4 实验仪器、仪表和装置

将实验中所使用的仪器和设备情况记录在表 2-2-2 中。

表 2-2-2 实验仪器、仪表和装置记录表

设备名称	型号或规格	精度	数量	备注
双踪示波器				
万用表				
晶体毫伏表				
函数发生器				
直流稳压电源				
电子实验箱				
电路电子元器件				

2.2.5 实验步骤

实验电路如图 2-2-11 所示。

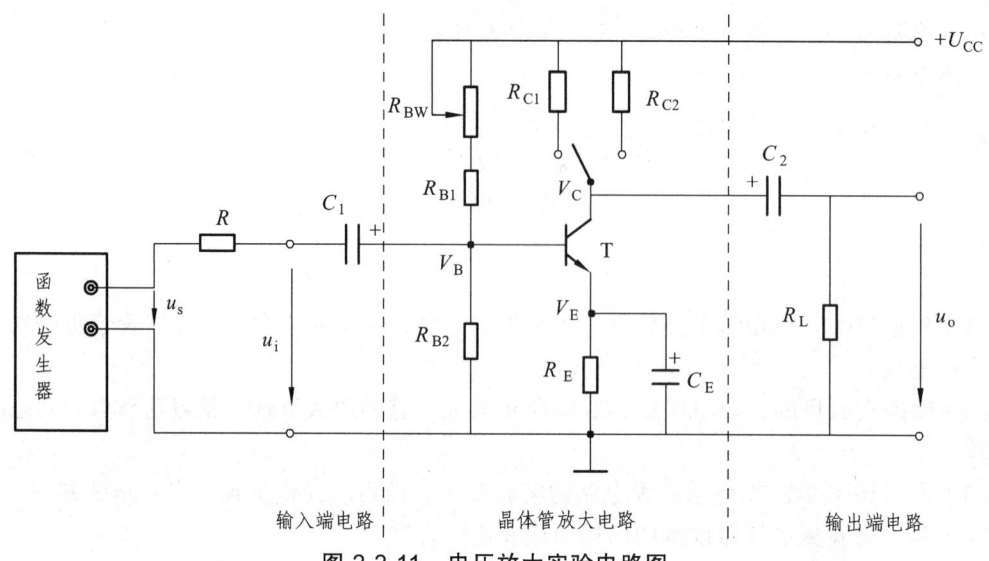

图 2-2-11 电压放大实验电路图

1. 元件测试

用万用表判别晶体管的管型和管脚;判断电解电容的极性和好坏;测量放大电路中电阻 R、R_E、R_{C1}、R_{C2} 和 R_L 参数值,并记录于表 2-2-3 中。

2. 实验电路的连接

(1)按放大电路图 2-2-11 连接线路,集电极连接电阻 R_{C1},检查无误后,将实验电路 U_{CC} 接入直流稳压电源输出的 +12 V 电源端口上。

注意:应先将直流稳压电源在开路情况下调好 12 V,再接到实验电路中,否则有可能使实验电路承受不必要的高压而损坏电子元件。

(2)函数发生器调试为输出正弦信号,其输出电压有效值为 U_i = 15 mV,频率为 f = 1 kHz。

(3)示波器连接于放大电路的输入信号 u_i 端和输出端负载 R_L,用于测量放大电路的输入、输出信号波形。

3. 静态工作点的测试与调整

(1)调节基极端偏置电阻 R_{BW},同时观察示波器显示的放大电路输出信号波形。如放大电路输出信号波形图中存在截止失真,或是饱和失真,则调节电阻 R_{BW};如波形图中同时存在截止失真和饱和失真,则可适当的调小函数发生器输出信号。调节结果为示波器上所观测的输出信号波形不失真。

(2)当示波器上所观测的输出信号波形不失真时,测量函数发生器输出的信号电压 U_S、频率 f 及放大电路的输入信号电压 U_i,并记录于表 2-2-3 中。

(3)断开放大电路的输入信号,即断开函数发生器的输入。

(4)分别测量接入负载电阻 R_L 和负载开路(即 $R_L = \infty$)状态下,放大电路的静态工作点值,即集电极电位 V_C、基极电位 V_B、发射极电位 V_E。测量结果记录于表 2-2-3 中。

4. 放大电路的工作状态研究

1) 定性观察放大电路性能

(1) 接入负载 R_L。

放大电路接通函数发生器信号，用示波器观测电路接入负载电阻 R_L 时，输入信号 u_i 波形、无失真输出信号 u_o 波形；测量输出电压 U_o 有效值，计算放大器的电压放大倍数 A，并记录于表 2-2-3 中。

(2) 负载开路。

用示波器观测负载开路（即 $R_L = \infty$）时，输入信号 u_i 波形和无失真输出信号 u_o 波形，计算放大器的电压放大倍数 A，并记录于表 2-2-3 中。

(3) 集电极电阻的变化。

将集电极电阻改接为 R_{C2}，负载为开路，用示波器观测输入信号 u_i 波形、输出信号 u_o 波形；然后断开放大电路的输入信号源，测试静态工作点值和输出电压 U_o 有效值，计算放大器的电压放大倍数 A，并记录于表 2-2-3 中。

2) 观测静态工作点对放大电路性能的影响

将集电极电阻接于 R_{C1}，负载为开路状态。

(1) 调节基极端偏置电阻 R_{BW}，使放大电路进入饱和失真，用示波器观测输入信号 u_i 波形、输出信号 u_o 波形；然后断开放大电路的输入信号源，测试静态工作点值，并记录于表 2-2-3 中。

(2) 调节基极端偏置电阻 R_{BW}，使放大电路进入截止失真，用示波器观测输入信号 u_i 波形、输出信号 u_o 波形；然后断开放大电路的输入信号源，测试静态工作点值，并记录于表 2-2-3 中。

表 2-2-3 放大电路工作状态测试表

$U_S =$		$U_i =$	$R =$	$R_E =$	$R_L =$	$f =$	
放大电路的工作状态			实验数据				
			静态工作点			有效值	输出波形	放大倍数
			V_B/V	V_C/V	V_E/V	U_0/V	u_o	A
$R_{C1} =$	调节 R_{BW}	放大	R_L					
			$R_L = \infty$					
		饱和	$R_L = \infty$			—		—
		截止	$R_L = \infty$			—		—
$R_{C2} =$	放大状态 $R_L = \infty$							

2.2.6 实验数据分析及要求

（1）请画出完整的实验测试电路图，并在图中标明各元件参数和三极管型号及放大倍数β。

（2）整理实验数据，画出放大电路各种工作状态下曲线，并分析讨论基极偏置电路电阻R_B和集电极电阻R_C的变化对静态工作点、放大倍数及输出波形的影响。

（3）根据表 2-2-3 中的数据，计算表 2-2-4 中的各参数值，并进行分析讨论。

（4）对实验中出现的现象、故障等，进行分析讨论，并整理出今后实验操作中的注意事项。

表 2-2-4　放大电路各性能参数表

放大电路工作状态			静态工作点 Q 值			动态性能指标			
			I_B	I_C	U_{CE}	r_{be}	r_i	r_o	A
R_{C1}	放大	R_L							
		$R_L = \infty$							
	饱和	$R_L = \infty$				—	—	—	—
	截止	$R_L = \infty$				—	—	—	—
R_{C2}	放大状态 $R_L = \infty$								

注：输出电阻 r_o 的计算公式为

$$r_o = \left(\frac{U_o}{U_{oL}} - 1 \right) R_L$$

其中，U_o 为负载 $R_L = \infty$ 时输出电压值；U_{oL} 为接上负载 R_L 时输出电压值。

2.3　实验三　两级阻容耦合放大电路

2.3.1　实验目的

（1）学习两级阻容耦合放大电路静态工作点的调节方法及前后级间的关系。
（2）学习两级阻容耦合放大电路电压放大倍数的测试方法。
（3）学习放大电路频率特性的测试方法。

2.3.2　实验原理

1. 多级耦合方式

通常放大电路的输入信号都很微弱，一般为毫伏或微伏数量级，这样微弱的信号经过多个单级放大电路不断放大,即多级放大使信号逐级得到放大,在输出端获得足够大的电压和功率。

在多级放大电路中,每两个单级放大电路之间的连接方式叫耦合。实现耦合的电路称为**级间耦合电路**,其任务是将前级信号传送到后级。对于级间耦合电路的基本要求是:

① 级间耦合电路对前、后级放大电路静态工作点不产生影响。

② 级间耦合电路不会引起信号失真。

③ 尽量减少信号电压在耦合电路上的压降。

多级放大电路中的级间耦合通常有三种耦合方式:阻容耦合、变压器耦合和直接耦合。如图 2-3-1 所示。

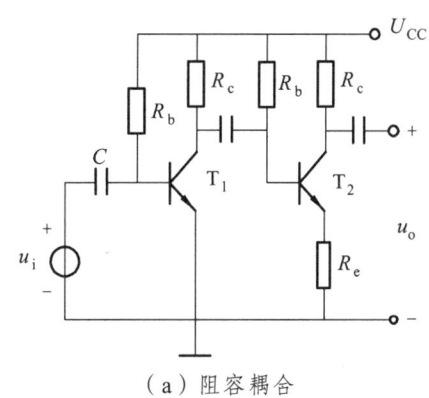

(a)阻容耦合

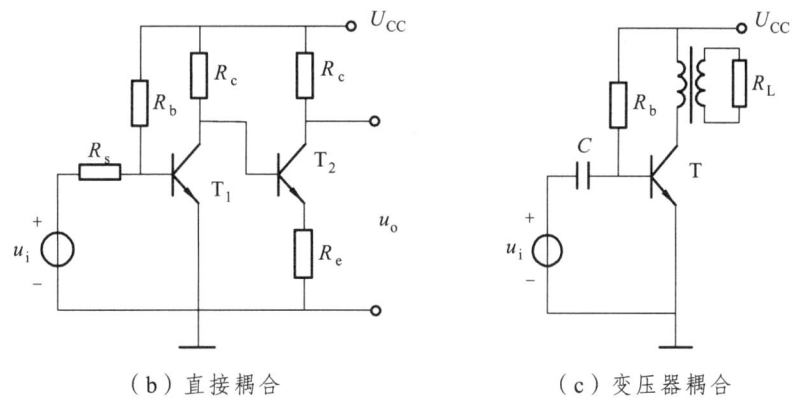

(b)直接耦合　　　　　　　　　(c)变压器耦合

图 2-3-1　多级耦合方式电路图

1)阻容耦合

在多级放大电路中,用电阻、电容耦合的称为阻容耦合,其特点是各级静态工作点互不影响,不适合传送缓慢变化信号和直流信号。阻容耦合交流放大电路是低频放大电路中应用得最多、最常见的电路。如图 2-3-1(a)所示。

2)变压器耦合

用变压器构成级间耦合电路的称为变压器耦合。由于变压器体积与重量较大,成本较高,所以变压器耦合在交流电压放大电路中应用较少，而较多应用在功率放大电路中。如图 2-3-1（c）所示。

3）直接耦合

直接耦合方式就是级间不需要耦合元件。其特点是不仅能传送交流信号，还能传送直流信号。多用于直流放大电路和线性集成电路中。如图 2-3-1（b）所示。

2. 阻容耦合放大电路的分析

图 2-3-2 所示为两级放大电路的框图，即放大电路 A_{u1} 和放大电路 A_{u2}，两级间由电容元件 C 连接，即称为阻容耦合放大电路。

1）静态分析

由于图 2-3-2 放大电路框图中，前后级间是用电容 C 进行耦合，而电容元件具有"隔直"作用，所以，多级阻容耦合放大电路的各级之间无直流联系，各级放大电路的静态工作点互不影响，即实验中可分别调试各级放大电路的静态工作点参数值。

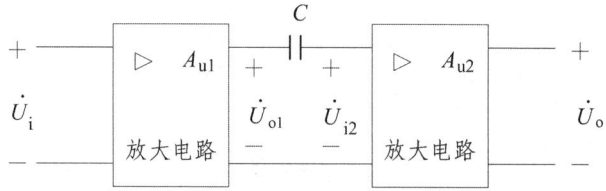

图 2-3-2 阻容耦合放大电路框图

2）动态分析

如图 2-3-2 所示为两级阻容耦合放大电路的框图。其动态性能如下：

第一级放大电路的电压放大倍数 $\dot{A}_{u1}$ 为

$$\dot{A}_{u1} = \frac{\dot{U}_{o1}}{\dot{U}_i}$$

第二级放大电路的电压放大倍数 $\dot{A}_{u2}$ 为

$$\dot{A}_{u2} = \frac{\dot{U}_o}{\dot{U}_{i2}}$$

第一级放大电路的输出电压 $\dot{U}_{o1}$ 就是第二级的输入电压 $\dot{U}_{i2}$，即

$$\dot{U}_{o1} = \dot{U}_{i2}$$

$$\dot{A}_{u2} = \frac{\dot{U}_o}{\dot{U}_{i2}} = \frac{\dot{U}_o}{\dot{U}_{o1}}$$

图 2-3-2 所示两级阻容耦合放大电路的放大倍数 $\dot{A}_u$ 为

$$\dot{A}_u = \frac{\dot{U}_o}{\dot{U}_i} = \frac{\dot{U}_{o1}}{\dot{U}_i} \cdot \frac{\dot{U}_o}{\dot{U}_{o1}} = \dot{A}_{u1} \cdot \dot{A}_{u2}$$

即：两级放大电路总的电压放大倍数 $\dot{A}_u$ 等于各级电压放大倍数 $\dot{A}_{u1}$ 和 $\dot{A}_{u2}$ 的乘积。由此可以推出：

① n 级放大电路的总电压放大倍数 $\dot{A}_u$。

n 级放大电路的总电压放大倍数等于各个单级放大器放大倍数的积。

$$\dot{A}_u = \dot{A}_{u1} \cdot \dot{A}_{u2} \cdot \dot{A}_{u3} \cdots \dot{A}_{un} = \prod_{k=1}^{n} \dot{A}_{uk}$$

② n 级放大电路的输入电阻 r_i。

n 级放大电路的第一级输入电阻就是 n 级放大电路的输入电阻，即

$$r_i = r_{i1}$$

③ n 级放大电路的输出电阻 r_o。

n 级放大电路最末一级的输出电阻就是 n 级放大电路的输出电阻，即

$$r_o = r_{on}$$

3）两级阻容耦合放大电路

如图 2-3-3 所示电路为两级阻容耦合实验放大电路图，其放大电路由四个电路模块组成，即输入电路模块、第一级放大电路模块、第二级放大电路模块和输出电路模块。

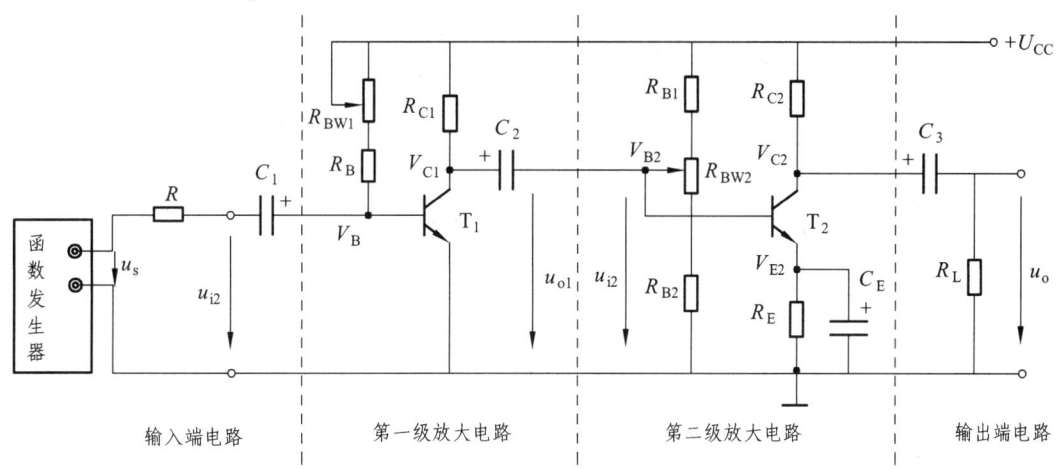

图 2-3-3 两级阻容耦合放大电路

① 输入模块。

输入模块主要是由信号源和电容 C_1 组成。

② 放大电路模块。

由两级独立的放大电路模块组成，其中电容 C_2 的"隔直"效应，使前后两级的静态工作点值可在实验中独立调试。而且，第一级的输出信号是第二级的输入信号，即 $u_{i2} = u_{o1}$；第二级的输入电阻是第一级的负载，即 $R_{L1} = r_{i2}$；第一级的输入电阻是两级阻容耦合放大电路的输入电阻，即 $r_i = r_{i1}$；第二级的输出电阻是两级阻容耦合放大电路的输出电阻，即 $r_o = R_{C2}$；两级阻容耦合放大电路的放大倍数为 $\dot{A}_u = \dot{A}_{u1} \cdot \dot{A}_{u2}$。

③ 输出模块。

输出模块为两级阻容耦合放大电路所带的负载电路。

④ 阻容耦合电路的频率特性。

在图 2-3-3 放大电路中，由于存在级间耦合电容 C_2，发射极旁路电容 C_E 及晶体管的结电容等，它们的容抗将随信号源 u_s 的频率 f 变化而变化，所以当信号频率 f 不同时，放大电路输出电压相对于输入电压的幅值和相位都会发生变化。放大电路的电压放大倍数与频率的关系称为**幅频特性**；输出电压相对于输入电压的相位移与频率的关系称为**相频特性**，两者统称**频率特性**。

当随着频率的降低或增高，电压放大倍数下降为 $\frac{A_u}{\sqrt{2}}$ 时，对应的两个频率 f_1、f_2，分别称为下限频率 f_1 和上限频率 f_2。在这两个频率之间的频率范围，称为放大电路**通频带**，它是表明放大电路频率特性的一个重要指标。

2.3.3 预习内容

（1）预习实验电路的放大原理，明确实验目的及内容。

（2）预习可变电阻 R_{BW1}、R_{BW2} 的作用，如在实验中改变电阻参数 R_{BW1}、R_{BW2}，则对放大图 2-3-3 所示电路有何影响？其调节电阻 R_{BW1}、R_{BW2} 的目的是什么？

（3）预习放大电路静态工作点的调试方法及注意事项。

（4）写出如图 2-3-3 所示电路的计算式。即放大电路的静态工作点的表达式；放大电路输出端接负载 R_L 和 $R_L = \infty$ 时，电压放大倍数表达式；输入电阻、输出电阻表达式。

（5）预习放大电路的上、下限截止频率和通频带概念。

（6）预习仪器设备的使用方法及实验注意事项。

2.3.4 实验仪器、仪表和装置

将实验中所使用的仪器和设备情况记录在表 2-3-1 中。

表 2-3-1 实验仪器、仪表和装置记录表

设备名称	型号或规格	精度	数量	备注
函数发生器				
双踪示波器				
晶体管毫伏表				
直流稳压电源				
万 用 表				
电子实验箱				
电路电子元器件				

2.3.5 实验步骤

根据图 2-3-3 所示的两级阻容耦合放大实验电路,完成测量电路的接线,确认无误后,可接通电源 U_{CC} 开关,并在放大电路的输入端接入信号源。

1. 静态工作点的调试

(1)观测不失真放大波形

① 调试信号源 u_S 输出的电压 U_S 及频率 f,并测试放大电压电路输入信号的有效值电压 U_{i1} 和信号频率 f(即:实验参考值 $U_{i1}=10$ mV, $f=1$ kHz)。

② 用示波器分别观测第一级放大电路和第二级放大电路的输出电压 u_{o1}、u_o 波形是否失真,若出现波形失真,则分别调节偏置电阻参数 R_{BW1}、R_{BW2} 的大小,使示波器上所观察到的电压 u_{o1}、u_o 波形不失真。

(2)在输出电压 u_{o1}、u_o 波形不失真的条件下,测量两级耦合放大电路的静态工作点参数,并记录于表 2-3-2 中,并根据测量值,计算表 2-3-2 中的电流 I_{C1}、I_{C2} 和电阻 r_{be1}、r_{be2} 值。

表 2-3-2 放大电路静态工作点参数表

静态工作点测量值					计算值			
第一级		第二级						
V_B/V	V_{C1}/V	V_{B2}/V	V_{C2}/V	V_{E2}/V	I_{C1}/mA	I_{C2}/mA	r_{be1}/Ω	r_{be2}/Ω

2. 电压放大倍数和输出电阻的测量

用示波器观测输出电压 u_{o1}、u_o 的波形,在保证其波形不失真的条件下,分别测量放大电路连接负载 R_L 和负载为 $R_L=\infty$ 时,放大电路的有效值电压 U_{i1}、U_{o1}、U_o,并记录于表 2-3-3 中;并根据测量值,计算表 2-3-3 中的电压放大倍数 A_{u1}、A_{u2}、A_u 和输出电阻 r_o。

表 2-3-3 电压放大倍数和输出电阻的测量及计算表

项目	U_{i1}/V	U_{o1}/V	U_o/V	A_{u1}	A_{u2}	A_u	r_o/Ω
$R_L=$							
$R_L=\infty$							

注:输出电阻 r_o 的计算公式为

$$r_o = \left(\frac{U_o}{U_{oL}} - 1\right) R_L$$

其中,U_o 为负载 $R_L=\infty$ 时输出电压值;U_{oL} 为接上负载 R_L 时输出电压值。

3. 测量两级耦合放大电路的频率特性

在保持输入信号源电压 $U_{i1}=10$ mV 不变的条件下,改变输入信号源输出电压的频率 f

（即：由低到高调节），观测放大电路输出电压 u_o 的变化规律，并测试其参数值记录于表 2-3-4 中（注意：特性弯曲部分应多测几个点）。

表 2-3-4 频率特性测试参数表

项　目	$A_u < \dfrac{A_u}{\sqrt{2}}$				$A_u \geqslant A_u \geqslant \dfrac{A_u}{\sqrt{2}}$					A_u
f/Hz					$f_1 =$					
U_o/V										
f/Hz							$f_2 =$			
U_o/V										

2.3.6　实验数据分析及要求

（1）请画出完整的实验测试电路图，并在图中标明各元件参数、三极管型号及放大倍数 β。

（2）整理表 2-3-2 的测量数据，讨论多级耦合放大电路静态工作点的调试特点；静态工作点对放大倍数及输出波形的影响。

（3）试说明什么电阻是前级放大电路的负载电阻；后级放大电路的输入电阻的大小对前级放大电路有何影响。

（4）根据表 2-3-3 测量的数据，证明多级放大电路的放大倍数计算公式，如有误差，则讨论产生误差的原因。

（5）根据测量数据表 2-3-4 的值，试画出两级耦合放大电路的频率特性曲线。

2.4　实验四　MOS 场效应管特性的基本应用测试

2.4.1　实验目的

（1）了解 MOS 场效应晶体管的工作原理及特性。
（2）了解 MOS 场效应晶体管的基本应用性能及测试。

2.4.2　实验原理

场效应管是一种电压控制的单极型（即：仅有一种载流子参与导电）半导体器件，它的输出电流决定于输入信号电压的大小，基本上不需要信号源提供输入电流，所以其输入电阻很高，可高达 $10^9 \sim 10^{14}$ Ω，是一种电压控制电流器件。

场效应管按其结构划分，可分为两种类型：结型场效应管和 MOS 场效应管（即：绝缘栅场效应管）。MOS 场效应管又可分为增强型 MOS 场效应管和耗尽型 MOS 场效应管。由于 MOS 场效应管在制作上比较简单，集成度高，因此，大量地应用于集成电路的制造中。

1. N沟道增强型场效应管的特性

1）输入特性

N沟道增强型场效应管电路符号如图 2-4-1 所示。由于栅级与源极和漏极之间相互绝缘，所以，场效应管的输入电阻 r_{GS} 很高，即 $r_{GS} \approx 10^{12}\Omega$，则场效应管的栅极输入电流 $i_G \approx 0$。

2）转移特性和输出特性曲线

（1）转移特性。

转移特性曲线反映的是栅-源电压 u_{GS} 对漏极电流 i_D 的控制关系，其函数关系式为

$$i_D = f(u_{GS})\big|_{u_{DS}=常数}$$

如图 2-4-2（a）所示的是 N 沟道增强型 MOS 管的转移特性曲线。

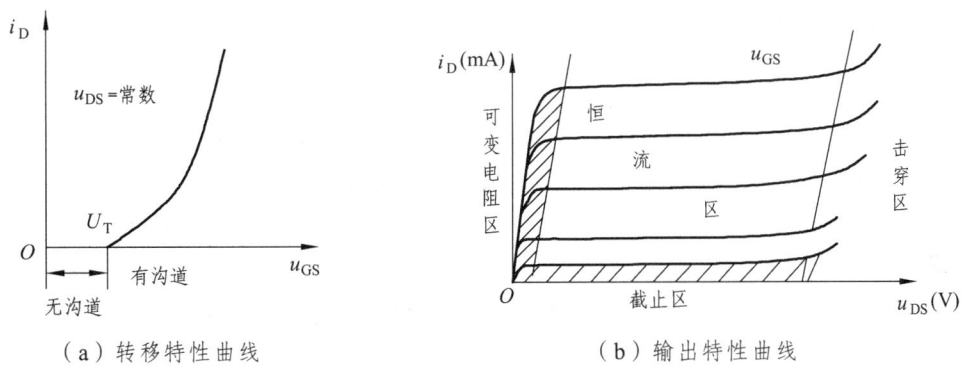

（a）转移特性曲线　　　　　（b）输出特性曲线

图 2-4-2　N 沟道增强型 MOS 管的特性曲线

在图 2-4-2(a)所示曲线中，当栅-源电压 $u_{GS} = 0$ 时，漏极电流 $i_D \approx 0$；当栅-源电压 $u_{GS} = U_T$（即，称为"开启电压 U_T"）时，管子处于由不导通变为导通的临界点；当栅-源电压 $u_{GS} > U_T$ 时，管子导通。

转移特性曲线的斜率用 g_m 表示，而 g_m 的大小则反映了栅-源电压 u_{GS} 对漏极电流 i_D 的控制作用，所以称 g_m 为跨导，单位为 mA/V 或 mS（毫西门子），其定义式为

$$g_m = \frac{\Delta I_D}{\Delta U_{GS}}\bigg|_{u_{DS}=常数}$$

（2）输出特性。

N沟道增强型 MOS 管的输出特性是指在不同的定值栅-源电压 u_{GS} 下，漏极电流 i_D 与漏-源电压 u_{DS} 之间的关系曲线族，即

$$i_D = f(u_{DS})\big|_{u_{GS}=常数}$$

其特性曲线如图 2-4-2（b）所示，可分为四个区：可变电阻区、恒流区、截止区和击穿区。

① 可变电阻区。

栅-源电压 $u_{GS} > U_T$ 时，漏极与源极间出现了导电沟道，管子导通；随着漏-源电压 u_{DS} 由零逐渐上升，产生漏极电流 i_D，漏极电流 i_D 几乎随漏-源电压 u_{DS} 线性变化，呈低电阻状态，

即场效应管可视为一个受 u_{GS} 控制的可变电阻。

② 恒流区。

当漏-源电压 u_{DS}（u_{GS} = 常数）增加到某一定值时，导电沟道出现预夹断。预夹断是由可变电阻区过渡到恒流区的转折点，即图 2-4-2（b）左侧虚线所示为转折点。若再继续增大 u_{DS}，则漏极端导电沟道被夹断而出现耗尽层，随着 u_{DS} 增加，耗尽层电阻增加，从而使 i_D 几乎维持不变，特性曲线趋于水平，如图 2-4-2（b）所示。在恒流区中，漏极电流 i_D 受控于栅-源电压 u_{GS}，几乎 i_D 与漏-源电压 u_{DS} 无关。

③ 截止区。

当栅-源电压 $0 < u_{GS} < U_T$ 时，没有导电沟道，漏极电流 $i_D \approx 0$，呈高电阻状态，管子进入截止区。

④ 击穿区。

当漏-源电压 u_{DS} 超过一定电压时，发生击穿现象。这时漏极电流 i_D 迅速上升，场效应管进入击穿区。为了避免管子损坏，场效应管不允许工作在这一区域。

2. N 沟道增强型 MOS 管的基本应用

1) MOS 管开关特性

MOS 管的开关在数字电路中应用非常广泛，它的作用主要通过 MOS 管的"截止"特性和"可变电阻"特性来实现的。开关电路如图 2-4-3（a）所示。

当输入电压 $u_i < U_T$ 时，MOS 管处于截止状态，$i_D = 0$，输出电压 $u_o = U_{DD}$，呈高电阻状态，即 MOS 管等效为"开路"。

当输入电压 $u_i > U_T$ 一定值时，MOS 管处于可变电阻区，输出电压 $u_o \approx 0$，呈低电阻状态，即 MOS 管等效为"短路"。

可见，MOS 管相当于是一个由栅-源电压 u_{GS} 控制的无触点开关，当输入 u_{GS} 为低电平时，相当于开关"断开"，如图 2-4-3（b）所示；当输入 u_{GS} 为高电平时，相当于开关"闭合"，即 MOS 管的开关作用，如图 2-4-3（c）所示。

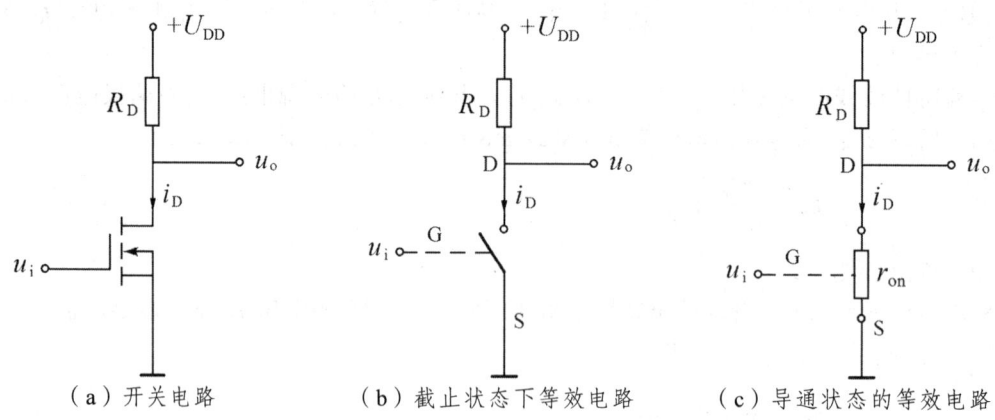

（a）开关电路　　　　（b）截止状态下等效电路　　　　（c）导通状态的等效电路

图 2-4-3　MOS 管开关电路及开关等效电路

2) MOS 管的有源电阻特性

如图 2-4-4（a）所示电路中，栅极与漏极同时连接在电源 U_{DD} 上，当 $u_{GS} > U_T$，MOS 管总是工作在恒流区，处于导通状态，即

$$u = u_{GS} = u_{DS}$$

因为

$$i_G \approx 0 \text{ A}$$

所以

$$i_D = i_S$$

则图 2-4-4（a）等效为图 2-4-4（b）电路。又由于当 $u = u_{GS} < U_T$ 时，$i_D = 0$ A，MOS 管呈现出其电阻特性为一有源非线性电阻 r，其电阻 r 的伏安特性如图 2-4-5 所示。

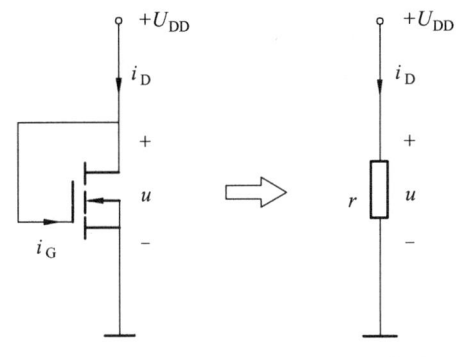
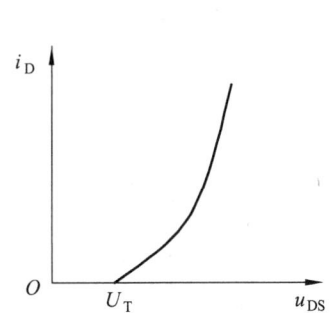

（a）有源电阻电路　　（b）有源电阻等效电路

图 2-4-4　MOS 管电阻作用的电路图　　　　图 2-4-5　有源电阻 r 的伏安特性曲线

3）MOS 管的放大作用

如图 2-4-6 所示为分压式自给偏压放大电路。

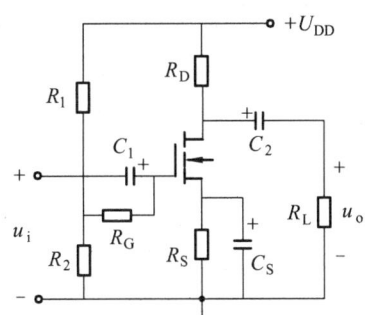

图 2-4-6　分压式自给偏压放大电路

（1）静态工作点。

当 $u_{GS} > U_T$ 使 MOS 管工作在恒流区时，静态工作点可通过下式联立解得：

$$\begin{cases} U_{GS} = \dfrac{R_2}{R_1 + R_2} U_{DD} - I_D R_S \\ I_D = I_{DSS} \left(1 - \dfrac{U_{GS}}{U_P}\right)^2 \end{cases}$$

（2）动态性能。

低频跨导

$$g_\mathrm{m} = \left.\frac{\Delta i_\mathrm{D}}{\Delta u_\mathrm{GS}}\right|_{u_\mathrm{GS}=常数}$$

电压放大倍数

$$A_u = \frac{\dot{U}_\mathrm{o}}{\dot{U}_\mathrm{i}} = -g_\mathrm{m}(R_\mathrm{D} /\!/ R_\mathrm{L})$$

输入电阻

$$r_\mathrm{i} \approx R_\mathrm{G} + (R_1 /\!/ R_2)$$

输出电阻

$$r_\mathrm{o} \approx R_\mathrm{D}$$

2.4.3 预习内容

（1）预习实验内容，明确实验目的。

（2）预习 MOS 管特性的基本应用电路工作原理及测试方法。

2.4.4 实验仪器、仪表和装置

将实验中所使用的仪器和设备情况记录在表 2-4-1 中。

表 2-4-1 实验仪器、仪表和装置记录表

设备名称	型号或规格	精度	数量	备注
函数发生器				
双踪示波器				
晶体管毫伏表				
直流稳压电源				
万用表				
电子实验箱				
电路电子元器件				

2.4.5 实验步骤

根据图 2-4-6 所示的放大实验电路，完成测量电路的接线（注：A 点连接 B 点），确认无误后，可接通电源 U_CC 开关，并在放大电路的输入端接入信号源。

1. MOS 管开关特性测试

MOS 管开关特性测试实验电路如图 2-4-7 所示。

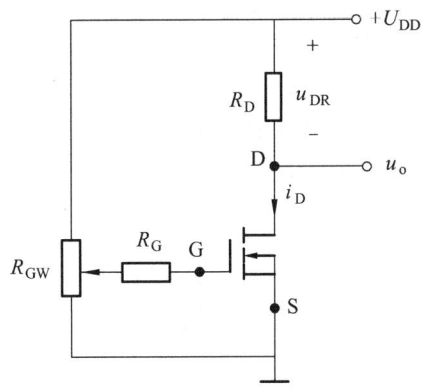

图 2-4-7 MOS 管开关特性测试电路

（1）调试可调电阻 R_{GW}，使栅-源电压 $u_{GS}=0$ V，测试输出电压 u_o 和漏极电阻端电压 u_{DR}，并记录于表 2-4-2 中。

表 2-4-2 MOS 管开关特性测试表

测试项目	$R_D=$				
	u_{GS}/V	u_{DR}/V	u_{DR} 变化情况	u_o/V	计算 i_D
$u_{GS}=0$ V					
u_{DR} 略大于零					
u_{DR} 略小于 U_{DD}					

（2）调节可调电阻 R_{GW}，使栅-源电压 u_{GS} 由零逐渐增加，同时观测漏极电阻端电压 u_{DR} 变化情况，当观测到电压 u_{DR} 略大于零时，测试栅-源电压 u_{GS}，并将测试 u_{GS} 数据和观测漏极电阻端电压 u_{DR} 变化情况同时记录于表 2-4-2 中。

（3）调节可调电阻 R_{GW}，继续增加栅-源电压 u_{GS}，同时观测漏极电阻端电压 u_{DR} 变化情况，当 u_{DR} 略小于电源电压 U_{DD} 时，测试输出电压 u_o、漏极电阻端电压 u_{DR}，并记录于表 2-4-2 中，同时记录 u_{DR} 变化情况。

2. MOS 管的有源电阻特性测试

MOS 管的有源电阻特性测试实验电路如图 2-4-8 所示。本实验主要是通过伏安特性的测量，来描述 MOS 管的电阻特性。

电源电压 U_{DD} 从 1 V 开始增加，实验中调节电压参考数据范围如表 2-4-3 所示，测试对应的漏-源电压 u_{DS}，并记录于表 2-4-3 中。计算表 2-4-3 中的漏极电流 i_D。

注意：测试漏极电阻 R_D 大小，则漏极电流为

$$i_D = \frac{U_{DD}-u_{DS}}{R_D}$$

表 2-4-3 MOS 管的有源电阻特性测试表

测试项目	U_{DD}/V						
	1	2	3	4	5	6	7
u_{DS}							
i_D							

3. MOS 管放大电路性能测试

（1）观测不失真放大波形。

MOS 管放大电路性能测试实验电路如图 2-4-9 所示，用示波器分别观测放大电路的输入、输出不失真信号波形，并将波形记录于表 2-4-4 中。

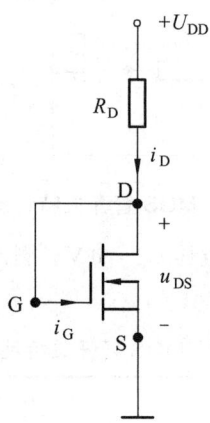

图 2-4-8　MOS 管有源电阻特性测试电路

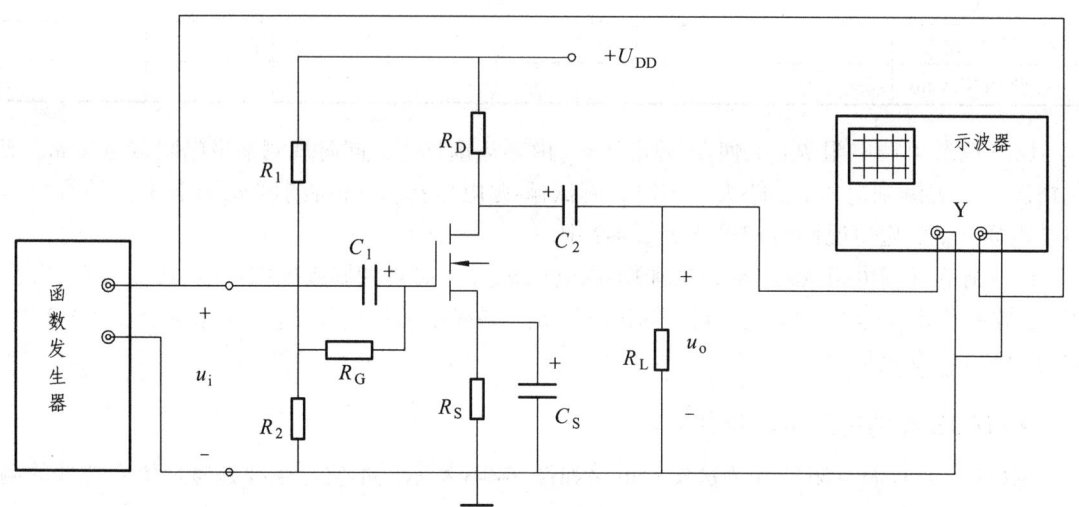

图 2-4-9　MOS 管放大电路性能测试电路

表 2-4-4　MOS 管电压放大电路性能测试表

项目	$f=$				
	U_i/V	U_o/V	A_u	r_o/Ω	波形
$R_L=$					
$R_L=\infty$					

注：输出电阻 r_o 的计算公式为

$$r_o = \left(\frac{U_o}{U_{oL}} - 1\right) R_L$$

其中，U_o 为负载 $R_L=\infty$ 时输出电压值；U_{oL} 为接上负载 R_L 时的输出电压值。

（2）测试基本放大电路的性能。

测量电压放大倍数 A_u 和输出电阻 r_o。

分别测量放大电路接入负载和负载开路时的输入信号电压 U_i、输出电压 U_o 值，并记录于表 2-4-4 中。计算放大电路的电压放大倍数 A_u 和输出电阻 r_o。

2.4.6 实验数据分析及要求

（1）请画出完整的实验测试电路图，并在图中标明各元件参数和场效应管型号及跨导 g_m。
（2）整理表 2-4-2 实验测量数据和计算，分析当"u_{DR} 略大于零"时，测量的栅-源电压 u_{GS} 数据的含义；并用实验数据论述 MOS 管的开关特性。
（3）整理表 2-4-3 实验测量数据和计算，并根据表 2-4-3 中数据，画出其伏安特性曲线，论述 MOS 管的有源电阻特性。
（4）整理表 2-4-4 实验测量数据和计算，并用坐标纸画出输入 u_i 与输出 u_o 电压波形图，论述 MOS 管放大电路的性能。

2.5 实验五 反馈放大电路

2.5.1 实验目的

（1）熟悉晶体管的管型、管脚和电解电容器的极性。
（2）加深理解反馈放大电路的工作原理及负反馈对放大电路性能的影响。
（3）学习反馈放大电路性能的测量与调试方法。
（4）掌握放大电路的频率特性测量方法。

2.5.2 实验原理

1. 放大电路中的反馈

1）反馈的基本概念

所谓**反馈**，就是把放大电路的输出量（电流或电压）的一部分或全部，经过一定的电路（称为反馈电路）送回它的输入端来影响输入量，即输出量参与控制。如图 2-5-1 所示为反馈方框图。

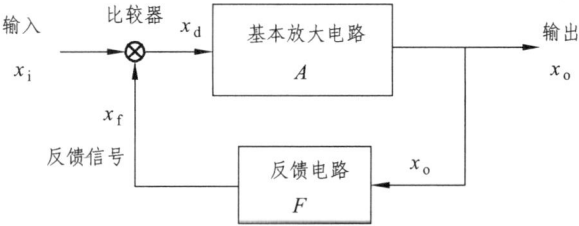

图 2-5-1 反馈放大电路方框图

反馈放大电路一般是由"基本放大电路"和"反馈电路"两部分构成的一个闭环放大电路。闭环放大电路的放大倍数称为**闭环放大倍数** A_f。即如图 2-5-1 所示负反馈放大电路框图中各参数之间关系如下。

基本放大电路的净输入为

$$x_d = x_i - x_f$$

反馈系数 F 为

$$F = \frac{x_f}{x_o}$$

开环放大倍数 A 为

$$A = \frac{x_o}{x_d}$$

闭环放大倍数 A_f 为

$$A_f = \frac{x_o}{x_i} = \frac{x_o}{x_d + x_f} = \frac{x_o}{x_d + Fx_o} = \frac{\dfrac{x_o}{x_d}}{1 + F\dfrac{x_o}{x_d}} = \frac{A}{1 + FA}$$

上式表示了闭环放大倍数 A_f、开环放大倍数 A 和反馈系数 F 三者的关系。

根据反馈回路送回输入端的信号是增强还是减弱输入信号,反馈可分为"正反馈"和"负反馈"。

① 正反馈。

如果对输入信号起增强作用,则称为**正反馈**。正反馈的结果是导致随着输入信号增强输出信号也相应增大。随着放大器的放大倍数增大,致使电路工作不稳定,放大器的性能因而变恶劣。正反馈则常用在振荡电路中。

② 负反馈。

如果对输入信号起削弱作用,则称为**负反馈**。负反馈的结果则使放大器的放大倍数减小,可以改善放大电路的性能,因此在放大电路中几乎都采用负反馈。

2)负反馈的类型

① 根据从放大电路的输出端取反馈信号 x_o 的方式不同,可分为"电压反馈"和"电流反馈"。

电压反馈: 反馈采样信号与输出电压 u_o 成正比,如图 2-5-2(a)所示。

电流反馈: 反馈采样信号与输出电流 i_o 成正比,如图 2-5-2(b)所示。

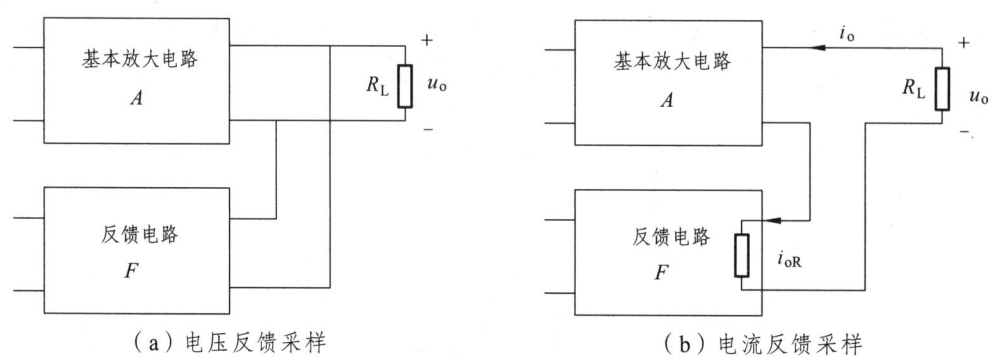

(a)电压反馈采样　　　　　　　　　　　(b)电流反馈采样

图 2-5-2　放大电路输出端采样反馈信号的方式框图

② 根据反馈信号 x_f 与放大电路输入信号 x_d 的连接方式不同，可分为"串联负反馈"和"并联负反馈"。

串联负反馈：反馈信号 x_f 与放大电路输入信号 x_d 的连接方式为串联，如图 2-5-3（a）所示。反馈信号以电压 u_f 的形式出现在输入端，此时放大电路的净输入电压为 $u_d = u_i - u_f$。

并联负反馈：反馈信号 x_f 与放大电路输入信号 x_d 的连接方式为并联，如图 2-5-3（b）所示。反馈信号以电流 i_f 的形式出现在输入端，此时放大电路的净输入电流为 $i_d = i_i - i_f$。

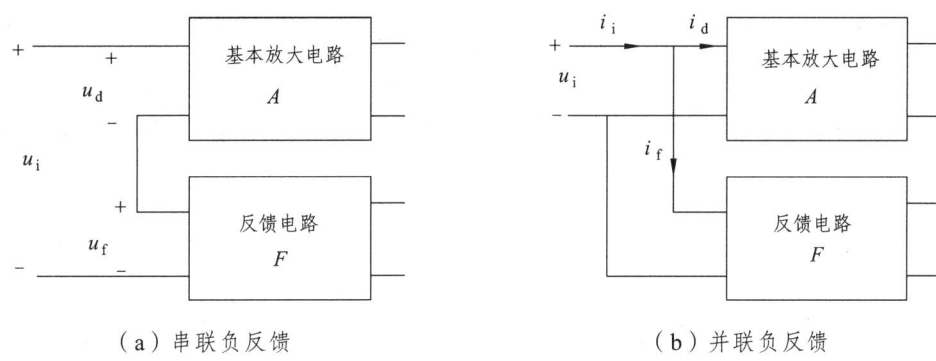

图 2-5-3　反馈电路与输入端的连接方式

③ 四种类型的负反馈。

四种类型的负反馈，即串联电流负反馈，串联电压负反馈，并联电流负反馈，并联电压负反馈。如图 2-5-4 所示。

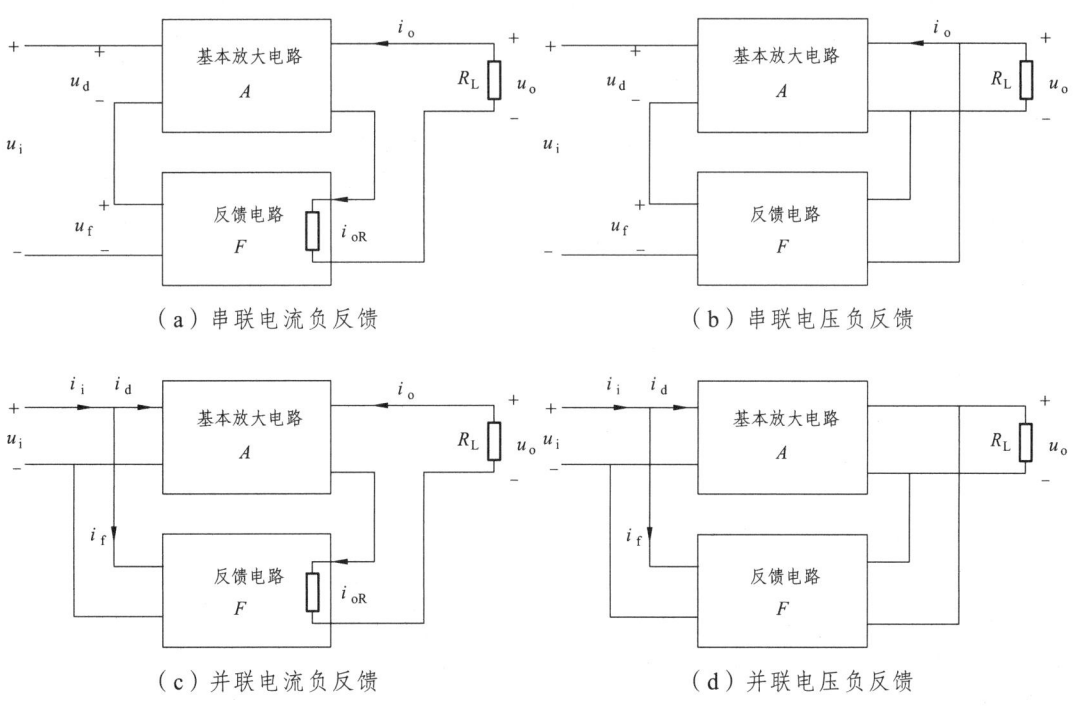

图 2-5-4　四种类型的负反馈框图

2. 负反馈对放大电路性能的影响

1) 降低放大倍数

加入负反馈后放大电路的放大倍数 A_f 为无负反馈时 A 的 $\dfrac{1}{1+FA}$ 倍，即 $A_f = \dfrac{A}{1+FA} < A$。可见负反馈对放大电路性能的影响结果是使放大倍数下降。$(1+FA)$ 越大，电压放大倍数下降也越大，因此 $|1+FA|$ 的数值反映了负反馈的程度，被称为**反馈深度**。

2) 提高放大倍数的稳定性

设放大电路在无反馈时的放大倍数为 A，由于外界因素变化引起放大倍数的变化为 $\mathrm{d}A$，其相对变化为 $\mathrm{d}A/A$。引入负反馈后放大倍数为 A_f，放大倍数的相对变化为 $\mathrm{d}A_f / A_f$。得

$$\frac{\mathrm{d}A_f}{A_f} = \frac{1}{1+AF} \cdot \frac{\mathrm{d}A}{A}$$

上式表明，在引入负反馈之后，虽然放大倍数从 A 减小到 A_f，降低了 $(1+AF)$ 倍，但当外界因素有相同的变化时，放大倍数的相对变化 $\mathrm{d}A_f / A_f$ 却只有无负反馈时的 $1/(1+AF)$，可见负反馈放大电路的稳定性提高了。

3) 减小非线性失真

引入负反馈以后，可将输出端的失真信号反送到输入端，使净输入信号发生某种程度的失真，但经过放大后，可使输出信号的失真得到一定程度的补偿。从本质上说，负反馈是利用失真时波形来改善波形的失真，因此，只能减小失真，不能完全消除失真。

4) 抑制噪声

对放大器来说，噪声是有害的。噪声电压可以视为由于器件的非线性所引起的高次谐波电压。显然，负反馈的引入，使有效电压和噪声电压一同减小。但是噪声电压是固定的，而有效信号可以人为地增加，这样就提高了信号噪声比。这就是负反馈能抑制噪声的根本原因。

5) 扩展频带

频率响应是放大电路的重要特征之一，而频带宽度是放大电路的技术指标，在某些场合下，往往要求有较宽的频带。引入负反馈是展宽频带的有效措施之一。由于在深度负反馈时，$A_f = \dfrac{A}{1+AF} \approx \dfrac{1}{F}$，此时放大器的倍数只与反馈网络的参数有关。如果反馈网络里不含 L、C 等电抗元件，而仅由若干电阻构成，则可近似地认为反馈放大器的放大倍数为一常数，即可使频带增宽，如图 2-5-5 所示。

在图 2-5-5 中，无负反馈放大电路的频

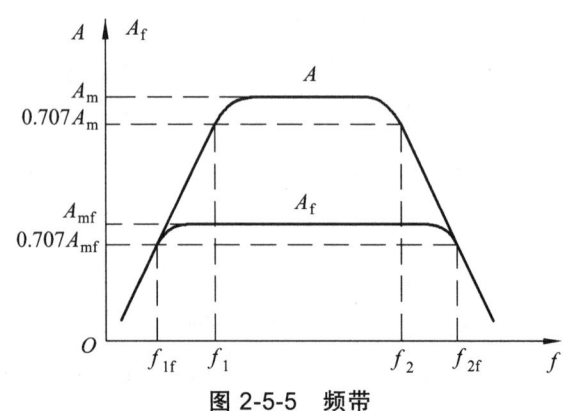

图 2-5-5　频带

带下限输出频率 f_1，上限输出频率 f_2；有负反馈时的放大电路下限输出频率 f_{1f}，上限输出频率 f_{2f}，可见，引入负反馈时放大电路的放大倍数 A_f 小于无负反馈放大电路的放大倍数 A，但频带增宽。

6）对输入、输出电阻的影响

① 输入电阻 r_{if}。

带负反馈的放大电路的输入电阻取决于反馈网络与基本放大电路输入端的连接方式（串联还是并联），与取样对象（电流还是电压）无关。

串联负反馈 由于输入电压 u_i 和反馈信号电压 u_f 在输入回路中连接方式为串联，则放大电路的净输入电压 $u_d = u_i - u_f < u_i$，结果导致输入电流 i_i 的减小，从而引起输入电阻 $r_{if} = \dfrac{u_i}{i_i}$ 比无反馈时（即：无反馈放大电路净输入电压 $u_d = u_i$）的输入电阻增高。

并联负反馈 由于输入电流 $i_i = i_d + i_f$ 的增加，致使输入电阻 r_{if} 减小。

② 输出电阻 r_{of}。

输出电阻 r_{of} 增高还是降低与是电流反馈还是电压反馈有关。

电压负反馈 能使输出电压稳定，即能使输出电压随负载的变化减小，具有恒压输出的特性。而输出电压恒定与输出电阻低是密切相关的。显然，这时输出电阻 r_{of} 比无反馈时的输出电阻 r_o 小。

电流负反馈 能使输出电流稳定，即能使输出电流随负载的变化减小，这点只有在输出电阻 r_{of} 比没有电流负反馈时的输出电阻 r_o 大很多时才能成立，所以放大电路引入电流负反馈后，输出电阻增高了。

3. 两级阻容耦合负反馈放大电路

如图 2-5-6 所示两级阻容耦合放大电路中，其反馈电路有：

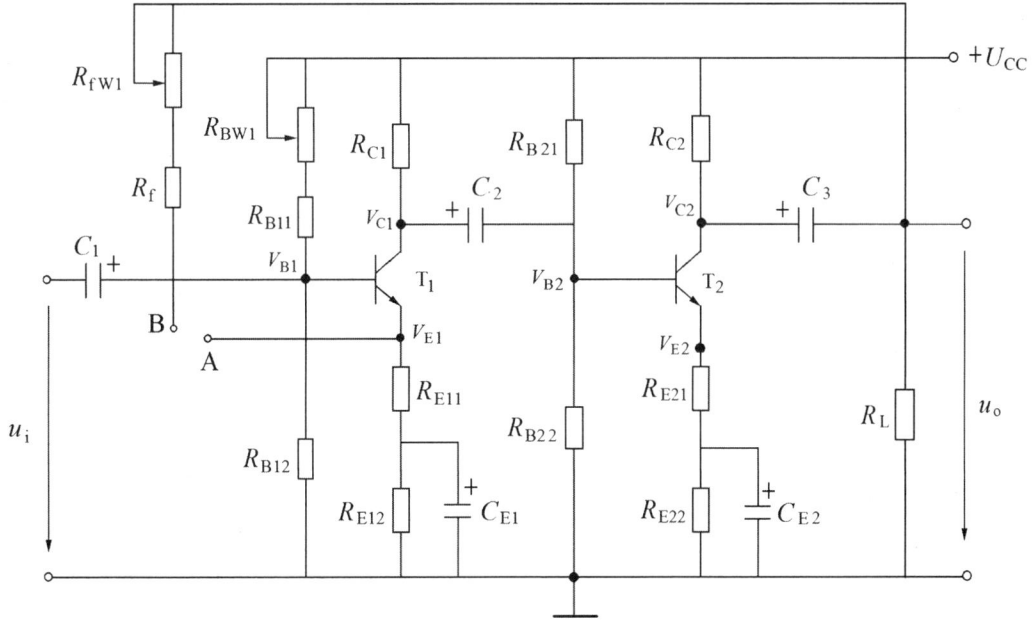

图 2-5-6 负反馈放大电路

电阻 R_{E11}、R_{E12} 为 T_1 管本级放大电路的串联电流负反馈；

电阻 R_{E21}、R_{E22} 为 T_2 管本级放大电路的串联电流负反馈；

电阻 R_{fW1}、R_f 为 T_1 与 T_2 管级间放大电路的串联电压负反馈。

2.5.3 预习内容

（1）预习实验内容及原理，明确实验目的。

（2）预习实验放大电路的静态工作点测试方法及示波器测试原理。

（3）预习放大电路的输入电阻、输出电阻、电压放大倍数和频率特性的测试方法。

（3）计算接入电阻 R_{fW1}、R_f 放大电路的闭环电压放大倍数 A_{uf} 和无 R_{fW1}、R_f 电阻时放大电路的开环电压放大倍数 A_u。

2.5.4 实验仪器、仪表和装置

将实验中所使用的仪器和设备情况记录在表 2-5-1 中。

表 2-5-1 实验仪器、仪表和装置记录表

设备名称	型号或规格	精度	数量	备注
函数发生器				
双踪示波器				
晶体管毫伏表				
直流稳压电源				
万用表				
电子实验箱				
电路电子元器件				

2.5.5 实验步骤

根据图 2-5-6 所示的放大实验电路，完成测量电路的接线（注：A 点连接 B 点），确认无误后，可接通电源 U_{CC} 开关。电路器件参数为：$R_{B11} = R_{B21} = 51\,\text{k}\Omega$，$R_{B12} = R_{B22} = 10\,\text{k}\Omega$，$R_{C1} = R_{C2} = 5.1\,\text{k}\Omega$，$R_{E11} = R_{E21} = 240\,\Omega$，$R_{E12} = R_{E22} = 750\,\Omega$，$R_f = 2\,\text{k}\Omega$，$R_L = 4.7\,\text{k}\Omega$，$C_1 = C_2 = C_3 = 1\,\mu\text{F}$，$C_{E1} = C_{E2} = 47\,\mu\text{F}$，$U_{CC} = 12\,\text{V}$，三极管为 2N3904。

1. 静态工作点的调试

（1）观测不失真放大波形。

① 调节信号源 u_S 输出的电压 U_S 及频率 f，并测试放大电压电路输入信号的有效值电压 U_i 和信号频率 f（即：实验参考值 $U_i = 5\,\text{mV}$，$f = 1\,\text{kHz}$）。

② 用示波器观测放大电路的输出电压 u_o 波形是否失真，若出现波形失真，则调节偏置电阻参数 R_{BW1} 的大小，使示波器上所观察到的电压 u_o 波形不失真。

（2）在输出电压 u_o 波形不失真的条件下，测量放大电路的静态工作点参数，并记录于表 2-5-2 中。

表 2-5-2 放大电路静态工作点测量值表

$U_i =$			$f =$		
第 一 级			第 二 级		
V_{B1}/V	V_{C1}/V	V_{E1}/V	V_{B2}/V	V_{C2}/V	V_{E2}/V

2．测定基本放大电路的性能

（1）无级间反馈放大电路的性能测试。

实验测量电路如图 2-5-7 所示。

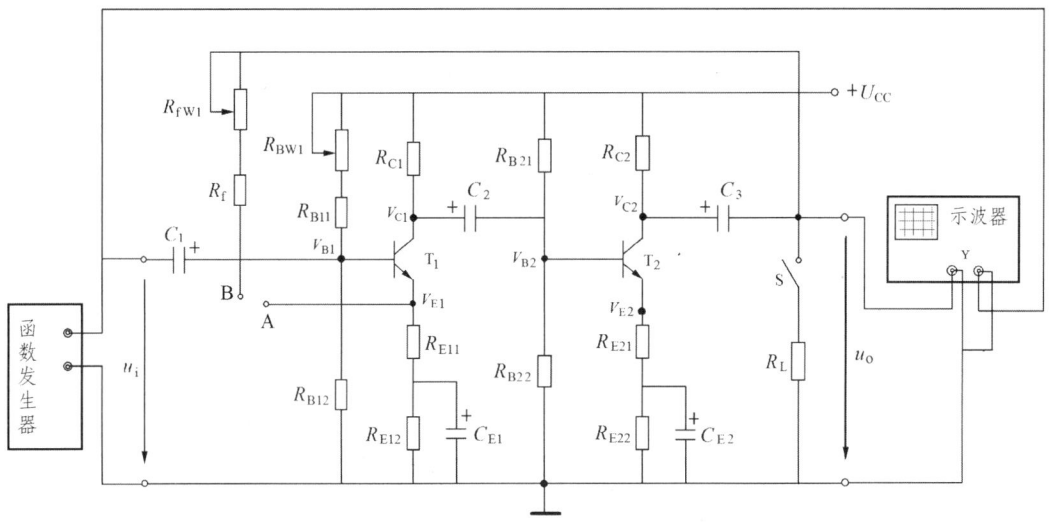

图 2-5-7　电压放大倍数 A_u 和输出电阻 r_o 测量原理图

① 测量电压放大倍数 A_u 和输出电阻 r_o。

仪表测试法：分别用仪表测量放大电路接入负载电阻 R_L 和负载开路（即开关 S 打开）时的输入信号电压 u_i、输出电压 u_o 值，并记录于表 2-5-3 中。则基本放大电路的电压放大倍数 A_u 为

$$A_u = \frac{u_o}{u_i}$$

输出电阻 r_o 的计算公式为

$$r_o = \left(\frac{u_o}{u_{oL}} - 1 \right) R_L$$

其中，u_o 为负载 $R_L = \infty$ 时输出电压值；u_{oL} 为接上负载 R_L 时输出电压值。

示波器测试法：用示波器进行测试，即分别用示波器测量测量放大电路接入负载电阻 R_L 和负载开路时，输入电压峰值 U_{ip} 和输出电压峰值 U_{op}，并记录于表 2-5-3 中。示波器测试出的基本放大电路的电压放大倍数为

$$A_u = \frac{U_{0p}}{U_{ip}}$$

输出电阻 r_o 的计算公式为

$$r_o = \left(\frac{U_{oP}}{U_{oLP}} - 1 \right) R_L$$

其中，U_{oP} 为负载 $R_L = \infty$ 时输出电压峰值；U_{oLP} 为接上负载 R_L 时输出电压峰值。

表 2-5-3 电压放大倍数和输入输出电阻的测量及计算表

项目	$f = 1$ kHz			
	U_i/V	U_o/V	A_u	r_o/Ω
$R_L =$				
$R_L = \infty$				

注：输出电阻 r_o 的计算公式为

$$r_o = \left(\frac{U_o}{U_{oL}} - 1 \right) R_L$$

其中，U_o 为负载 $R_L = \infty$ 时输出电压值；U_{oL} 为接上负载 R_L 时输出电压值。

② 测量输入电阻 r_i。

在输入信号源 u_S 与放大电路之间串接一个电阻 R（见图 2-5-8），然后增加信号源输出电压 u_S 的同时测量放大电路的输入电压 U_i'，使放大电路的输入电压 U_i' 与未接入电阻 R 时相同，即 $U_i' = U_i$，并记录测量数据 U_S 和 U_i，则计算放大电路的输入电阻为

$$r_i = \frac{U_i}{\dfrac{U_S - U_i}{R}} = \frac{U_i}{U_S - U_i} \cdot R$$

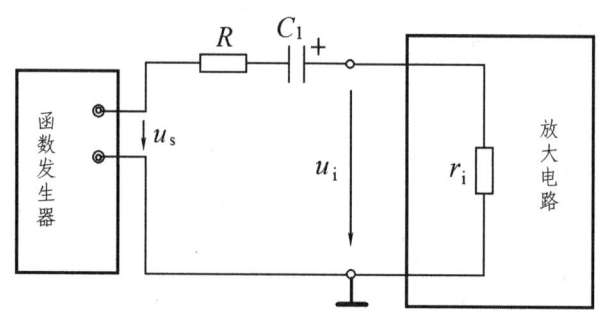

图 2-5-8 放大电路输入电阻测量原理图

③ 测量放大电路的频率特性。

实验电路如图 2-5-8 所示，负载开关 S 断开，函数发生器输入信号正弦波电压设置幅值为 $U_i = 5$ mV。

在保持函数发生器输入正弦波信号电压 $u_i = 5$ mV 不变的条件下，调节函数发生器输出频率 f（即：由低到高调节），其要求如表 2-5-4 所示。同时，用示波器测试输出电压的峰值 U_{op}，并将对应的测量频率 f 和输出电压的峰值 U_{op} 记录于表 2-5-4 中（注意：特性弯曲部分应多测几个点）。

由于输入正弦波信号电压 $U_{ip} = \sqrt{2} \cdot 5$ mV 在实验过程中保持不变，所以，放大电路的上限频率 f_H 和下限频率 f_L 测量，可通过测量输出电压的峰值 U_{op} 得到，即当测量输出电压峰值 U'_{op} 约为 $0.7U_{op}$ 时，函数信号发生器所应的输出频率分别为上限频率 f_H 和下限频率 f_L。即

$$U'_{op} = \frac{A_u}{\sqrt{2}} U_{ip}$$

表 2-5-4 频率特性测试参数表

项目	$A_u < \dfrac{A_u}{\sqrt{2}}$	$A_u = \dfrac{A_u}{\sqrt{2}}$	$A_u > \dfrac{A_u}{\sqrt{2}}$	A_u	$A_u > \dfrac{A_u}{\sqrt{2}}$	$A_u = \dfrac{A_u}{\sqrt{2}}$	$A_u < \dfrac{A_u}{\sqrt{2}}$
f/Hz							
U_{op}/V							

（2）有级间负反馈放大电路性能测试（连接 A、B 点，如图 2-5-9 所示）。

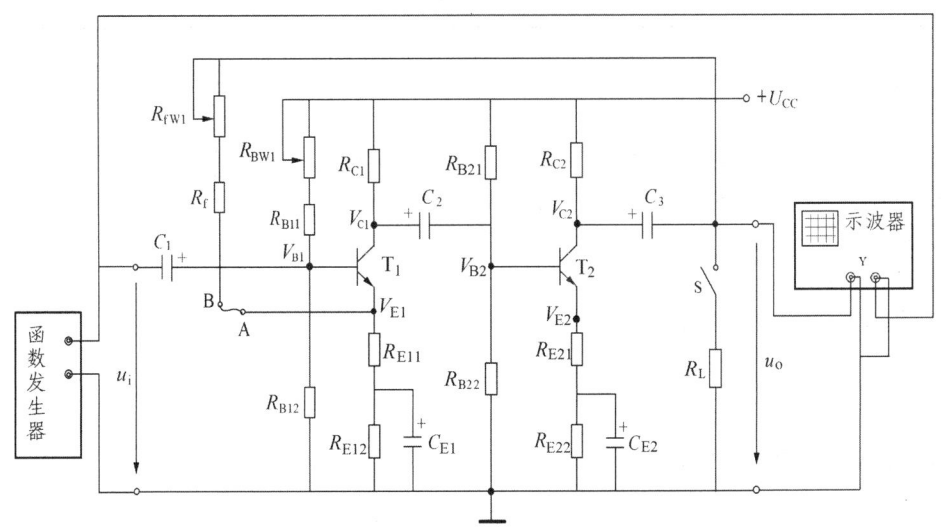

图 2-5-9　负反馈放大电路电压放大倍数 A_u 和输出电阻 r_o 测量原理图

① 测量负反馈放大电路的电压放大倍数 A_u 和输出电阻 r_o。

用示波器进行测试，即分别用示波器测量放大电路接入负载电阻 R_L 和负载开路时，输入

电压峰值 U_{ip} 和输出电压峰值 U_{op}，并记录于表 2-5-5 中。并计算负反馈放大电路的电压放大倍数 A_u 和输出电阻 r_o。

表 2-5-5 反馈放大电路性能测试及计算数据表

项目	$f = 1\text{ kHz}$			
	U_{ip}/V	U_{op}/V	A_{uf}	r_{of}/Ω
$R_L =$				
$R_L = \infty$				

② 测量输入电阻 r_{if}。

测试原理如图 2-5-8 所示，其放大电路为有负反馈的放大电路，即图 2-5-9。实验步骤要求、测量变量和输入电阻 r_{if} 计算式等以前面相同。

③ 测量负反馈放大电路的频率特性。

实验电路如图 2-5-9 所示，负载开关 S 断开，函数发生器输入信号正弦波电压设置幅值为 $U_i = 5\text{ mV}$。实验测试原理以及实验操作过程以前面相同。

表 2-5-6 反馈放大电路频率特性测试参数表

项目	$A_{uf} < \dfrac{A_{uf}}{\sqrt{2}}$	$A_{uf} = \dfrac{A_{uf}}{\sqrt{2}}$	$A_{uf} > \dfrac{A_{uf}}{\sqrt{2}}$	A_{uf}	$A_{uf} > \dfrac{A_{uf}}{\sqrt{2}}$	$A_{uf} = \dfrac{A_{uf}}{\sqrt{2}}$	$A_{uf} < \dfrac{A_{uf}}{\sqrt{2}}$
f/Hz							
U_o/V							

2.5.6 实验数据分析及要求

（1）整理实验测量数据，画出频率特性曲线图，分别列出 A、B 点"断开"和"连接"时的静态工作点和动态性能的计算表达式，并画出其微变等效电路。

（2）根据实验测试数据结果，比较基本放大电路与负反馈放大电路之间的性能差异。分析总结负反馈对放大电路性能的影响。

（3）将静态值的测量数据与计算值进行比较。

（4）将输入电阻、输出电阻、电压倍数的测量数据与计算值进行比较。

2.6 实验六 运算放大器的线性应用（1）

2.6.1 实验目的

（1）掌握运算放大器的基本工作原理。

（2）掌握应用运算放大器组成比例器、加法器、减法器等基本运算电路。

2.6.2 实验原理

1. 集成运算放大器

1）运算放大器的组成

集成电路是应用半导体工艺，将半导体管子、电阻、导线等集成在一块硅片上的固体器件，按功能分为数字集成电路和模拟集成电路。

运算放大器的种类和型号很多，电路形式也有所不同，但归纳起来，可分为简单型、通用型和专用型 3 种，其内部结构如框图 2-6-1 所示。

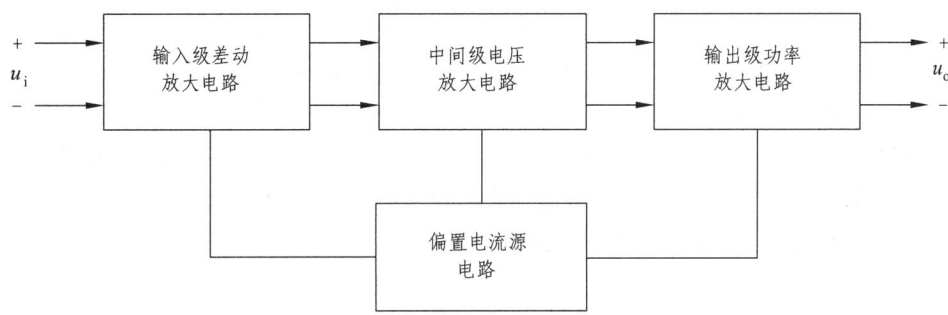

图 2-6-1　集成运算放大器结构框图

① **输入级**　通常采用差动放大电路，以抑制零漂，提高输入电阻。

② **中间放大级**　一级或多级电压放大电路，要求其放大倍数高，一般多为共射级或差动放大电路。

③ **输出级**　一般采用电压跟随器或互补对称放大电路，以降低输出电阻，提高输出电压及输出功率。

④ **偏置电流源电路**　可提供几乎不随温度变化而变化的稳定偏置电流，以稳定工作点。

2）运算放大器的线性特性

① 图形符号。

根据国家标准，运算放大器的图形符号如图 2-6-2 所示。

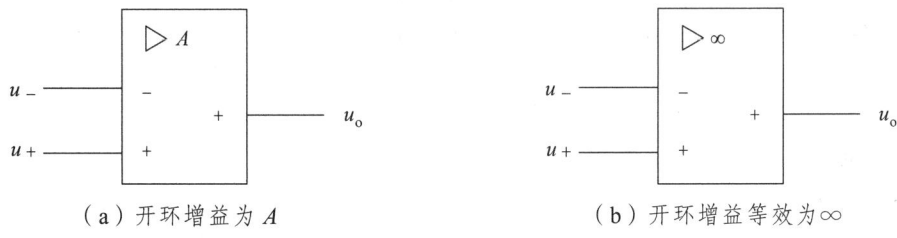

（a）开环增益为 A　　　　　　（b）开环增益等效为 ∞

图 2-6-2　集成运算放大器的图形符号

其中："－"端为反相输入端，"＋"端为同相输入端，它们与"地"之间的电压分别用 u_- 和 u_+ 来表示；长方形框右边引线端为信号输出端 u_o，输出信号可用输出端对"地"电压 u_o 来表示；框内"三角形"表示集成运算放大器是"放大器件"；"A"为放大器未接反馈电路时的电压放大倍数，称为开环电压增益或开环电压放大倍数，即

$$A = -\frac{u_o}{u_- - u_+}$$

实际运算放大器的开环电压增益 A 很高，一般为 $10^3 \sim 10^7$（$60 \sim 140$ dB）。因此在不特别关心其数值的场合，开环增益 A 可用符号 ∞ 表示，如图 2-6-2（b）所示。

② 电压传输特性。

放大器的输出信号和输入信号的关系曲线为**传输特性**，运算放大器的电压传输特性如图 2-6-3 所示。

运算放大器只有在输入信号 u_i 比较小的范围内，输出信号 u_o 才与 u_i 有线性关系，即 $u_o = -A_o u_i$ 关系只存在于坐标原点附近的传输特性的线性运行区。由于运放的开环放大倍数 A 很高，线性区很窄，输入端 u_- 稍高于 u_+，输出端 u_o 就达到负饱和值 $-U_{om}$（大于或等于负电源电压）；反之，u_- 稍低于 u_+，u_o 就达到正饱和值 $+U_{om}$（小于或等于正电源电压）。

③ 线性区的等效电路模型。

在线性区，运算放大器的等效电路模型如图 2-6-4 所示，这是"电压控制电压"的受控源，r_{id} 是运算放大器的输入电阻（一般为几千欧至几兆欧，输入电阻高），r_o 是运算放大器的输出电阻（一般几十至几百欧，输出电阻低）。

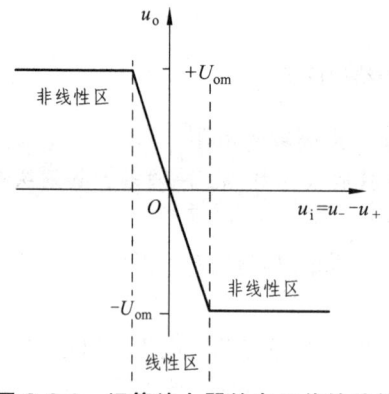

图 2-6-3 运算放大器的电压传输特性

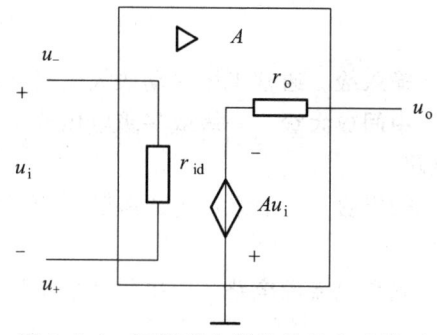

图 2-6-4 运算放大器的等效电路模型

3）理想运算放大器

根据理想运算放大器主要特征（$A_o \to \infty$、$r_{id} \to \infty$、$r_o \to 0$ 等），当如图 2-6-5 所示理想运算放大器工作在线性区时，可以得到下面两个重要特性：

① 输入电流为零。

"虚短"　　$i_i \approx 0$

② 两个输入端子间的电压为零。

"虚断"　　$u_+ \approx u_-$

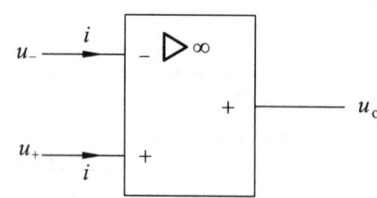

图 2-6-5 理想运算放大器

这两个特性是分析运算放大器电路的重要依据。运用这两个特性，可大大简化运算放大器应用电路的分析。

2. 运算放大器的线性应用

1）反相比例运算电路

反相比例运算电路如图 2-6-6 所示。输入信号 u_i 经输入端电阻 R_1 送到反相输入端，而同

相输入端通过电阻 R_2 接"地"。反馈电阻 R_f 跨接于输出端和反相输入端之间,形成深度电压并联负反馈。图 2-6-6 所示电路输出电压与输入电压是比例运算关系式为

$$u_o = -\frac{R_f}{R_1} u_i$$

式中,负号表示 u_o 与 u_i 反相。如果 R_1 和 R_f 的阻值足够精确,而且运算放大器的电压放大倍数很高,可认为 u_o 与 u_i 间的关系只取决于 R_f 和 R_1 的比值,与运算放大器本身的参数无关,这就保证了比例运算的精度和稳定性。

当输出电压 $u_o = -\frac{R_f}{R_1} u_i$ 中的电阻 $R_1 = R_f = R$ 时,"反相比例器"则为"反相器",如图 2-6-7 所示,其输出与输入运算关系式为

$$u_o = -u_i$$

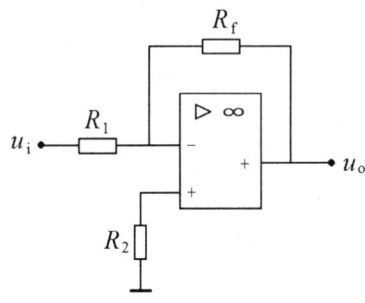

图 2-6-6 反相比例运算电路

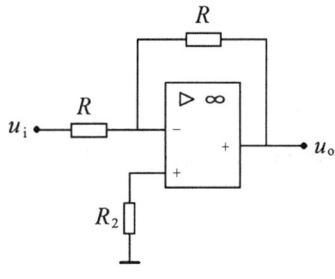

图 2-6-7 反相器电路

② 反相加法器。

反相比例加法运算电路如图 2-6-8 所示,其运算关系式为

$$u_o = -\left(\frac{R_f}{R_{11}} u_{i1} + \frac{R_f}{R_{12}} u_{i2}\right)$$

当电阻 $R_{11} = R_{12} = R_1$ 时,则上式为

$$u_o = -\frac{R_f}{R_1}(u_{i1} + u_{i2})$$

当电阻 $R_1 = R_f = R$ 时,如图 2-6-9 所示反相加法运算电路,其运算关系式为

$$u_o = -(u_{i1} + u_{i2} + u_{i3})$$

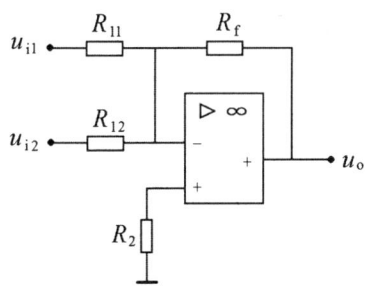

图 2-6-8 反相比例加法运算电路

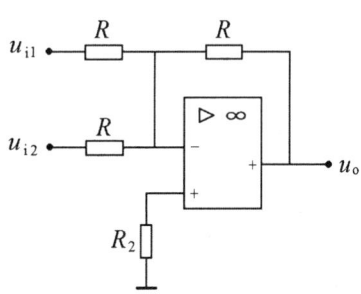

图 2-6-9 反相加法运算电路

③ 差动运算放大电路（减法运算电路）。

差动运算放大电路如图 2-6-10 所示，其运算关系式为

$$u_o = \left(1 + \frac{R_f}{R_1}\right)\frac{R_3}{R_2 + R_3} \cdot u_{i2} - \frac{R_f}{R_1} u_{i1}$$

当图 2-6-10 中电阻 $R_1 = R_2$ 和电阻 $R_f = R_3$ 时，则上式为

$$u_o = \frac{R_f}{R_1}(u_{i2} - u_{i1})$$

当图 2-6-10 中电阻 $R_1 = R_2 = R_3 = R_f = R$ 时，如图 2-6-11 所示减法器电路，其运算关系为

$$u_o = u_{i2} - u_{i1}$$

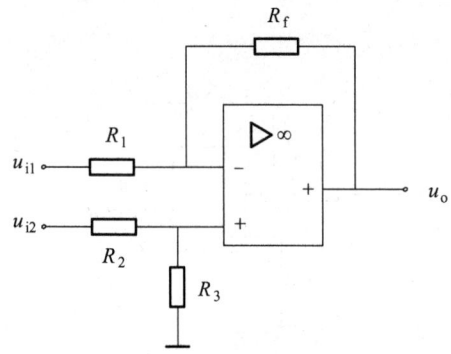
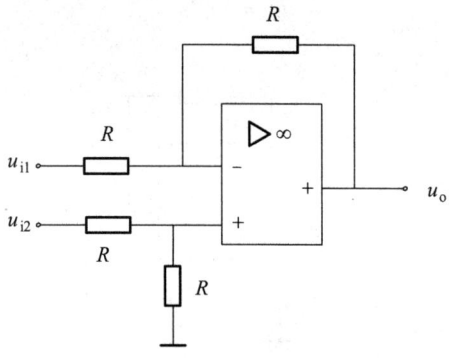

图 2-6-10 差动运算放大电路　　　　图 2-6-11 减法器

3. UA741 型集成运算放大器

UA741 型（国产型号为 CF741）集成运算放大器为通用型集成运算放大器，它是一种具有内部频率补偿，有短路保护等特点的高性能集成运算放大器。其管脚排列如图 2-6-12 所示。

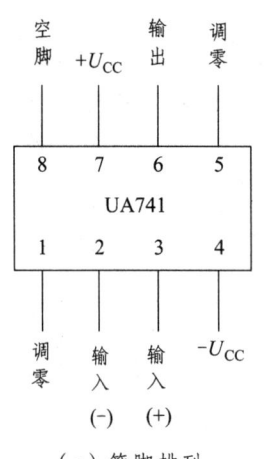
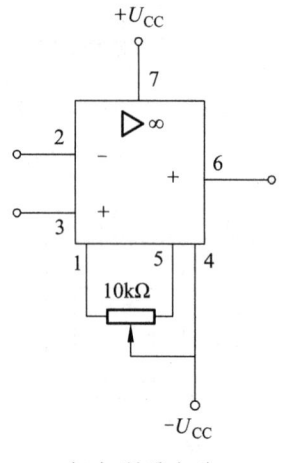

（a）管脚排列　　　　　　　　　（b）调零电路

图 2-6-12 UA741 型集成运算放大器

2.6.3 预习内容

（1）预习集成运算放大器工作原理，掌握运算放大器的管脚图。

（2）预习实验内容及相关应用电路的工作原理，思考实验电路的电阻参数的大小是否会影响运算放大器的工作状态（即：工作在"线性区"或"非线性区"）。

（3）以图 2-6-16 接线电路为参考，画出图 2-6-13、图 2-6-14、图 2-6-15 电路原理图的实验电路图（即在"实验原理图"中画上：集成运算放大器的调零电路、电源器件、测试仪表等）。

（4）预习实验电路"共地"的概念。

2.6.4 实验仪器、仪表和装置

将实验中所使用的仪器和设备情况记录在表 2-6-1 中。

表 2-6-1 实验仪器、仪表和装置记录表

设备名称	型号或规格	精度	数量	备注
函数发生器				
双踪示波器				
万用表				
晶体毫伏表				
电子实验装置				
运算放大器				

2.6.5 实验步骤

1. 反相比例运算放大电路

（1）按图 2-6-13 接线，调节输入信号电压 u_i 在 $-1 \sim +1$ V 之间取 7 个点（如表 2-6-2 所示），测试输出电压 u_o，记录于表 2-6-2 中，并计算其闭环电压放大倍数 A_f。

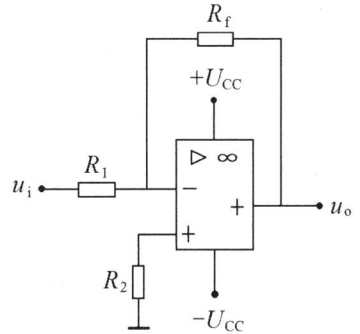

图 2-6-13 反相比例运算放大器实验原理图

表 2-6-2 反相比例运算放大电路参数测试表

项目	$R_1=$		$R_f=$		$R_2=$		$U_{CC}=$	
u_i/V	−1	−0.8	−0.3	0	+0.3	+0.8	+1	
u_o/V								
A_f								

（2）按图 2-6-14 接线，用示波器观察反相比例器输出与输入的相位关系及传输特性。注意：
① 示波器改为 X – Y 工作方式。
② 选择适当的 X 轴和 Y 轴衰减位置。
③ 示波器上能观测到集成运算放大器的正、负向饱和电压。

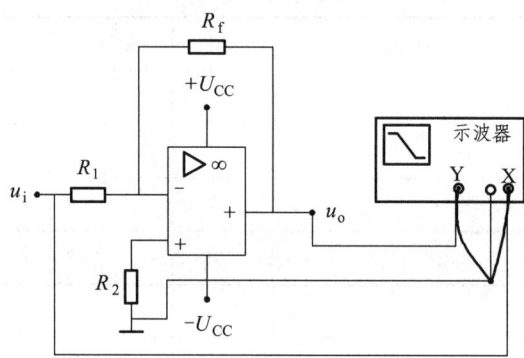

图 2-6-14 反相比例运算放大电路的传输特性测试原理图

2. 反相加法运算放大电路

（1）按图 2-6-15 接线。任意选择 4 组输入 u_{i1}、u_{i2} 数据，其中有 3 组数据满足以下条件：

$$|u_o|=\left|-\left(\frac{R_f}{R_{11}}u_{i1}+\frac{R_f}{R_{12}}u_{i2}\right)\right|<|U_{CC}|$$

另一组数据则满足：

$$|u_o|=\left|-\left(\frac{R_f}{R_{11}}u_{i1}+\frac{R_f}{R_{12}}u_{i2}\right)\right|>|U_{CC}|$$

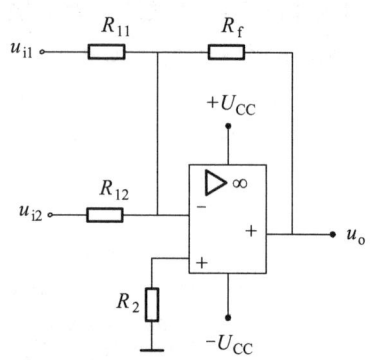

图 2-6-15 反相加法运算放大电路原理图

或由指导老师给定输入 u_{i1}、u_{i2} 数据。

测试 u_{i1}、u_{i2}、u_o 值，并记录于表 2-6-3 中。

表 2-6-3　反相加法运算放大电路参数测试表

项　目	$R_1=$	$R_2=$	$R_f=$	$R_3=$	$U_{CC}=$
u_{i1} /V					
u_{i2} /V					
u_o /V					

3. 反相减法运算放大电路

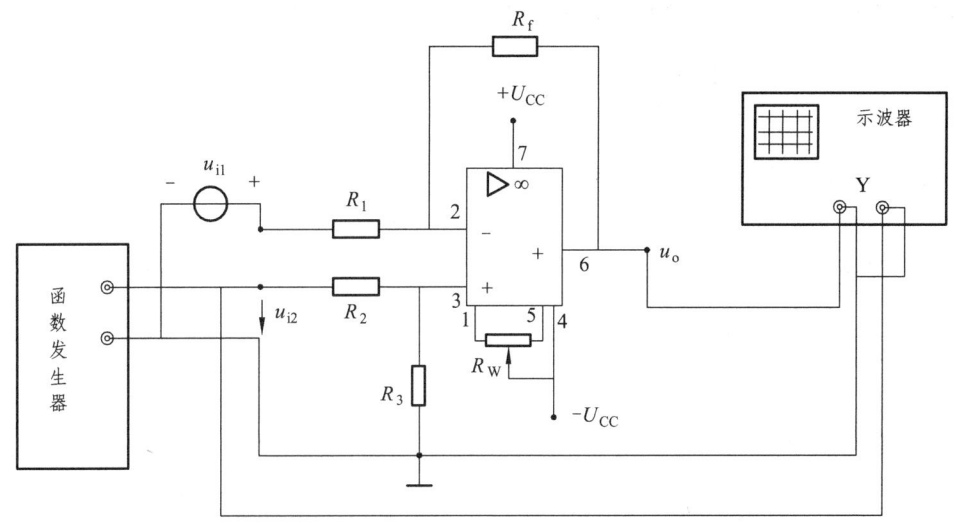

图 2-6-16　反相减法运算放大电路实验电路图

按图 2-6-16 接线。用双踪示波器观测，当输入信号分别为正弦交流信号 u_{i2} 和直流信号 u_{i1} 时，图 2-6-16 反相减法运算放大电路的输出 u_o 波形，并用坐标纸绘出 u_{i1}、u_{i2} 和 u_o 波形。

2.6.6　实验数据分析及要求

（1）画出完整的实验测试电路图，即画出仪器、仪表在实验电路图中连接及元器件参数和型号。
（2）分析实验测试数据表和波形图，论述反相运算放大电路的应用原理及线性应用注意事项。
（3）根据测量的电压传输特性，指出其反相比例运算放大电路的线性动态范围。
（4）同相运算放大电路与反相运算放大电路有什么异同？
（5）在图 2-6-15 电路中，电阻 R_2 参数如何确定？根据实验数据进行分析。

2.7　实验七　运算放大器的线性应用（2）

2.7.1　实验目的

（1）掌握集成运算放大器的基本特性。

（2）根据集成运算放大器线性原理，实现微分、积分运算应用。

2.7.2 实验原理

1. 积分运算电路

微积分运算是利用电容的充放电来实现的。

（1）反相积分运算放大电路。

反相比例积分运算放大电路如图 2-7-1 所示。其输入 u_i 与输出 u_o 运算关系式为

$$u_o = -\frac{1}{R_1 C}\int u_i \mathrm{d}t$$

上式表明 u_o 与 u_i 的积分成正比例关系。平衡电阻 $R_2 = R_1$。

（2）求和积分运算放大电路。

求和积分运算放大电路如图 2-7-2 所示。其输入 u_{i1}、u_{i2} 与输出 u_o 运算关系式为

$$u_o = -\int \left(\frac{1}{R_{11}C}u_{i1} + \frac{1}{R_{12}C}\cdot u_{i2}\right)\mathrm{d}t$$

如电阻 $R_{11} = R_{12} = R$，则

$$u_o = -\frac{1}{RC}\int (u_{i1} + u_{i2})\mathrm{d}t$$

图 2-7-2 电路的平衡电阻为

$$R_2 = R_{11} \mathbin{/\mkern-6mu/} R_{12}$$

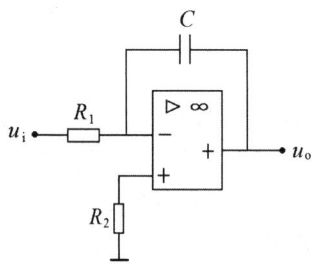 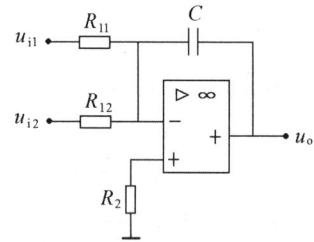

图 2-7-1 反相积分运算放大电路原理图　　图 2-7-2 求和积分运算放大电路原理图

2. 微分运算电路

微分运算是积分运算的逆运算，其电路如图 2-7-3 所示。其输入 u_i 与输出 u_o 运算关系式为

$$u_o = -R_f C \frac{\mathrm{d}u_i}{\mathrm{d}t}$$

即输出电压 u_o 与输入电压 u_i 对时间的一阶导数成比例。

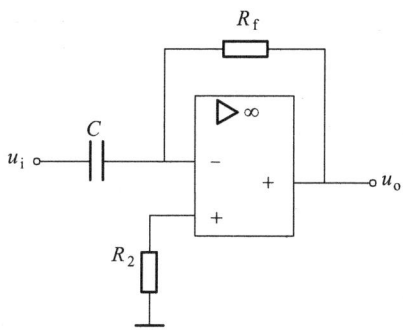

图 2-7-3　微分运算原理图

2.7.3　预习内容

（1）预习微分、积分运算放大电路的工作原理，思考改变电路中的电阻、电容参数值大小，对输出的影响，即对时间常数 τ 的影响。

（2）预习实验内容、步骤和相关的测试仪器、仪表。

（3）预测输出波形的变化规律。如图 2-7-1 所示电路，当输入 u_i 为方波信号时，输出 u_o 为何波形？如增大电容量 C，则输出 u_o 波形如何变化？减小方波频率输出 u_o 波形又如何变化？

2.7.4　实验仪器、仪表和装置

将实验中所使用的仪器和设备情况记录在表 2-7-1 中。

表 2-7-1　实验仪器、仪表和装置记录表

设备名称	型号或规格	精度	数量	备注
函数发生器				
双踪示波器				
万用表				
晶体毫伏表				
电子实验装置				

2.7.5　实验步骤

1. 积分器

按图 2-7-4 接线，其中电容 $C = 0.1\,\mu F$，电阻 $R_1 = R_2 = 10\,k\Omega$，完成以下实验任务。

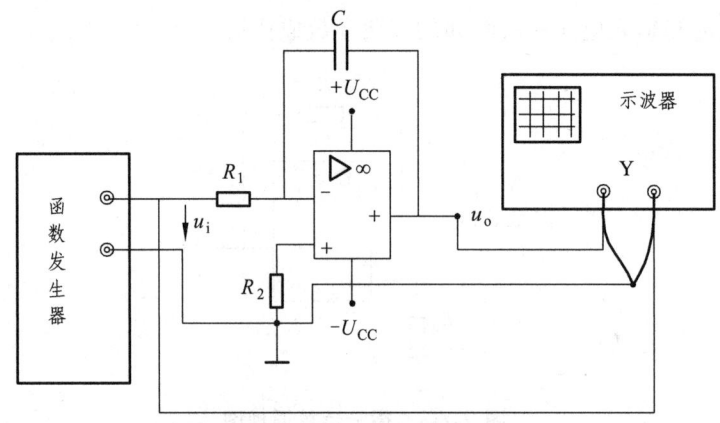

图 2-7-4 积分运算放大实验电路

（1）函数发生器输出方波信号，其幅值为 $U_{im} = \pm 2$ V，频率为 $f = 1$ kHz，试用双踪示波器同时观察输入电压 u_i 和输出电压 u_o 的波形，并记录其波形。

（2）改变输入电压 u_i 频率为 $f = 500$ Hz，观察输出电压 u_o 波形有何变化，并记录其波形。

2. 微分器

按图 2-7-5 接线，其中电容 $C = 0.1\ \mu F$，电阻 $R_1 = R_2 = 10\ k\Omega$，完成以下实验任务。

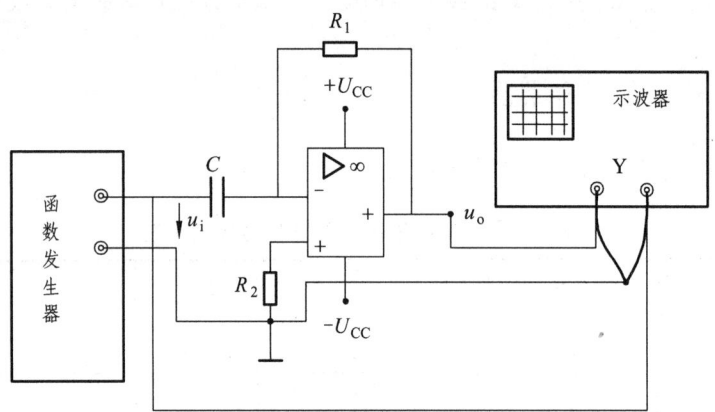

图 2-7-5 微分运算放大实验电路

（1）函数发生器输出三角波信号，其幅值为 $U_{im} = \pm 2$ V，频率为 $f = 1$ kHz，试用双踪示波器同时观察输入电压 u_i 和输出电压 u_o 的波形，并记录其波形。

（2）改变输入电压信号 u_i 频率，使之增大或减小，观测输出电压信号 u_o 变化及失真情况，并记录其变化规律和波形。

2.7.6 实验数据分析及要求

（1）分别写出如图 2-7-4 和 2-7-5 所示积分、微分运算放大实验电路的时间常数 τ 计算式。

（2）分析时间常数 τ、输入信号频率 f、输出信号电压 u_o 三者间的关系，即当输入信号频率 f 变化时，时间常数 τ 对输出信号电压 u_o 的影响，什么情况下会发生失真？并写出积分、微分时，时间常数 τ 选择的条件式（提示：时间常数 τ 的选择受到运算放大器最大输出电压的限制）。

（3）整理实验数据和波形，并与理论数据进行比较、分析。

2.8 实验八 RC 正弦波振荡电路

2.8.1 实验目的

（1）掌握 RC 正弦波振荡电路的工作原理及基本特性。
（2）掌握 RC 正弦波振荡电路设计及元件参数选择的方法。
（3）掌握 RC 正弦波振荡电路的调试步骤及方法。

2.8.2 实验原理

1. RC 桥式振荡电路原理图

如图所示 2-8-1 电路是 RC 桥式振荡电路的原理电路，是一种低频正弦波振荡器，其振荡频率一般可从 1 Hz 到几百 kHz。

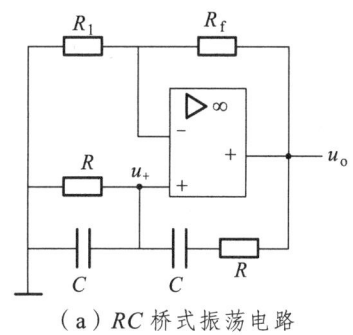
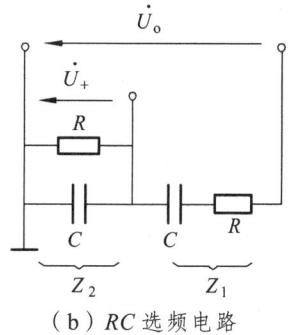

（a）RC 桥式振荡电路　　　　　　　　（b）RC 选频电路

图 2-8-1　RC 桥式振荡电路原理图

RC 桥式振荡电路由两部分组成，即振荡器的放大电路和正反馈选频网络。

放大电路：由集成运算放大器和串联电压负反馈支路（即由电阻 R_1、R_f 构成）组成的串联式电压负反馈放大电路，其特点为输入阻抗高、输出阻抗低。

选频网络：由电阻 R 和电容 C 组成 RC 桥式振荡选频网络，其选频网络具有正反馈特性，称为正反馈选频网络。

2. 选频特性

RC 选频电路如图 2-8-1（b）所示。

RC 串联阻抗 Z_1 为

$$Z_1 = R + \frac{1}{j\omega C}$$

RC 并联阻抗 Z_2 为

$$Z_2 = \frac{R \cdot \frac{1}{j\omega C}}{R + \frac{1}{j\omega C}} = \frac{R}{1 + j\omega CR}$$

正反馈电压 $\dot{U}_+$ 为

$$\dot{U}_+ = \frac{\dot{U}_o}{Z_1 + Z_2} Z_2 = \frac{\dot{U}_o}{3 + j\left(\omega RC - \frac{1}{\omega RC}\right)}$$

当正反馈电压 $\dot{U}_+$ 表达式中 $\omega RC = \frac{1}{\omega RC}$ 时，正反馈电压 $\dot{U}_+$ 为最大值，$\dot{U}_+$ 与输出电压 $\dot{U}_o$ 同相，即

$$\dot{U}_+ = \frac{1}{3}\dot{U}_o$$

此时角频率称为振荡角频率 ω_o，即

$$\omega_o = \frac{1}{RC}$$

振荡频率 f_0 为

$$f_0 = \frac{1}{2\pi RC}$$

振荡电路的起振幅值条件为

$$A_{Vf} = \frac{\dot{U}_o}{\dot{U}_+} \geqslant 3$$

解图 2-8-1（a）电路得

$$A_{Vf} = \frac{\dot{U}_o}{\dot{U}_+} = \frac{\frac{\dot{U}_+}{R_1}(R_1 + R_f)}{\dot{U}_+} = \frac{R_1 + R_f}{R_1} \geqslant 3$$

即

$$\frac{R_f}{R_1} \geqslant 2$$

电路开始振荡时，A_{Vf} 略大于 3，当振荡达到稳定平衡状态时，$A_{Vf} = 3$，$\omega_o = \frac{1}{RC}$。

RC 桥式振荡电路的振荡频率 f_0，可通过调整正反馈选频电路中的电阻 R、电容 C 值实现。通常采用双连电位器或双连电容器来改变电阻 R、电容 C 值，从而达到改变振荡频率 f_0 的目的。

3. 振荡幅值的稳定

当 RC 桥式振荡电路满足 A_{Vf} 略大于 3 条件起振以后,其振幅会不断增加,直至受到运算放大器的最大输出电压的限制,使输出电压 u_o 波形产生非线性失真。另外,因环境温度改变或电源电压的波动,仍有可能破坏振荡的稳定平衡状态,造成振荡波形失真或停振的现象。因而常常采取一些稳幅措施,设法维持 u_o 的幅值基本不变。

通常可以利用二极管和稳压管的非线性特性,来自动地稳定振荡器输出的幅值,如图 2-8-2 所示。在 R_{f1} 两端并联两个二极管 D_1、D_2,用来稳定振荡器的输出 u_o 的幅值。由于二极管是非线性元件,当振荡幅度较小时,流过二极管的电流较小。对应的二极管的等效电阻 R_d 增大;同理,当振荡幅度增大时,流过二极管电流增大,此时二极管的等效电阻减小,这样反馈电阻 $R_f = R_{f2} + R_{f1}//R_d$ 亦随之而变,则改变放大倍数 A_{Vf},从而达到稳幅的目的。

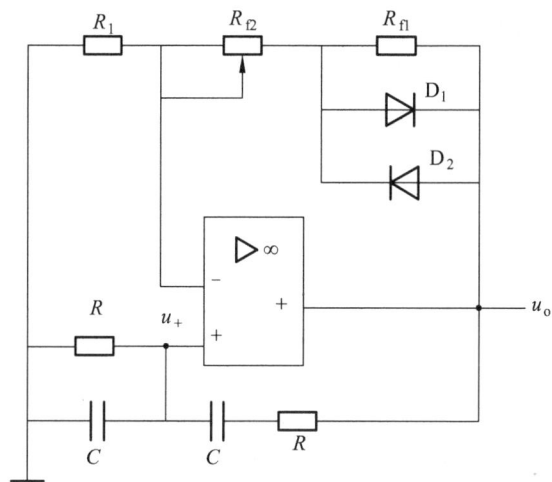

图 2-8-2 具有稳幅措施的 RC 桥式振荡电路

4. 电路阻容参数的确定

一般设计振荡电路时,振荡频率条件是设计电路的主要依据。下面讨论图 2-8-1(a)所示电路中各元件参数确定的原理。

(1) 选频网络的电阻 R、电容 C 值。

① 根据振荡频率 $f_0 = \dfrac{1}{2\pi RC}$ 和设计要求,确定 RC 之积,即

$$RC = \frac{1}{2\pi f_0}$$

一般,为了使选频网络特性尽量不受集成运算放大器的输入电阻 R_i(R_i 约为几百千欧以上)和输出电阻 R_o(R_o 约为几百欧以下)的影响,应使选频网络电阻 R 满足下列关系:

$$R_i \geqslant R \geqslant R_o$$

② 选频网络电阻 R 还应满足电路的直流平衡条件,即 $R = R_f // R_1$,减小集成运算放大器的输入失调电流和零点漂移的影响。

③ 选频网络的电阻 R、电容 C 选择时,注意选择稳定性较好的元件,否则将影响振荡频率 f_0 的稳定性。

(2) 负反馈电阻 R_1、R_f 值。

选择电阻 R_1、R_f 值时,应满足振荡电路的起振幅值条件 $\dfrac{R_f}{R_1} \geqslant 2$。为了既能满足起振条件,又能使输出电压 u_o 不产生严重波形失真,通常电阻 R_1、R_f 取值关系为

$$R_f \geqslant (2.1 \sim 2.5)R_1$$

2.8.3 预习内容

(1) 预习 RC 桥式振荡电路的工作原理。

(2) 预习实验内容、步骤和相关的测试仪器、仪表。

(3) 根据实验电路图 2-8-3 中参数,计算振荡频率 f_0 值。

(4) 预习实验电路图 2-8-3,若实验过程中发生 RC 桥式振荡电路不能起振的情况,应调节电路中哪个元件参数?如何调节?若输出电压 u_o 波形发生失真,应调节电路中哪个元件参数?如何调节?

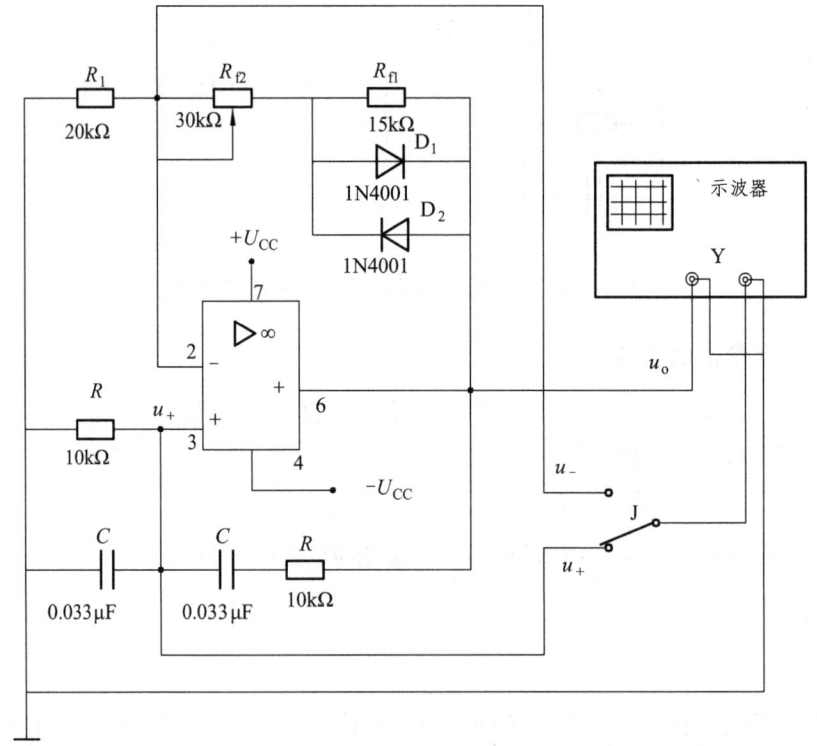

图 2-8-3 RC 桥式振荡实验电路

2.8.4 实验仪器、仪表和装置

将实验中所使用的仪器和设备情况记录在表 2-8-1 中。

表 2-8-1　实验仪器、仪表和装置记录表

设备名称	型号或规格	精度	数量	备注
双踪示波器				
万用表				
电子实验装置				
集成运算放大器				
可调电阻				
电容				
二极管				

2.8.5　实验步骤

（1）按图 2-8-3 接线，检查无误后接通电源。

（2）用示波器观测输出电压 u_o 波形图，调节电阻 R_{f2}，使电路起振且波形失真最小；同时观测调节电阻 R_{f2} 对输出电压 u_o 波形的影响。

（3）用示波器观测输出电压 u_o 波形的周期、幅值；观测正反馈电压 u_+ 波形、负反馈电压 u_- 波形与输出电压 u_o 波形的关系，并记录波形，标出幅值、周期、相位关系。

2.8.6　实验数据分析及要求

（1）论述图 2-8-2 电路的工作原理和电阻、电容和二极管的作用。

（2）论述阻容元件参数的确定和元件的选择。

（3）整理实验数据和波形，并画出输出电压 u_o 与正反馈电压 u_+ 波形、负反馈电压 u_- 波形，同时，在波形图中标出幅值、周期、相位关系，分析实验测试结果。

（4）将实验测试的振荡频率 f_0 值、u_+ 幅值、u_o 幅值与理论计算值进行比较，分析误差产生的原因。

（5）分析实验过程中的问题或故障，讨论解决的方法。

第 3 章 数字电子技术实验

3.1 实验一 基本逻辑门芯片的参数与功能测试

3.1.1 实验目的

（1）熟悉 TTL 中、小规模集成电路的封装、管脚排列方式及使用方法。
（2）掌握 TTL 逻辑门电路的主要参数与功能测试方法。
（3）掌握数字系统综合实验箱的基本结构、功能和使用方法。

3.1.2 实验原理

随着科学技术的日益发展和对数字电路不断增长的应用技术要求，集成电路生产厂家积极采用新技术、改进设计方案和生产工艺，沿着提高速度、降低功耗、缩小体积的方向不懈努力，不断推出各种型号的新产品。仅几十年间，数字电路的集成度就从小规模、中规模、大规模发展到超大规模、巨大规模。目前应用最广泛的数字电路是 TTL 和 CMOS 电路，而集成逻辑门是数字电子技术的基本单元部件，对基本逻辑门电路的研究和学习，是进一步认识复杂集成逻辑电路的关键。

1. TTL 与非门

1）TTL 与非门电路的电压传输特性

本实验采用的与非门芯片是 74LS00，其管脚排列如图 3-1-1 所示。TTL 与非门电路的电压传输特性是与非门的输出电压与输入电压之间的关系，是使用 TTL 与非门电路时必须要了解的基本特性曲线。如图 3-1-2 所示，把与非门的其中一个输入端连接一个可调的直流信号源，另一输入端接高电平，当输入电压 U_i 从 0 逐渐增加到高电平，输出电压便会作出相应的变化，就可以得到如图 3-1-3 所示的与非门电压传输特性。由图 3-1-3 可见，当 U_i 从 0 开始增加时，在一定范围内输出的高电平基本不变，当 U_i 上升到一定数值后，其输出很快下降为低电平。如果 U_i 继续增加，输出的低电平基本不变。

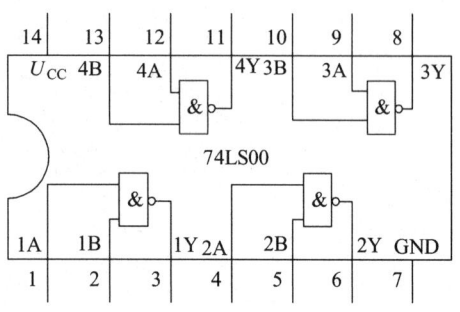

图 3-1-1　74LS00 芯片管脚排列图

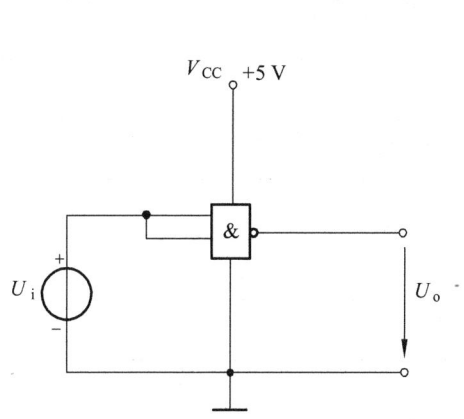

图 3-1-2　TTL 与非门的电压传输特性测量电路

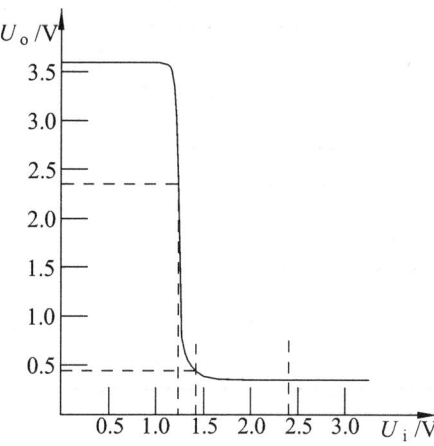

图 3-1-3　TTL 与非门的电压传输特性

2）TTL 与非门的主要参数

① 输出高电平 U_{OH}：输出高电平是指输入至少有一个低电平时的输出电平。

② 输出低电平 U_{OL}：输出低电平是指输入端全为高电平时的输出电平。在实际的应用中，通常规定了高电平的下限电压和低电平的上限电压。如 TTL 与非门，当 $V_{CC}=5\text{ V}$ 时，$U_{OH} \geqslant 2.4\text{ V}$，$U_{OL} \leqslant 0.4\text{ V}$。

③ 开门电平 U_{ON} 与关门电平 U_{OFF}：开门电平 U_{ON} 是指输出电平刚刚下降到输出低电平的上限值时的输入电平，它是保证与非门的输出为标准低电平时的输入高电平下限值。关门电平 U_{OFF} 是指输出电平刚刚上升到输出高电平的下限值时的输入电平，它是保证与非门的输出为标准高电平的输入低电平上限值。对于 TTL 与非门，一般规定 $U_{ON}=1.8\text{ V}$，$U_{OFF}=0.8\text{ V}$。

④ 低电平噪声容限 U_{NL} 和高电平噪声容限 U_{NH}：噪声容限表征了与非门电路的抗干扰能力。U_{NL} 越大，表示输入低电平时的抗干扰能力越强。U_{NH} 越大则表示输入高电平时的抗干扰能力越强。

⑤ 扇出系数 N：是指一个与非门能驱动同类门电路的最大数目，是用来衡量与非门的带负载的能力。对于 TTL 与非门而言，一般 $N \geqslant 8$ 才被认为是合格的。

3.1.3　预习内容

（1）了解数字系统综合实验箱的基本结构及使用方法。
（2）复习与非门相关电路知识。
（3）熟悉各测试电路，了解测试的原理及测试方法。
（4）了解 TTL 与非门芯片 74LS00 的管脚排列方式。

3.1.4　实验装置

将实验中所使用的仪器和设备情况记录在表 3-1-1 中。

表 3-1-1 实验仪器、仪表和装置记录表

设备名称	型号或规格	精度	数量	备注
直流稳压电源				
数字系统综合实验箱				
数字万用表				
六反相器				
二输入四与非门				

3.1.5 实验步骤

1. TTL 二输入端四与非门芯片 74LS00 的参数及功能测试

（1）将 74LS00 芯片电源端和地线端连接数字系统综合实验箱的电源和地。

（2）根据二输入与非门的真值表，测试其逻辑功能，并将结果记入表 3-1-2 中。

表 3-1-2 TTL 与非门真值表

A	B	Y
0	0	
0	1	
1	0	
1	1	

（3）按图 3-1-2 连接实验电路，调节输入电压，测量并记录与非门的输出电压，并将结果记入表 3-1-3 中。

表 3-1-3 与非门的输出电压实验数据表

U_i/V	0	0.50	0.60	0.70	0.80	0.90	1.00	1.10	1.15	1.20	1.25	1.30
U_O/V												
U_i/V	1.35	1.50	1.80	2.00	2.20	2.50	3.00	3.50	4.00	4.50	5.00	1.50
U_O/V												

2. TTL 六反相器芯片 74LS04 的参数及功能测试

（1）将 74LS04 芯片电源端和地线端连接数字系统综合实验箱的电源和地。

（2）根据六反相器的真值表，测试其逻辑功能，并将结果记入表 3-1-4 中。

表 3-1-4 反相器真值表

A	Y
0	
1	

（3）按图 3-1-4 连接实验电路，调节输入电压，测量并记录与非门的输出电压，并将结果记入表 3-1-5 中。

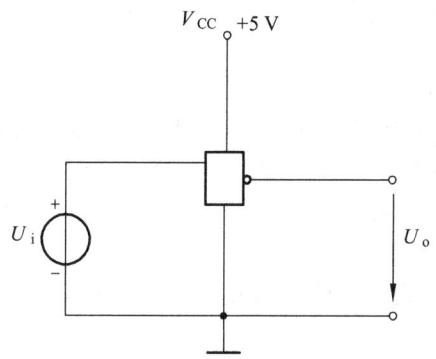

图 3-1-4 反相器的电压传输特性测量电路

表 3-1-5 反相器的电压传输特性测量表

U_i/V	0	0.50	0.60	0.70	0.80	0.90	1.00	1.10	1.15	1.20	1.25	1.30
U_o/V												
U_i/V	1.35	1.50	1.80	2.00	2.20	2.50	3.00	3.50	4.00	4.50	5.00	
U_o/V												

3.1.6 实验数据分析及报告要求

（1）整理表 3-1-3 中的实验数据。根据实验数据，在坐标纸上画出与非门的电压传输特性曲线，并分析其特性曲线。注意：在坐标纸上标出相关参数。

（2）整理表 3-1-5 中的实验数据。根据实验数据，在坐标纸上画出反相器的电压传输特性曲线，并分析其特性曲线。注意：在坐标纸上标出相关参数。

（3）总结并分析实验所测得与非门与反相器的真值表（即表 3-1-2 和表 3-1-4），写出与非门与六反相器的逻辑表达式。

（4）记录实验过程中出现的故障现象，分析其原因，说明解决的办法。

3.2 实验二 与非门组成故障报警电路

3.2.1 实验目的

（1）掌握非门、与门、或非门等集成逻辑电路的检测。

（2）通过实验原理的学习，掌握组合逻辑电路的功能及特点，了解综合分析逻辑电路的方法。

（3）掌握与非门组成故障报警电路的基本设计思路及实施原理。

（4）提高检查及排除电路故障的能力。

3.2.2 实验原理

1. 模块

用与非门组成故障报警控制实验原理电路如图 3-2-1 所示。

1）故障模拟电路

图 3-2-1 中电源 U_{CC}、三个开关（即开关 J1、J2、J3）构成故障电路。当三个开关连接电源 U_{CC} 端时，非门（即非门 F1、F2、F3）输入的逻辑信号为"1"，反之，输入的逻辑信号为"0"。例如图 3-2-1 中，开关 J1、J2 连接在电源 U_{CC} 端，而开关 J3 连接于接地端，则非门 F1、F2 输入的逻辑信号为"1"，而非门 F3 输入的逻辑信号为"0"。

用开关接地来模拟电路的发生故障，即开关接在电源 U_{CC} 端时，表示电路工作正常，开关接地则表示电路发生了故障。

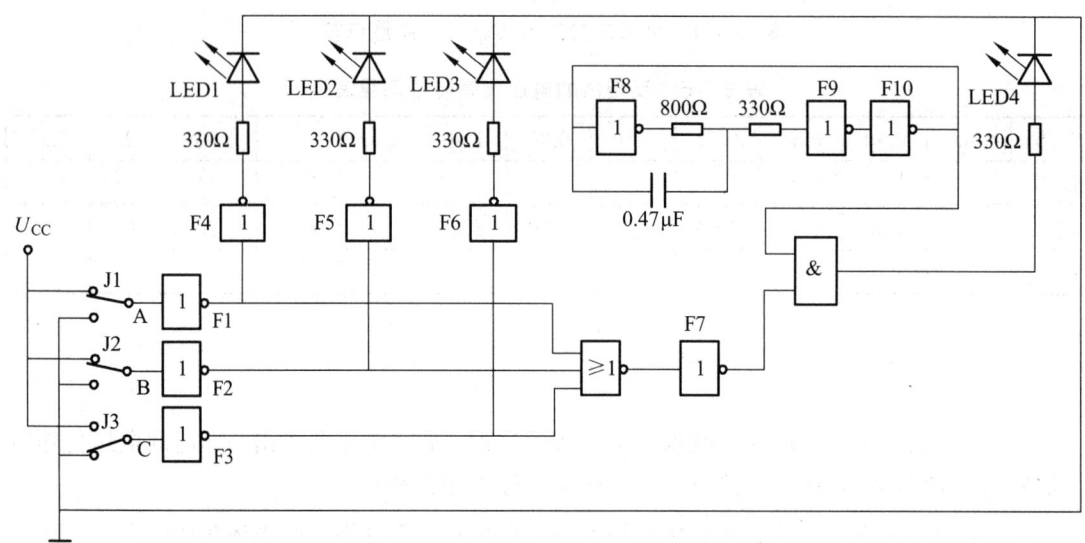

图 3-2-1 与非门组成故障报警控制电路原理图

2）故障报警电路

图 3-2-1 中 4 个发光二极管 LED 表示电路的工作状态。当发光二极管 LED 正常发光时，表示电路工作正常；当发光二极管 LED 熄灭时，表示电路有故障发生，即用发光二极管 LED 熄灭来模拟报警信号。

发光二极管 LED1 表示 A 路发生故障报警信号；

发光二极管 LED2 表示 B 路发生故障报警信号；

发光二极管 LED3 表示 C 路发生故障报警信号；

发光二极管 LED4 表示只要 A、B、C 三路线路中有一个发生故障就发出报警信号。

3）脉冲信号源电路

脉冲信号源电路是由 3 个非门 F8、F9、F10 和 2 个电阻 R_1、R_2 及电容 C 组成多谐振荡器，如图 3-2-2 所示。

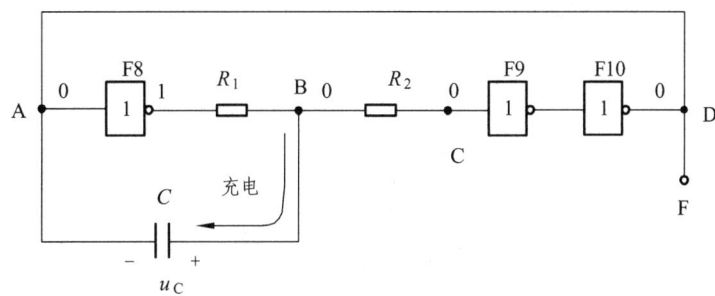

（a）多谐振荡器充电分析图

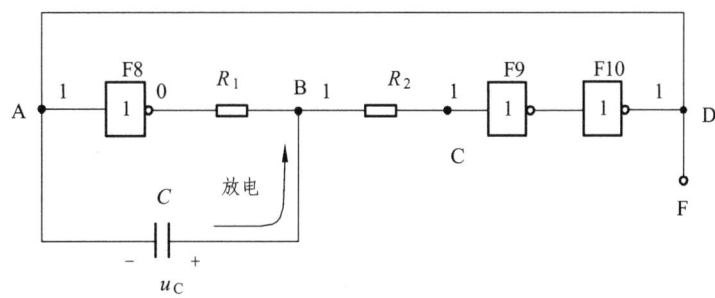

（b）多谐振荡器放电分析图

图 3-2-2 多谐振荡器工作原理图

设图 3-2-2 中（a）电容 C 的初始电压 u_C 值为零，图中 A 点的输入逻辑值为"0"，则非门 F8 输出逻辑为"1"。由于电容 C 初始电压 u_C 值为零，所以，图中 B 点的逻辑值与 A 点逻辑值相同为"0"。两个非门 F9、F10 使 D 点的输出逻辑值为"0"，维持 A 点的逻辑值不变。同时，非门 F8 输出逻辑"1"，经电阻 R_1 和电容 C 及非门 F8 所构成的回路，形成对电容 C 的"充电"，如图 3-2-2 中（a）所示，这时 F 的逻辑值为"0"。

"充电"将引起电容 C 电压 u_C 的上升，即图中 B 点电位上升，其电压 u_C 不断提高的结果，最终使 C 点逻辑值由"0"变为"1"，从而改变 D 点的逻辑为"1"，使 A 点的逻辑也变换为"1"，如图 3-2-2（b）所示，这时 F 的逻辑值由"0"变为"1"。

B 点的逻辑值"1"，又使电容 C 电压 u_C 通过电阻 R_1 进入"放电"状态。随着电容的不断"放电"，电容 C 电压 u_C 逐渐减小，即图中 B 点电位下降。当 B 点电位减小到一定时，将引起 C 点的逻辑值变换为"0"，则 F 的逻辑值又由"1"变为"0"，如图 3-2-2（a）所示。

所以，图 3-2-2 输出 F 的逻辑波形如图 3-2-3（b）所示，称为"多谐振荡"其电路称为多谐振荡器。当电路发生故障时，发光二极管 LED4 工作在闪亮状态下，报警有故障发生，如图 3-2-3（a）所示。

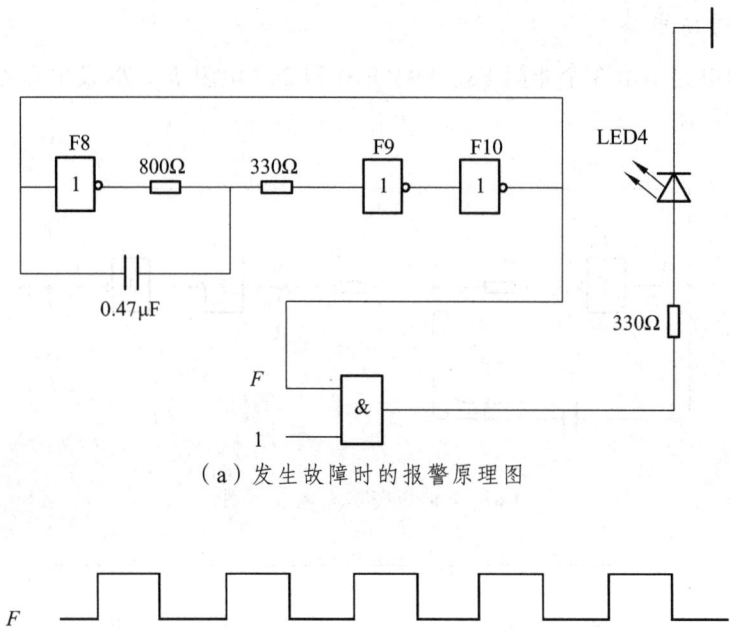

(a) 发生故障时的报警原理图

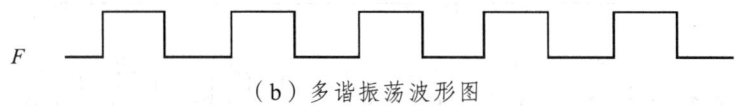

(b) 多谐振荡波形图

图 3-2-3　LED4 故障报警原理图

2. 工作原理

（1）电路正常工作。

在图 3-2-1 中，当电路无故障发生时，开关 J1、J2、J3 连接于电源 U_{CC} 端，3 个非门 F1、F2、F3 输入逻辑信号"1"，3 个发光二极管 LED1、LED2、LED3 正常发光，不发出报警信号；发光二极管 LED4 闪亮发光。

（2）发生故障。

设 C 路发生故障，开关 J3 模拟故障连接于接地端，如图 3-2-1 所示，非门 F3 输入逻辑信号"0"，F3 输出"1"，F6 输出"0"，则发光二极管 LED3 熄灭，发出报警信号。

同时，因非门 F3 输出逻辑"1"，则或非门输出逻辑"0"，F7 输出逻辑"1"，则发光二极管 LED4 发出闪亮的故障报警信号。

3.2.3　预习内容

（1）预习实验电路原理图，分析电路的工作原理，明确实验目的。

（2）预习集成元件的结构原理和使用连接方法。

（3）根据实验电路图 3-2-1 和图 3-2-3 的要求，拟定出集成元件的实验电路连接图。

3.2.4　实验仪器、仪表和装置

将实验中所使用的仪器和设备情况记录在表 3-2-1 中。

表 3-2-1 实验仪器、仪表和装置记录表

设备名称	型号或规格	精度	数量	备注
双踪示波器				
万用表				
电子实验箱				
逻辑门				
电阻				
电容				
LED				

3.2.5 实验步骤

1．多谐振荡器实验

按图 3-2-3 原理图连接实验电路，并用示波器观测输出逻辑值 F 的波形图，并记录。同时，观测 LED4 的工作状态。

2．故障报警实验

按图 3-2-1 原理图连接实验电路，按真值表 3-2-2 要求进行实验，并将 LED 的工作状态记录于表中。

表 3-2-2 故障报警电路真值表

A	B	C	LED1	LED2	LED3	LED14
0	0	0				
0	0	1				
0	1	0				
0	1	1				
1	0	0				
1	0	1				
1	1	0				
1	1	1				

3.2.6 实验数据分析及要求

（1）画出实验电路图，整理实验测试数据及波形。

（2）试论述实验测试结果真值表 3-2-2 中的逻辑关系，同时，说明"0"与"1"的含义，

即表示电路是"发生故障"还是正常工作状态,还是"报警信号"?

(3)试写出 LED4 的逻辑表达式。

(4)根据 LED4 的逻辑表达式,能否再设计一个电路的功能和要求与此实验电路相同的另一个电路图?试将设计过程及原理简要的阐述一下。

(5)设想一下"故障报警电路"有何用途。

3.3 实验三 组合数字比较器

3.3.1 实验目的

(1)进一步了解数字比较器的设计原理。
(2)提高组合逻辑电路的分析设计能力。
(3)增强实际动手操作能力。

3.3.2 实验原理

数字比较是一种简单的数学运算,即是一种两个数字 A 和 B 的大小比较。数字比较器是判断两个数 A、B 大小的逻辑电路,比较结果为 $A>B$、$A=B$、$A<B$ 三种情况。

1. 一位数字比较器

一位数字的比较器是多位数字比较器的基础。设一位数字为 A、B,其大小比较的逻辑关系如真值表 3-3-1 所示。

表 3-3-1 一位数字比较器真值表

输 入		输 出		
A	B	$F_{A>B}$	$F_{A<B}$	$F_{A=B}$
0	0	0	0	1
0	1	0	1	0
1	0	1	0	0
1	1	0	0	1

由真值表 3-3-1 得逻辑表达方式:

$$F_{A>B} = A\overline{B} = \overline{\overline{A}+B}$$

$$F_{A<B} = \overline{A}B = \overline{A+\overline{B}}$$

$$F_{A=B} = \overline{A}\,\overline{B} + AB = \overline{A\overline{B} + \overline{A}B}$$

由以上逻辑表达式可得逻辑电路图 3-3-1。

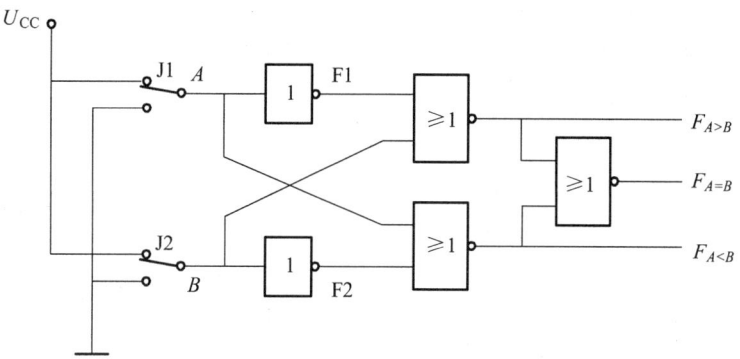

图 3-3-1　一位数字的比较器的逻辑图

2．两位数字比较器

设两位数字为 $A = A_1A_0$ 和 $B = B_1B_0$。根据数字比较原理，当高位不相等（即 $A_1 \neq B_1$）时，两位数 A、B 的比较结果则由高位比较结果确定，即如 $A_1 > B_1$，则比较结果为 $F_{A>B} = 1$；如 $A_1 < B_1$，则比较结果为 $F_{A<B} = 1$。当高位相等（即 $A_1 = B_1$）时，两位数 A、B 的比较结果则由低位比较结果确定。

设计两位数字比较器，可直接先用两个一位数字分别进行 A_1 与 B_1、A_0 与 B_0 数值比较，然后再对比较结果进行逻辑设计，其设计时的真值表如表 3-3-2 所示。

表 3-3-2　两位数字比较器真值表

输　入		输　出		
$A_1\ \ B_1$	$A_0\ \ B_0$	$F_{A>B}$	$F_{A<B}$	$F_{A=B}$
$A_1 > B_1$	×	1	0	0
$A_1 < B_1$	×	0	1	0
$A_1 = B_1$	$A_0 > B_0$	1	0	0
$A_1 = B_1$	$A_0 < B_0$	0	1	0
$A_1 = B_1$	$A_0 = B_0$	0	0	1

由真值表 3-3-2 得逻辑表达方式：

$$F_{A>B} = (A_1 > B_1) + (A_1 = B_1)(A_0 > B_0)$$
$$F_{A<B} = (A_1 < B_1) + (A_1 = B_1)(A_0 < B_0)$$
$$F_{A=B} = (A_1 = B_1) + (A_0 = B_0)$$

由以上逻辑表达式可得逻辑电路图 3-3-2。

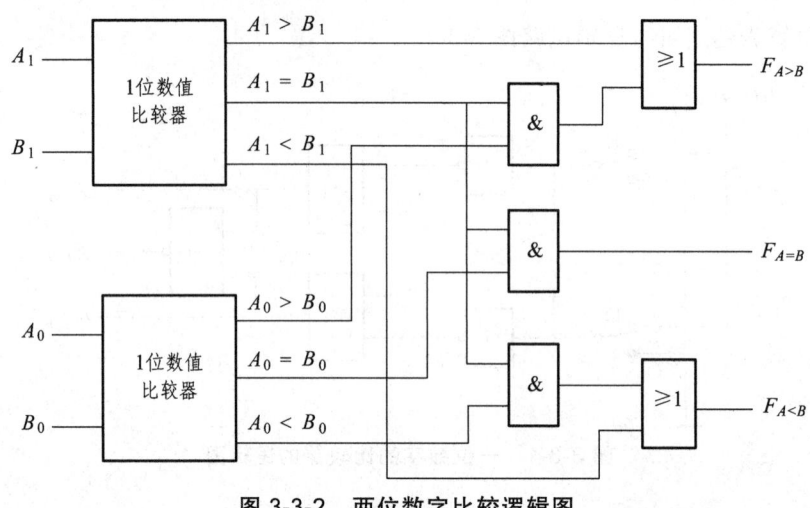

图 3-3-2 两位数字比较逻辑图

3.3.3 预习内容

（1）预习实验电路原理，明确实验目的。

（2）预习实验逻辑电路图 3-3-3、图 3-3-4，为了减少实验接线故障及提高接线中对故障的判断准确率，拟定实验接线步骤及相对应的实验电路图。

（3）预习实验内容，并分析判断表 3-3-4 和表 3-3-5 中 LED 的实验结果。

（4）预习集成元件逻辑特性；预习实验装置；预习实验测试内容。

3.3.4 实验仪器、仪表和装置

将实验中所使用的仪器和设备情况记录在表 3-3-3 中。

表 3-3-3 实验仪器、仪表和装置记录表

名　　称	型号或规格	精度	数量	备　　注
或非门				
与　门				
或　门				
万用表				
电子实验箱				

3.3.5 实验步骤

1．一位数字比较器

按图 3-3-3 逻辑电路接线，并将 LED 测试结果（发光、不发光）填入表 3-3-4 中。

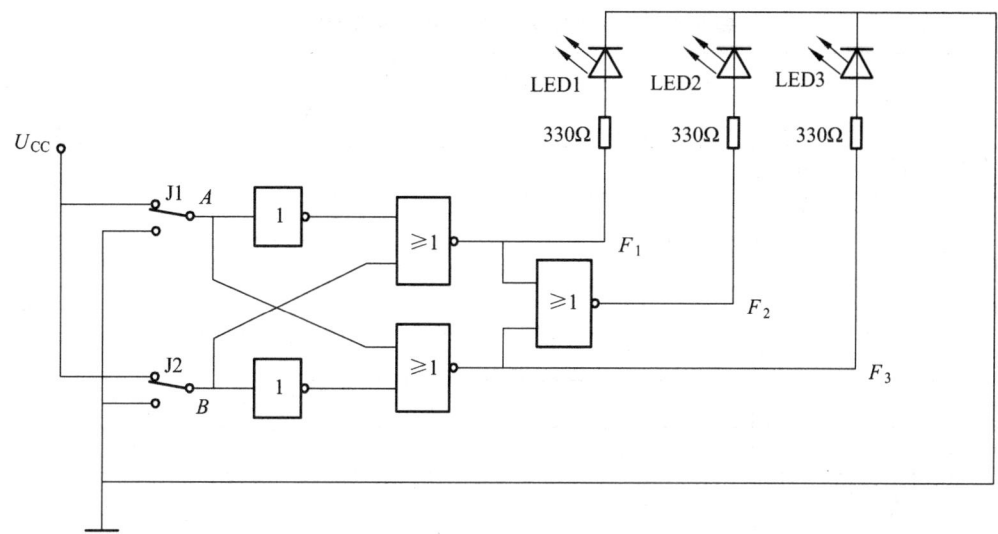

图 3-3-3　一位数字比较器实验电路图

表 3-3-4　一位数字比较器实验数据测试表

A	B	LED1	LED2	LED3
0	0			
0	1			
1	0			
1	1			

2. 两位数字比较器

按图 3-3-4 逻辑电路接线，并将 LED 测试结果（发光、不发光）填入表 3-3-5 中。

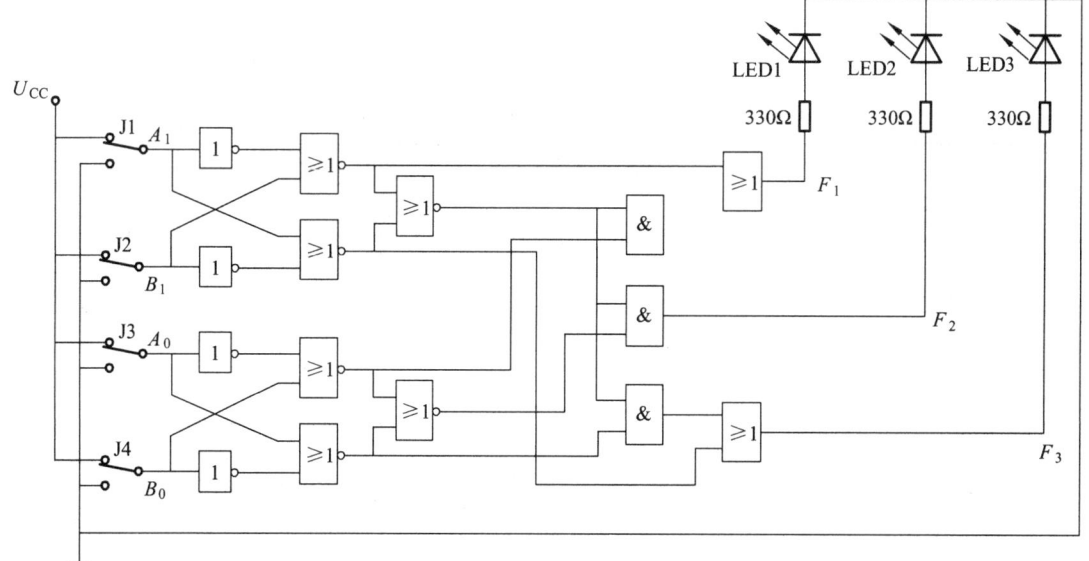

图 3-3-4　两位数字比较器实验电路图

表 3-3-5　两位数字比较器实验数据测试表

A_1	B_1	A_0	B_0	LED1	LED2	LED3
0	0	0	0			
0	0	0	1			
0	0	1	0			
0	0	1	1			
0	1	0	0			
0	1	0	1			
0	1	1	0			
0	1	1	1			
1	0	0	0			
1	0	0	1			
1	0	1	0			
1	0	1	1			
1	1	0	0			
1	1	0	1			
1	1	1	0			
1	1	1	1			

3.3.6　实验数据分析及要求

（1）分析一位数字比较器实验测试中二极管发光表示的数字信号是"1"还是"0"，并完成表 3-3-6 中 F_1、F_2、F_3 的逻辑值，说明 F_1、F_2、F_3 的输出什么信号表示大于、小于和等于。

表 3-3-6　一位数字比较器实验数据分析表

A	B	LED1	LED2	LED3	F_1	F_2	F_3
0	0						
0	1						
1	0						
1	1						

（2）分析两位数字比较器实验测试中二极管发光表示的数字信号是"1"还是"0"，并完成表 3-3-7 中 F_1、F_2、F_3 的逻辑值，说明 F_1、F_2、F_3 的输出什么信号表示大于、小于和等于。

表 3-3-7 两位数字比较器实验数据测试表

A_1	B_1	A_0	B_0	LED1	LED2	LED3	F_1	F_2	F_3
0	0	0	0						
0	0	0	1						
0	0	1	0						
0	0	1	1						
0	1	0	0						
0	1	0	1						
0	1	1	0						
0	1	1	1						
1	0	0	0						
1	0	0	1						
1	0	1	0						
1	0	1	1						
1	1	0	0						
1	1	0	1						
1	1	1	0						
1	1	1	1						

3.4 实验四 半加器、全加器的组合电路设计

3.4.1 实验目的

（1）掌握半加器、全加器的性能及设计原理。
（2）提高组合逻辑电路的分析与设计能力。
（3）掌握组合电路输出的逻辑测试方式。
（4）掌握多位数值的加法运算电路设计与实验。

3.4.2 实验原理

1. 半加器

半加器的功能是完成 1 位二进制加法运算的组合逻辑电路，即：数 A 加数 B 的逻辑电路。由于在加法运算过程中，没有考虑来自低位的进位，仅是本位相加，所以称为半加器。根据加法运算规则，半加器的功能如真值表 3-4-1 所示。

表 3-4-1 半加器真值表

输入		输出	
A	B	S	C
0	0	0	0
0	1	1	0
1	0	1	0
1	1	0	1

表 3-4-1 中 A、B 表示相加的两个 1 位二进制数，即 A、B 是半加器的输入；S 表示本位相加的数，C 表示进位数，即 S、C 是半加器的输出。

由真值表 3-4-1 可写出半加器的逻辑表达式

$$S = \overline{A}B + A\overline{B} = A \oplus B$$
$$C = AB$$

半加器的逻辑电路和逻辑符号如图 3-4-1 所示，其中图 3-4-1（a）是用与非门实现其半加器功能，逻辑表达式为

$$S = \overline{\overline{\overline{AB} + \overline{AB}}}$$
$$= \overline{\overline{\overline{AB} \cdot \overline{\overline{AB}}}}$$
$$= \overline{\overline{\overline{AB} \cdot A} \cdot \overline{\overline{AB} \cdot B}}$$
$$C = \overline{\overline{AB}}$$

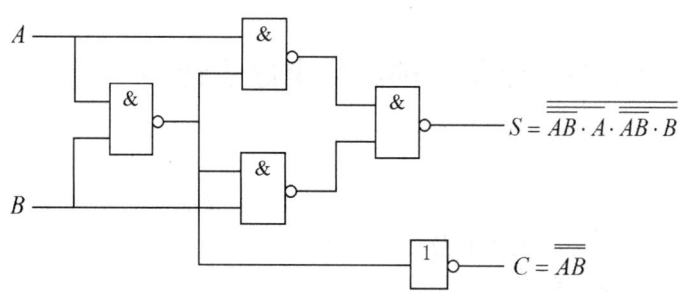

（a）由"与非门"组成的半加器逻辑电路图

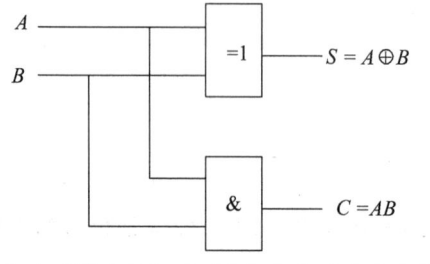

（b）由"异或门"及"与门"组成的半加器

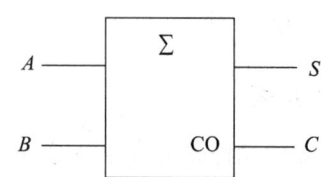

（c）半加器逻辑电路图的符号

图 3-4-1 半加器逻辑图

2. 全加器

全加器的功能是在 1 位二进制加法运算（即 A_i+B_i）中，同时考虑了低位来的进位信号 C_{i-1} 相加，即全加器实现了 $A_i+B_i+C_{i-1}$ 二进制数的加法运算，所以称为全加器。其功能如真值表 3-4-2 所示。

表 3-4-2 全加器真值表

输入			输出	
A_i	B_i	C_{i-1}	S_i	C_i
0	0	0	0	0
0	0	1	1	0
0	1	0	1	0
0	1	1	0	1
1	0	0	1	0
1	0	1	0	1
1	1	0	0	1
1	1	1	1	1

全加器真值表 3-4-2 中，A_i、B_i 表示相加的两个 1 位二进制数，C_{i-1} 表示低位来的进位数，即 A_i、B_i、C_{i-1} 是全加器的输入；S_i 表示 $A_i+B_i+C_{i-1}$ 产生本位相加的数，C_i 表示进位数，即 S_i、C_i 是全加器的输出。

由真值表 3-4-2 可写出全加器的逻辑表达式

$$S_i = \overline{A_i}\,\overline{B_i}C_{i-1} + \overline{A_i}B_i\overline{C_{i-1}} + A_i\overline{B_i}\,\overline{C_{i-1}} + A_iB_iC_{i-1}$$
$$= A_i \oplus B_i \oplus C_{i-1}$$
$$C_i = \overline{A_i}B_iC_{i-1} + A_i\overline{B_i}C_{i-1} + A_iB_i\overline{C_{i-1}} + A_iB_iC_{i-1}$$
$$= A_iB_i + (A_i \oplus B_i)C_{i-1}$$

全加器的逻辑电路和逻辑符号如图 3-4-2 所示。

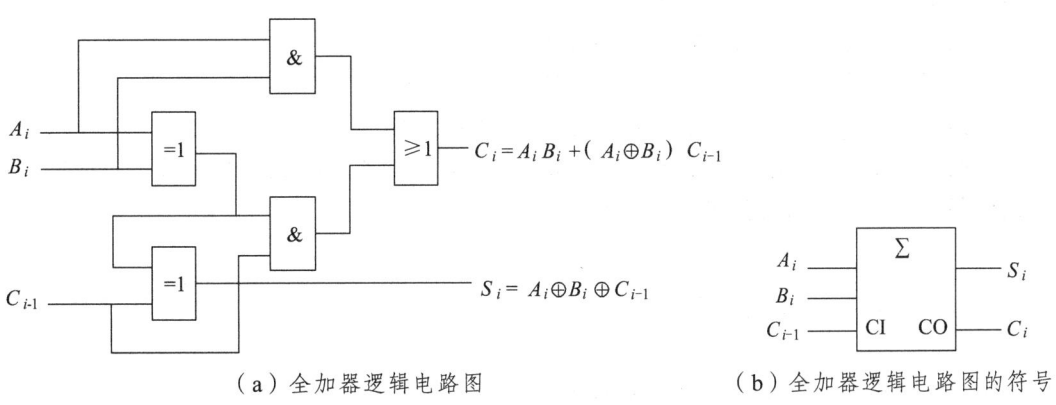

（a）全加器逻辑电路图　　（b）全加器逻辑电路图的符号

图 3-4-2　全加器逻辑电路图与符号图

3. 两位串行进位加法器

设：2 位二进制数 $A = A_1A_0$ 和 $B = B_1B_0$ 相加，可用一个半加器和一个全加器完成，其原理如图 3-4-3 所示。图 3-4-3 采用的是当低位 $A_0 + B_0$ 的加法运算完成后，再开始进行高 1 位的 $A_1 + B_1$ 加法运算，这种进位运算方式称为"串行进位"。

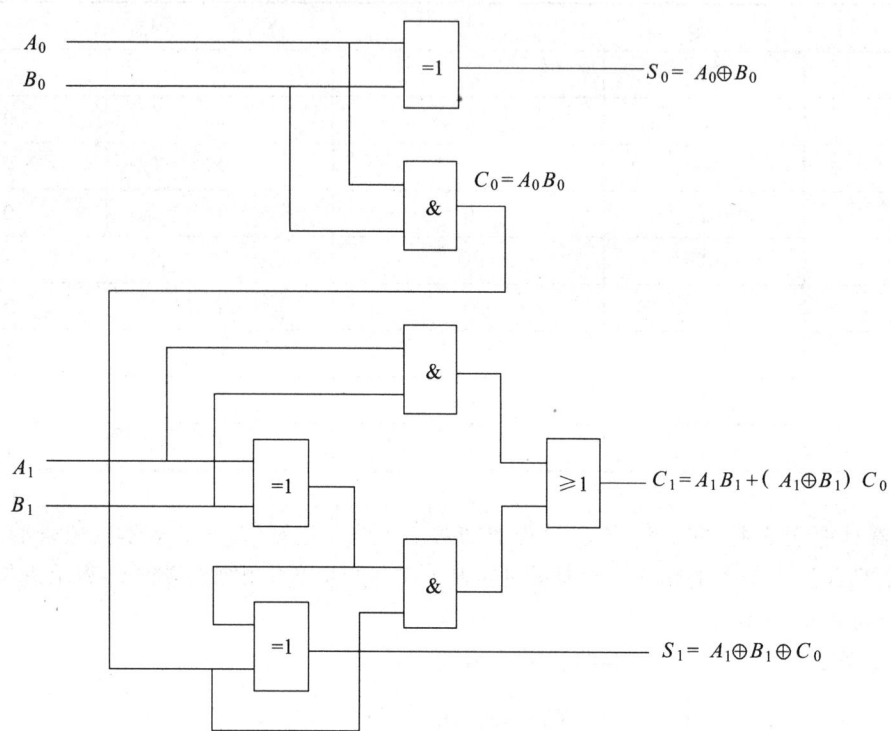

图 3-4-3　两位串行加法器原理图

3.4.3　预习内容

（1）预习加法器电路原理，明确实验目的。

（2）预习组合逻辑器件的结构原理和使用连接步骤。

（3）预习半加器实验电路图 3-4-4，并拟定出实验步骤。

（4）预习全加器实验电路图 3-4-5，并拟定出实验步骤。

（5）根据半加器实验电路图 3-4-4 和全加器实验电路图 3-4-5，设计出两位串行加法器实验接线电路图，并拟定出实验步骤和真值表。

3.4.4　实验仪器、仪表和装置

将实验中所使用的仪器和设备情况记录在表 3-4-3 中。

表 3-4-3　实验仪器、仪表和装置记录表

名　　称	型号或规格	精度	数量	备　　注
二输入端四异或门				
二输入端四与门				
二输入端四或门				
万用表				
电子实验箱				

3.4.5　实验设计要求及实验

1. 半加器

实验电路如图 3-4-4 所示。

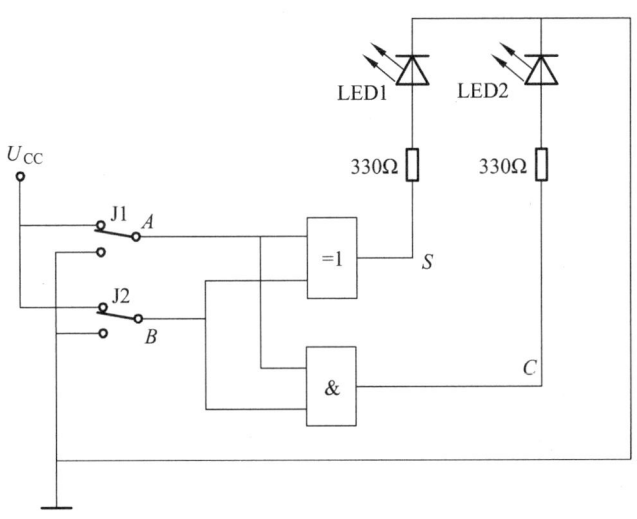

图 3-4-4　半加器实验电路图

根据预习实验中所拟定的实验步骤进行实验，记录实验数据及过程，证明真值表 3-4-1。

2. 全加器

实验电路如图 3-4-5 所示。

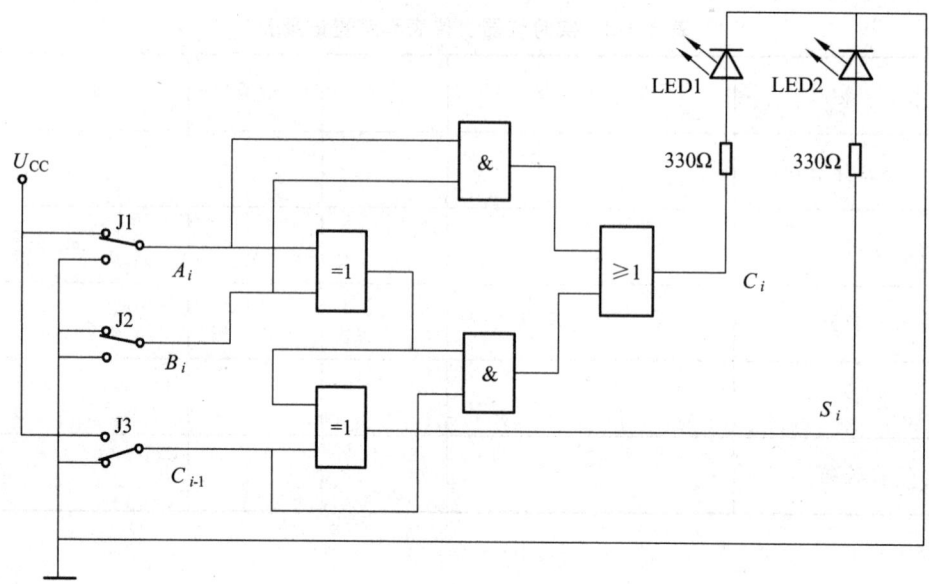

图 3-4-5　全加器实验电路图

根据预习实验中所拟定的实验步骤进行实验，记录实验数据及过程，证明真值表 3-4-2。

表 3-4-4　两位串行加法器测量数据表

A_1	B_1	A_0	B_0	S_0	S_1	C_1
0	0	0	0			
0	0	0	1			
0	0	1	0			
0	0	1	1			
0	1	0	0			
0	1	0	1			
0	1	1	0			
0	1	1	1			
1	0	0	0			
1	0	0	1			
1	0	1	0			
1	0	1	1			
1	1	0	0			
1	1	0	1			
1	1	1	0			
1	1	1	1			

3. 两位串行加法器

根据预习实验时所设计的实验电路图接线，输入数据，观察并验证结果是否正确，记录实验数据及过程。

3.4.6 实验数据分析及要求

（1）完善"实验设计要求及实验"中的实验步骤、实验过程；画出两位串行加法器实验接线图。
（2）整理和分析实验数据。
（3）分析实验故障，论述故障原因及处理方法。

3.5 实验五 半加器的应用

3.5.1 实验目的

（1）掌握半加器工作原理。
（2）掌握半加器应用技巧与设计方式。
（3）拓展半加器的应用知识面。

3.5.2 实验原理

1. 两个半加器和逻辑门构成一全加器

（1）本位相加 S_i。

由全加器真值表 3-5-2 分析可知，输出 S_i 为数学运算 $A_i + B_i + C_{i-1}$ 产生本位相加的数，即用两个半加器实现 S_i 功能，第 1 个半加器实现 $A_i + B_i$ 的数学运算，如真值表 3-5-1 所示，第 2 个半加器实现 $S'_i + C_{i-1}$ 运算功能，即实现了本位相加的数 S_i，如图 3-5-1 所示。

表 3-5-1 半加器真值表

输 入		输 出	
A_i	B_i	S'_i	C'_i
0	0	0	0
0	1	1	0
1	0	1	0
1	1	0	1

表 3-5-2　全加器真值表

输入			输出	
A_i	B_i	C_{i-1}	S_i	C_i
0	0	0	0	0
0	0	1	1	0
0	1	0	1	0
0	1	1	0	1
1	0	0	1	0
1	0	1	0	1
1	1	0	0	1
1	1	1	1	1

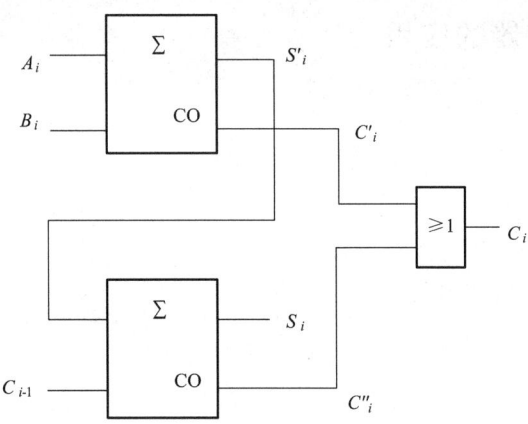

图 3-5-1　用半加器实现全加器功能图

（2）进位 C_i 的逻辑分析。

分析表 3-5-1 可知，当二进制数 $A_i \ne B_i$ 或 $A_i = B_i = 0$ 时，本位相加不产生进位，即 $C'_i = 0$，则进位 C_i 由半加器实现 $S'_i + C_{i-1}$ 运算的进位输出 C''_i 决定，即 $C_i = C''_i$；当 $A_i = B_i = 1$ 时，由表 3-5-1 可知 $C'_i = 1$，同时分析表 3-5-2 可知 $C_i = 1$，即 $C_i = C'_i$。所以，综述以上分析，进位 C_i 的逻辑表达式为 $C_i = C'_i + C''_i$，逻辑电路如图 3-5-1 所示。

2. 两个半加器和逻辑门实现二进制数乘法运算

两个半加器和逻辑门实现二进制数乘法运算为 $A_1A_0 \times B_1B_0$。本逻辑电路设计可直接通过数学运算式来确定逻辑关系，即

$$\begin{array}{r}
A_1 \quad A_0 \\
\times \quad B_1 \quad B_0 \\
\hline
A_1B_0 \quad A_0B_0 \\
+ \quad A_1B_1 \quad A_0B_0 \\
\hline
C_1 \text{进} \quad F_1 \quad F_0 \\
C_2 \quad \text{位} \\
\hline
F_3 \quad F_2
\end{array}$$

由数学乘法竖式可得每位运算结果数学表达式 $A_1A_0 \times B_1B_0 = F_3F_2F_1F_0$ 为

$$F_0 = A_0B_0$$
$$F_1 = A_1B_0 + A_0B_1$$
$$F_2 = A_1B_1 + C_1$$
$$F_3 = C_2$$

则逻辑电路图如图 3-5-2 所示。

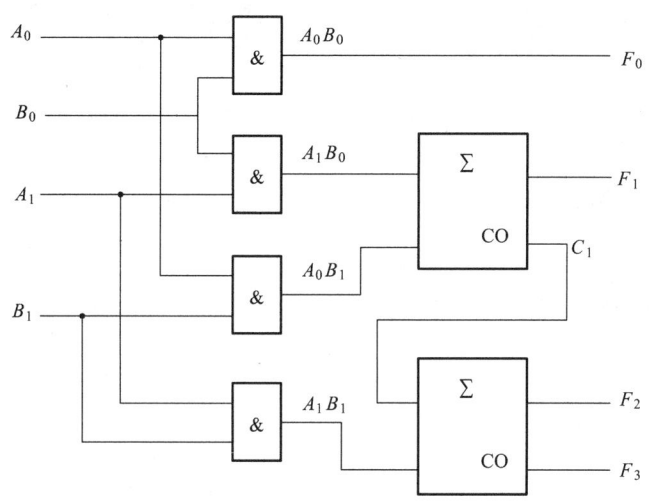

图 3-5-2　$A_1A_0 \times B_1B_0$ 乘法运算电路图

3.5.3　预习内容

（1）预习半加器工作原理。
（2）预习用两个半加器和逻辑门构成一全加器的设计原理，分析逻辑图 3-5-1。
（3）预习用两个半加器和逻辑门实现二进制数乘法运算的设计原理，分析逻辑图 3-5-2。
（4）预习实验电路图 3-5-3 和实验要求，并拟定出实验步骤。
（5）预习实验电路图 3-5-4 和实验要求，并拟定出实验步骤。

3.5.4　实验仪器、仪表和装置

将实验中所使用的仪器和设备情况记录在表 3-5-3 中。

表 3-5-3　实验仪器、仪表和装置记录表

名　　称	型号或规格	精度	数量	备　　注
半加器				
二输入端四与门				
或　门				
万用表				
电子实验箱				

3.5.5 实验步骤

1. 两个半加器和逻辑门构成一全加器实验

实验电路如图 3-5-3 所示。按表 3-5-4 中给定的 A_i、B_i、C_{i-1} 值进行实验,并将其实验结果 S_i、C_i 记录于表 3-5-4 中。

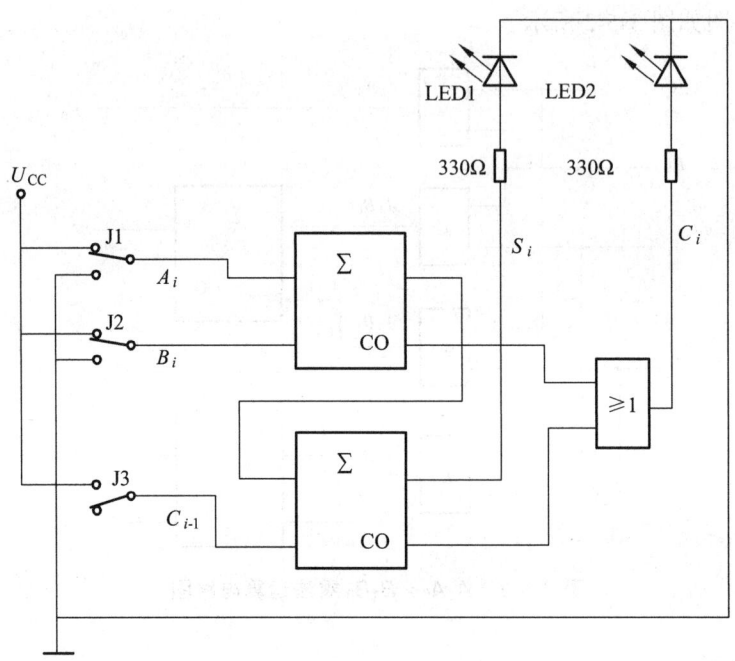

图 3-5-3 全加器实验电路图

表 3-5-4 实验数据测试表

输入			输出	
A_i	B_i	C_{i-1}	S_i	C_i
0	0	1		
0	1	1		
1	0	0		
1	1	0		
1	1	1		

2. 两个半加器和逻辑门实现二进制数乘法运算实验

实验电路如图 3-5-4 所示。按表 3-5-5 中给定的 A_1、A_0、B_1、B_0 值进行实验,并将其实验结果 F_3、F_2、F_1、F_0 记录于表 3-5-5 中。

第 3 章 数字电子技术实验

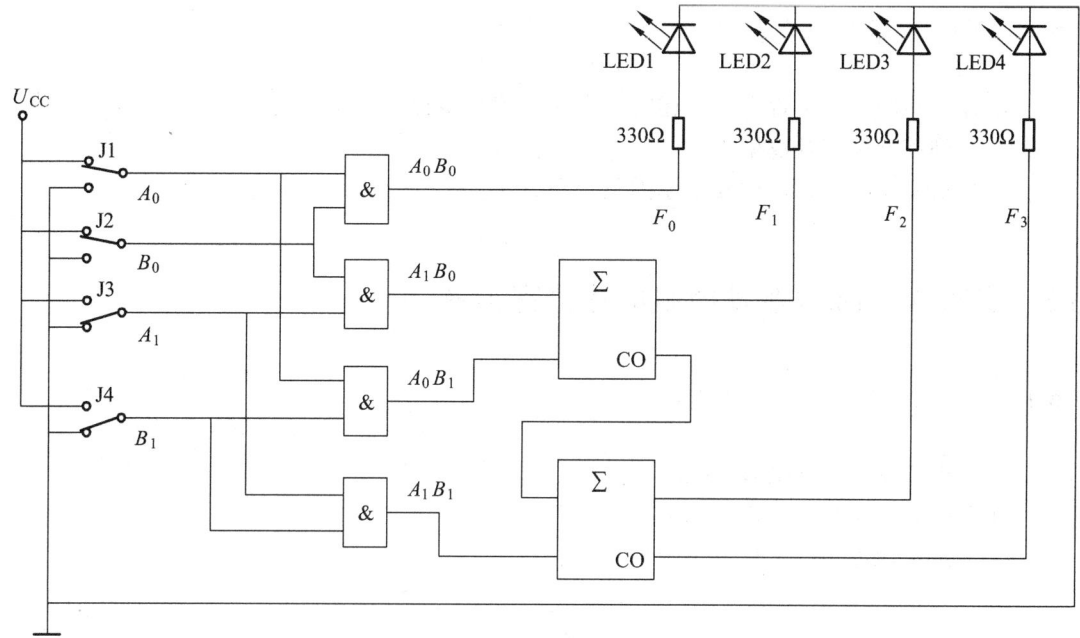

图 3-5-4 乘法运算实验电路图

表 3-5-5 乘法运算测量数据表

A_1	A_0	B_1	B_0	F_3	F_2	F_1	F_0
0	0	0	0				
0	0	0	1				
0	0	1	0				
0	0	1	1				
0	1	0	0				
0	1	0	1				
0	1	1	0				
0	1	1	1				
1	0	0	0				
1	0	0	1				
1	0	1	0				
1	0	1	1				
1	1	0	0				
1	1	0	1				
1	1	1	0				
1	1	1	1				

3.5.6 实验数据分析及要求

（1）在撰写的实验报告中，论述实验操作过程及步骤。
（2）整理和分析实验数据。
（3）分析实验故障，论述故障原因及处理方法。

3.6 实验六 用 D 触发器组成移位寄存器

3.6.1 实验目的

（1）掌握 D 触发器的逻辑功能。
（2）掌握移位寄存器的逻辑功能。
（3）了解集成电路的工作原理及使用方法。

3.6.2 实验原理

在数字系统中，常常需要将一些代码或数据暂时存储起来，这种具有暂时存储数码功能的逻辑部件称为寄存器，而寄存器主要组成部分是触发器，即一个触发器能存储 1 位二进制输入数（或代码），所以，n 个触发器构成的触发器可存储 n 位二进制代码或数据，当输入信号消失后，寄存器中建立起来的状态能够继续保存（在不断电条件下）。

1. 数码寄存器

一般，寄存器在存储数据或代码之前，必须先将寄存器清零，否则有可能存储错误的数据或代码，即双拍接收方式。所谓双拍接收方式，就是第一拍寄存器清零，第二拍寄存器存储数据或代码。

如图 3-6-1 所示的是一个数码寄存器逻辑电路，即是一个具有接收数码和清除原有数码功能的寄存器，其逻辑功能如表 3-6-1 所示，其工作原理如下：

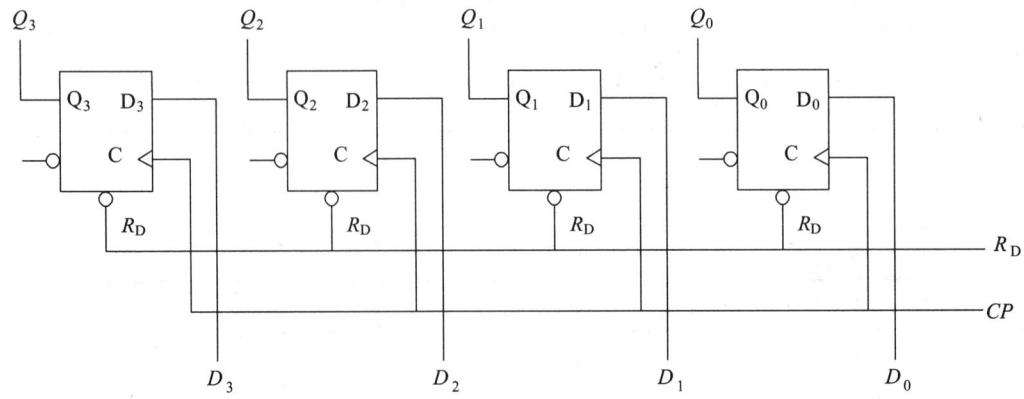

图 3-6-1 4 位并行输入、并行输出数码寄存器原理图

表 3-6-1 数码寄存器逻辑功能表

R_D	CP	D_3	D_2	D_1	D_0	Q_3^{n+1}	Q_2^{n+1}	Q_1^{n+1}	Q_0^{n+1}
0	×	×	×	×	×	0	0	0	0
1	⌐	D_3	D_2	D_1	D_0	D_3	D_2	D_1	D_0
1	1	×	×	×	×	Q_3^n	Q_2^n	Q_1^n	Q_0^n
1	0	×	×	×	×	Q_3^n	Q_2^n	Q_1^n	Q_0^n

（1）数码寄存器清零。

当时钟脉冲 $CP=0$ 时，复位端 R_D 输入一个低电平信号，即 $R_D=0$，则 4 个 D 触发器的输出信号为 $Q_3Q_2Q_1Q_0=0000$，称为数码寄存器"清零"。

（2）寄存器存储数码。

图 3-6-1 中 $D_3 \sim D_0$ 是寄存器的数码输入端。当数码寄存器"清零"后，复位端 R_D 输入为高电平（$R_D=1$）时，在 CP 脉冲的上升沿作用下，$D_3 \sim D_0$ 端的数码同时（并行）存入寄存器，并由输出端并行输出数码 $Q_3 \sim Q_0$。

2. 移位寄存器

在数字处理中，常常需要将寄存器中存储的数据在移位控制信号作用下，依次向高位或向低位移动。这种既具有存放数码功能又具有移位功能的寄存器称为移位寄存器。如图 3-6-2 所示为串行输入，串、并行输出的移位寄存器。

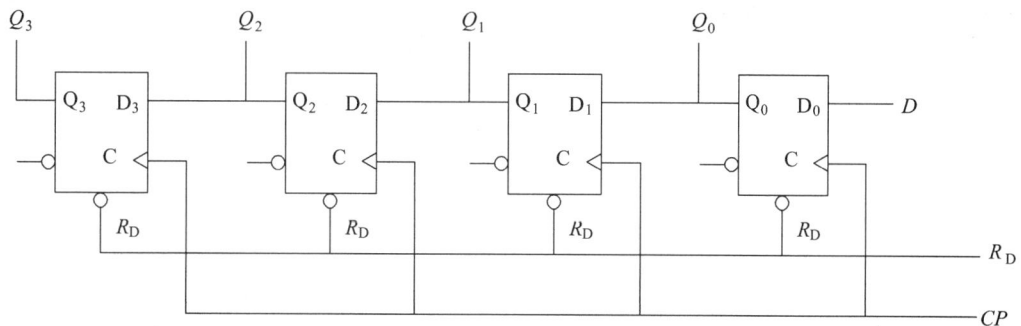

图 3-6-2 4 位串行输入，串、并行输出的移位寄存器原理图

设图 3-6-1 移位寄存器的初始状态 $Q_3Q_2Q_1Q_0$ 为 0000，输入数码为 $D_3D_2D_1D_0$，则从高位 D_3 开始从 D 端输入，即第一个时钟脉冲 CP 后，$Q_3Q_2Q_1Q_0=000D_3$；第二个时钟脉冲 CP 后，$Q_3Q_2Q_1Q_0=00D_3D_2$；第三个时钟脉冲 CP 后，$Q_3Q_2Q_1Q_0=0D_3D_2D_1$；第四个时钟脉冲 CP 后，$Q_3Q_2Q_1Q_0=D_3D_2D_1D_0$，并行输出 $Q_3Q_2Q_1Q_0$ 端输出存储数码 $D_3D_2D_1D_0$，串行输出 Q_3 端输出数码 D_3，其移位寄存存储的状态如表 3-6-2 所示。第五个时钟脉冲 CP 时，串行输出 Q_3 端输出数码 D_2，依次类推，由 Q_3 端从高位至低位移位串行输出。

表 3-6-2 移位寄存器状态表

R_D	CP	D	Q_3^{n+1}	Q_2^{n+1}	Q_1^{n+1}	Q_0^{n+1}
0	×	×	0	0	0	0
1	↑	D_3	0	0	0	D_3
1	↑	D_2	0	0	D_3	D_2
1	↑	D_1	0	D_3	D_2	D_1
1	↑	D_0	D_3	D_2	D_1	D_0

3.6.3 预习内容

（1）预习 D 触发器组成移位寄存器的电路原理及设计方法。

（2）预习实验电路图 3-6-3 和图 3-6-4，拟定实验电路接线方案，分析 LED 工作状态。

（3）预习 D 触发器检测方法。

3.6.4 实验仪器、仪表和装置

将实验中所使用的仪器和设备情况记录在表 3-6-3 中。

表 3-6-3 实验仪器、仪表和装置记录表

名　称	型号或规格	精度	数量	备　注
双 D 触发器				
万用表				
电子实验箱				

3.6.5 实验步骤

1. 数码寄存器

按图 3-6-3 逻辑电路接线，根据表 3-6-4 提供的输入数码 $D_3 D_2 D_1 D_0$ 进行实验操作，并将 LED 测试结果（发光、不发光）填入表 3-6-4 中。

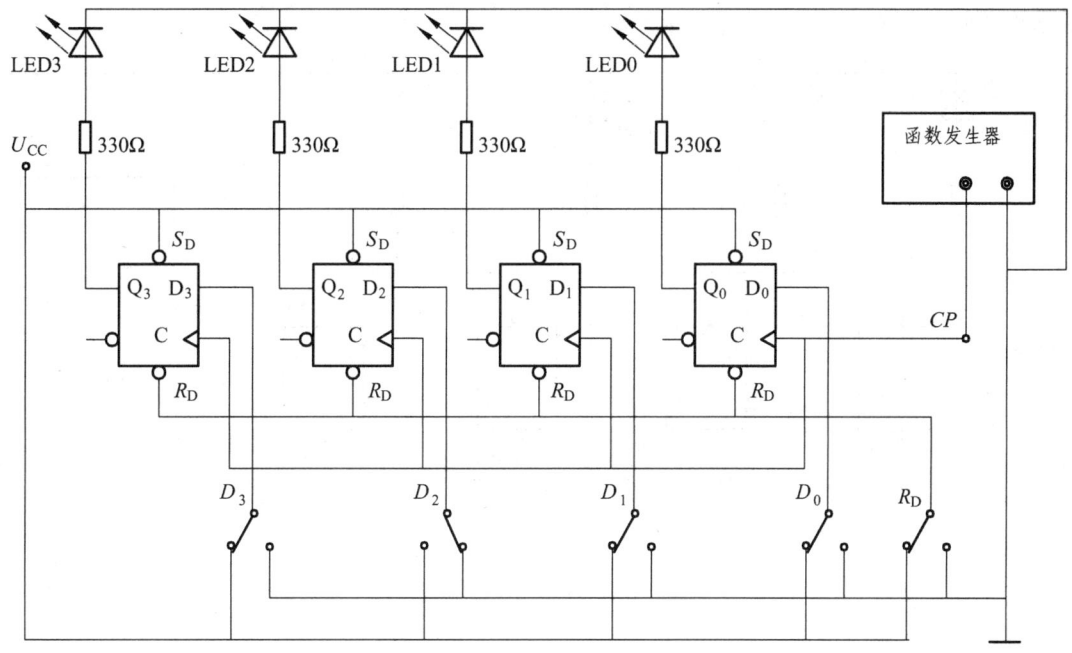

图 3-6-3 4 位并行输入、并行输出数码寄存器实验电路图

表 3-6-4 数码寄存器实验数据测试表

R_D	CP	D_3	D_2	D_1	D_0	LED3	LED2	LED1	LED0
0	×	×	×	×	×				
1	⌐	0	0	0	1				
1	⌐	0	0	1	0				
1	⌐	0	1	0	1				
1	⌐	0	1	1	1				
1	⌐	1	1	0	0				
1	⌐	1	1	0	1				
1	⌐	1	0	1	1				
1	⌐	1	0	0	1				

2. 移位寄存器

按图 3-6-4 逻辑电路接线，根据表 3-6-5 提供的输入数码 D 进行实验操作，并将 LED 测

试结果（发光、不发光）填入表 3-6-5 中。

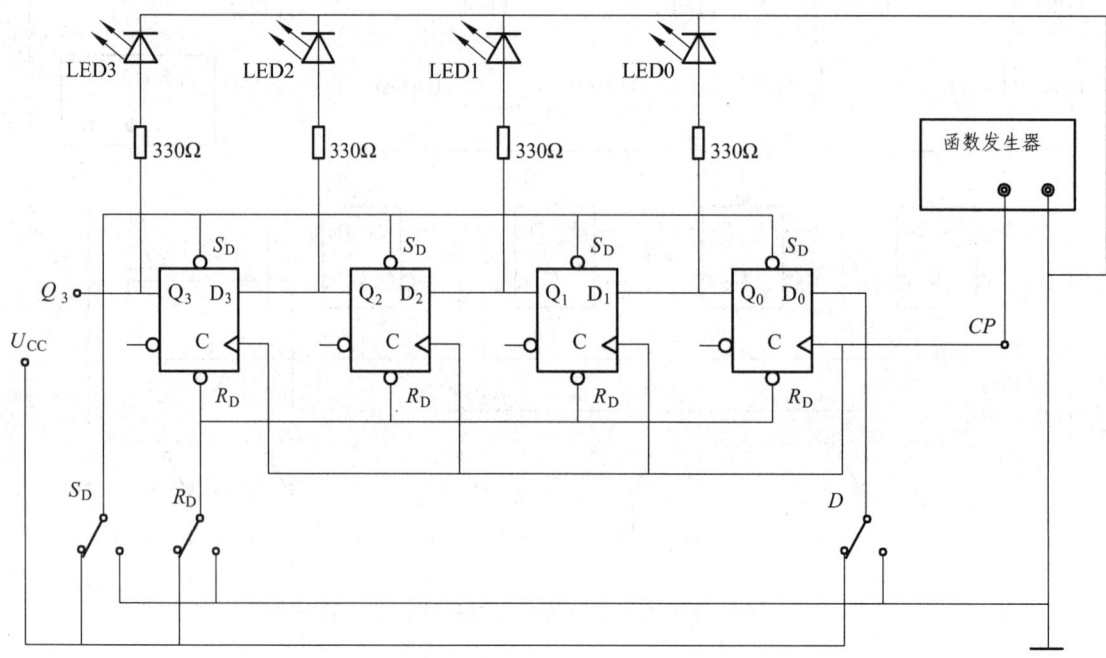

图 3-6-4　4 位串行输入，串、并行输出的移位寄存器实验电路图

表 3-6-5　移位寄存器实验数据测试表

R_D	CP	D	LED3	LED2	LED1	LED0
0	×	×				
1	1	1				
1	2	1				
1	3	1				
1	4	0				
1	5	0				
1	6	1				
1	7	0				
1	8	1				
1	9	0				

3.6.6　实验数据分析及要求

（1）根据数码寄存器实验测试表 3-6-4 的记录，分析完成表 3-6-6 中 $Q_3Q_2Q_1Q_0$ 的输出逻辑

值，并画出 Q_3、Q_2、Q_1、Q_0 波形图。

表 3-6-6 数码寄存器实验数据分析表

R_D	D_3	D_2	D_1	D_0	Q_3^{n+1}	Q_2^{n+1}	Q_1^{n+1}	Q_0^{n+1}
0	×	×	×	×				
1	0	0	0	1				
1	0	0	1	0				
1	0	1	0	1				
1	0	1	1	1				
1	1	1	0	0				
1	1	1	0	1				
1	1	0	1	1				
1	1	0	0	1				

（2）根据移位寄存器实验测试表 3-6-5 的记录，分析完成表 3-6-7 中 $Q_3Q_2Q_1Q_0$ 的输出逻辑值，并画出 Q_3、Q_2、Q_1、Q_0 波形图。

表 3-6-7 移位寄存器实验数据分析表

R_D	CP	D	Q_3^n	Q_2^n	Q_1^n	Q_0^n	Q_3^{n+1}	Q_2^{n+1}	Q_1^{n+1}	Q_0^{n+1}
0	×	×								
1	1	1								
1	2	1								
1	3	1								
1	4	0								
1	5	0								
1	6	1								
1	7	0								
1	8	1								
1	9	0								

（3）并行输入寄存器与串行输入寄存器有何不同？

（4）在串行输入、串行输出移位寄存器中，能否用 Q_0 或 Q_1 或 Q_2 作为串行输出端？为什么？

3.7 实验七 智力竞赛抢答电路

3.7.1 实验目的

（1）熟悉组合逻辑电路的特点及一般分析方法。
（2）掌握四-D锁存器CD4042的工作原理及功能。
（3）掌握智力竞赛抢答电路的功能及测试方法。
（4）提高学生检查及排除电路故障的能力。
（5）提高学生对逻辑电路的综合分析和实验能力。

3.7.2 实验原理

1. 智力竞赛抢答原理框图

能够实现智力竞赛抢答功能的方法和电路有很多，其中"抢答"电路的实现可分为两种，第一种方法是用锁存器（如74LS175）将由优先编码器选出的抢答者锁定，同时控制电路将编码器置于禁止状态，禁止其他竞赛者抢答，如图3-7-1所示。第二种方法是直接用锁存器CD4042锁存抢答者，同时控制电路禁止其他竞赛者抢答，如图3-7-2所示。本实验采用的是第二种方法。

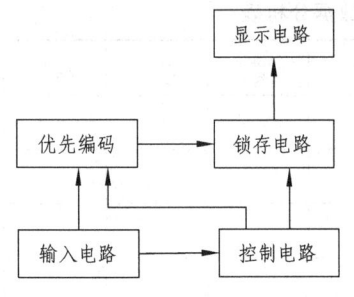

图3-7-1 抢答器原理框图（1）

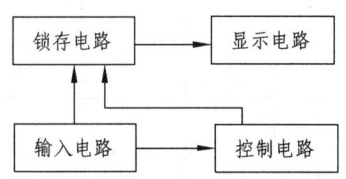

图3-7-2 抢答器原理框图（2）

根据要求不同，智力竞赛抢答器有很简单的电路，也有较复杂的电路。例如"显示电路"可用发光二极管或双向晶闸管控制来显示抢答者信息（电路相对简单），也可用译码显示电路来显示抢答者信息（电路相对复杂一些）。本实验采用发光二极管显示抢答者信息。在此电路基础上，同学们可将其改设为一个用译码显示电路来显示抢答者信息的智力竞赛抢答器。

2. 四-D锁存器CD4042

（1）CD4042管脚。

四-D锁存器CD4042的管脚如图3-7-3所示，管脚引出端的功能符号分别表示：

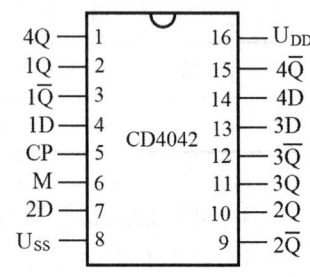

图3-7-3 管脚图

CP	时钟输入端
1D~4D	数据输入端
M	时钟方式控制端
1Q~4Q	原码数据输出端
$\overline{1Q}$~$\overline{4Q}$	反码数据输出端
U_{DD}	正电源
U_{SS}	地

（2）CD4042 工作原理。

CD4042 逻辑电路如图 3-7-4 所示，逻辑图中包含了四个锁存电路（即由四个 D 触发器组成），由 CP 同步时钟控制。当 M = 0、CP = 0 或 M = 1、CP = 1 时，输入端的数据 D 传送到输出端 Q；当 M = 1、CP = 0 或 M = 0、CP = 1 时，输出端的数据 Q 锁定，即不随输入端的数据 D 而改变，其功能如表 3-7-1 所示。

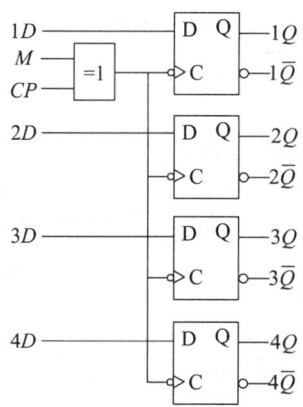

图 3-7-4　CD4042 逻辑电路图

表 3-7-1　CD4042 功能表

输　　入			输　　出
CP	M	D	Q
0	0	D	D
1	0	×	锁存
1	1	D	D
0	1	×	锁存

3．智力竞赛抢答原理图分析

（1）初始状态。

设如图 3-7-5 电路中，输入端的数据 1D~4D 均为"0"，按下复位开关 J，使时钟脉冲

CP 为 "0"。因 M 端的数据也为 "0",根据 CD4042 功能表 3-7-1 可得,输入端的数据 D 传送到输出端 Q,即 1Q～4Q 输出均为 "0",$1\overline{Q}$～$4\overline{Q}$ 输出均为 "1",松开复位开关 J。

（2）抢答状态。

现 CP 端的数据为 "0",抢答开始,如 3D 端先按下抢答器（按下抢答器的数据为 "1"）,则 3Q 输出最先为 "1",并驱动显示电路;同时 $3\overline{Q}$ 端最先输出的数据为 "0",则与非门输出 F_1 为 "1",从而与门输出为 "1",即 CP 端由 "0" 变为 "1",将 3Q 的状态锁存为 "1"。根据 CD4042 功能表 3-7-1 可知,这时输入端的数据 D 无论怎样变化,其输出端的数据 Q 都不发生变化,称为 "锁存"。

抢答完毕后,可通过按动复位开关 J 来为下一次的抢答做好准备。

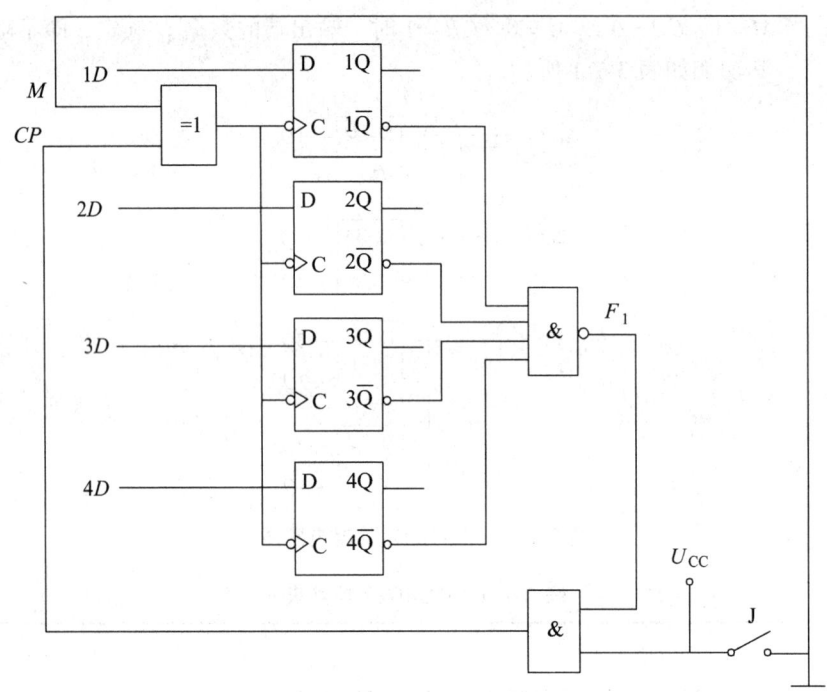

图 3-7-5　智力竞赛抢答原理图

3.7.3　预习内容

（1）预习四-D 锁存器 CD4042 工作原理及功能。

（2）预习实验电路图 3-7-5 和图 3-7-6,拟定实验电路接线方案,分析 LED 工作状态。

3.7.4　实验仪器、仪表和装置

将实验中所使用的仪器和设备情况记录在表 3-7-2 中。

表 3-7-2 实验仪器、仪表和装置记录表

名　称	型号或规格	精度	数量	备　注
四-D锁存器	CD4042			
与非门				
与门				
万用表				
电子实验箱				

3.7.5　实验步骤

按智力竞赛抢答逻辑电路图 3-7-6 接线，并进行实验。

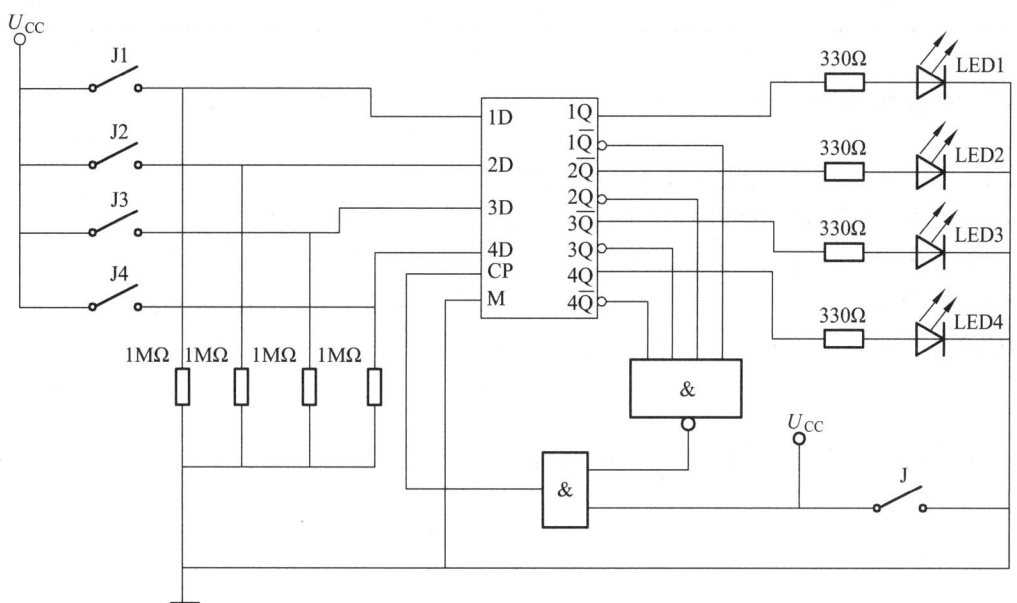

图 3-7-6　智力竞赛抢答逻辑电路实验图

（1）按"J"键，使开关 J 闭合。分别按动"J1"、"J2"、"J3"、"J4"键，观察发光二极管的输出，检测电路是否正确。

（2）按"J"键，使开关 J 闭合后再断开，准备抢答。先按下"J1"按键（闭合开关 J1），将观测结果记录表 3-7-3 中；再分别按下"J2"、"J3"、"J4"按键（闭合开关），观察电路输出是否有变化，并记录于表 3-7-3 备注中。

（3）按"J"键，使开关 J 闭合后再断开，准备抢答。先按下"J2"按键（闭合开关 J1），将观测结果记录表 3-7-3 中；再分别按下"J1"、"J3"、"J4"按键（闭合开关），观察电路输

出是否有变化，并记录于表 3-7-3 备注中。

（4）按"J"键，使开关 J 闭合后再断开，准备抢答。先按下"J3"按键（闭合开关 J1），将观测结果记录表 3-7-3 中；再分别按下"J1"、"J2"、"J4"按键（闭合开关），观察电路输出是否有变化，并记录于表 3-7-3 备注中。

（5）按"J"键，使开关 J 闭合后再断开，准备抢答。先按下"J4"按键（闭合开关 J1），将观测结果记录表 3-7-3 中；再分别按下"J1"、"J2"、"J3"按键（闭合开关），观察电路输出是否有变化，并记录于表 3-7-3 备注中。

表 3-7-3　智力竞赛抢答测试表

开　关	LED1	LED2	LED3	LED4	备注
闭合开关 J1					
闭合开关 J2					
闭合开关 J3					
闭合开关 J4					

3.7.6　实验数据分析及要求

（1）简述图 3-7-6 的设计原理，并列出真值表。
（2）写出时钟脉冲 CP 的逻辑方程式，即：$CP = f(Q_0、Q_1、Q_2、Q_3)$。
（3）分析实验中的问题及解决的方法。
（4）你能否设计一个具有数码显示并带有蜂鸣器提示的智力竞赛抢答电路，如可以，请写明电路设计的原理，并画出逻辑电路图。

3.8　实验八　计数–译码–数码显示综合性实验

3.8.1　实验目的

（1）了解中规模集成计数器 74LS290 的逻辑功能和使用方法。
（2）学习中规模集成显示译码器和数码显示器配套的使用方法。

3.8.2　实验原理

数字显示电路是许多数字仪器、仪表及设备不可缺少的部分。本实验进行一个基本的数字显示电路功能实施，其电路主要是由计数器、译码器和 LED 七段数码显示器等部分组成，如图 3-8-1 所示。

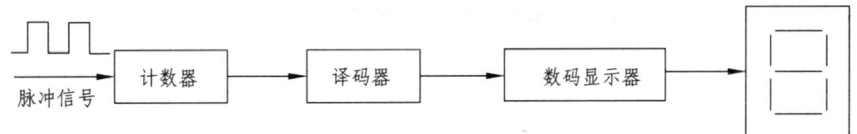

图 3-8-1　数字显示电路组成框图

1. 计数器 74LS290 工作原理

74LS290 是异步十进制计数器。其逻辑如图 3-8-1 所示。它由 1 个 1 位二进制计数器和 1 个异步五进制计数器组成。

（1）1 位二进制计数器。

当图 3-8-2 所示电路以 CP_A 为计数脉冲的输入端，Q_0 端为输出端，则集成计数器 74LS290 功能为二进制计数器。

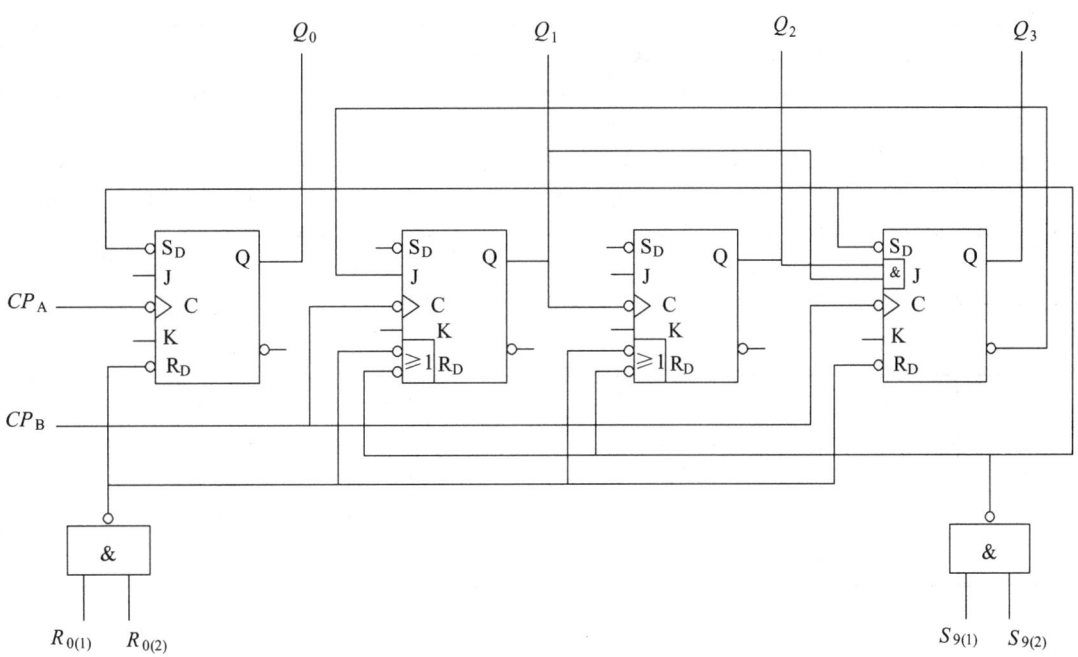

图 3-8-2　异步十进制计数器 74LS290 逻辑电路图

（2）五进制计数器。

当图 3-8-2 所示电路以 CP_B 为计数脉冲的输入端，$Q_3 \sim Q_1$ 端为输出端，则集成计数器 74LS290 功能为五进制计数器。

（3）十进制计数器。

当图 3-8-2 所示电路中 CP_B 与 Q_0 相连后，CP_A 为计数脉冲的输入端，$Q_3 \sim Q_0$ 端为输出端，则集成计数器 74LS290 功能为 8421BCD 码十进制计数器。

（4）逻辑功能。

74LS290 的逻辑功能如表 3-8-1 所示，其管脚引线排例如图 3-8-3 所示。由功能表 3-8-1 分析可知：

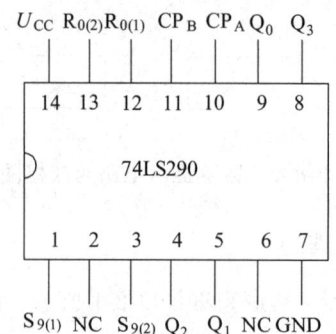

图 3-8-3　74LS290 管脚引线排例图

表 3-8-1　74LS290 的功能表

复位输入		置位输入		时钟	输出			
$R_{0(1)}$	$R_{0(2)}$	$S_{9(1)}$	$S_{9(2)}$	CP	Q_3	Q_2	Q_1	Q_0
1	1	0	×	×	0	0	0	0
1	1	×	0	×	0	0	0	0
×	×	1	1	×	1	0	0	1
×	0	×	0	↓	计数			
0	×	0	×	↓	计数			
0	×	×	0	↓	计数			
×	0	0	×	↓	计数			

① $R_{0(1)}$、$R_{0(2)}$ 端为"复位端"。当复位端 $R_{0(1)} = R_{0(2)} = 1$（即高电平），并且置位输入 $S_{9(1)}$、$S_{9(2)}$ 逻辑关系满足 $S_{9(1)} = S_{9(2)} = 0$ 条件时，74LS290 的输出 $Q_3 \sim Q_0$ 被直接置"0000"。

注意：置"0"与脉冲 CP 无关。

② $S_{9(1)}$、$S_{9(2)}$ 端为"置位端"。当置 9 端 $S_{9(1)} = S_{9(2)} = 1$（即高电平），计数器置"9"，即 74LS290 的输出 $Q_3 \sim Q_0$ 被直接置"1001"。

注意：置"9"与脉冲 CP 和复位端 $R_{0(1)}$、$R_{0(2)}$ 无关。

③ 计数状态。当同时满足 $R_{0(1)} R_{0(2)} = 0$ 和 $S_{9(1)} S_{9(2)} = 0$ 时，74LS290 工作在计数状态下，即在计数脉冲 CP（下降沿）作用下实现二-五-十进制加法计数。

2. 74LS247 译码器

74LS247 译码器的管脚引线排例如图 3-8-4 所示，其功能如表 3-8-2 所示。各管脚功能为：

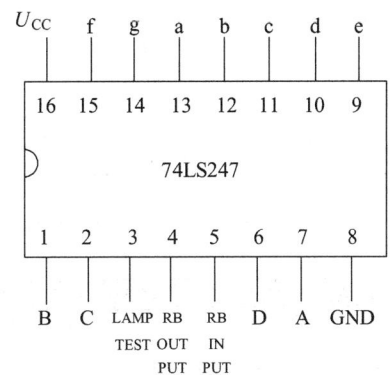

图 3-8-4 74LS247 译码器的管脚引线排例图

表 3-8-2 74LS247 译码器功能表

十进制数或功能	输 入						BI/RBO	输 出							字形
	LT	RBI	D	C	B	A		a	b	c	d	e	f	g	
消隐	×	×	×	×	×	×	0	1	1	1	1	1	1	1	全灭
测试	0	×	×	×	×	×	1	0	0	0	0	0	0	0	8
0	1	1	0	0	0	0	1	0	0	0	0	0	0	1	0
1	1	1	0	0	0	1	1	1	0	0	1	1	1	1	1
2	1	1	0	0	1	0	1	0	0	1	0	0	1	0	2
3	1	1	0	0	1	1	1	0	0	0	0	1	1	0	3
4	1	1	0	1	0	0	1	1	0	0	1	1	0	0	4
5	1	1	0	1	0	1	1	0	1	0	0	1	0	0	5
6	1	1	0	1	1	0	1	1	1	0	0	0	0	0	6
7	1	1	0	1	1	1	1	0	0	0	1	1	1	1	7
8	1	1	1	0	0	0	1	0	0	0	0	0	0	0	8
9	1	1	1	0	0	1	1	0	0	0	1	1	0	0	9

管脚 9~15 为输出端（a~g）：低电平有效，可直接驱动 BS204 共阳极 LED 七段数码管，七段数码管如图 3-8-5 所示。

管脚 3（LT）为输入端：是灯测试输入端（低电平有效）。

管脚 4（BI/RBO）为输入端：是消隐输入端（低电平有效）。

管脚 5（RBI）为输入端：是脉冲消隐输入端（低电平有效）。

管脚 7、1、2、6（A、B、C、D）为译码地址输入端，即计数器的输出是译码地址的输入，如图 3-8-6 所示。

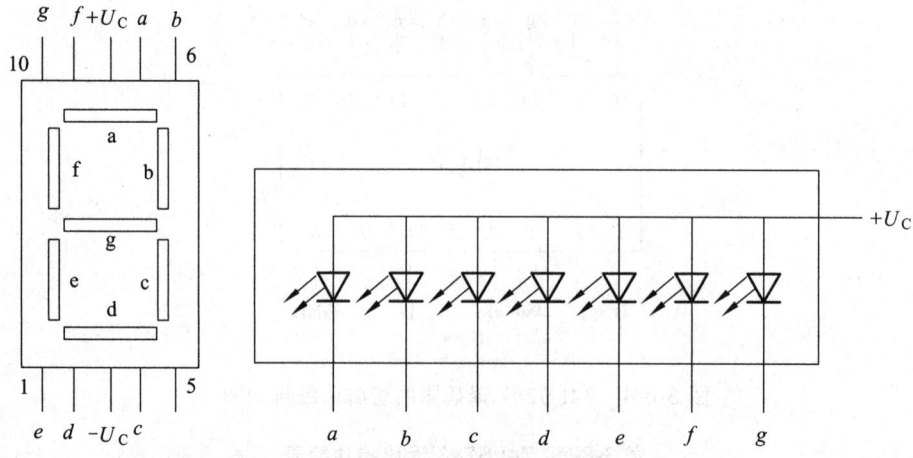

图 3-8-5 BS204 共阳极 LED 七段数码管外引线排列

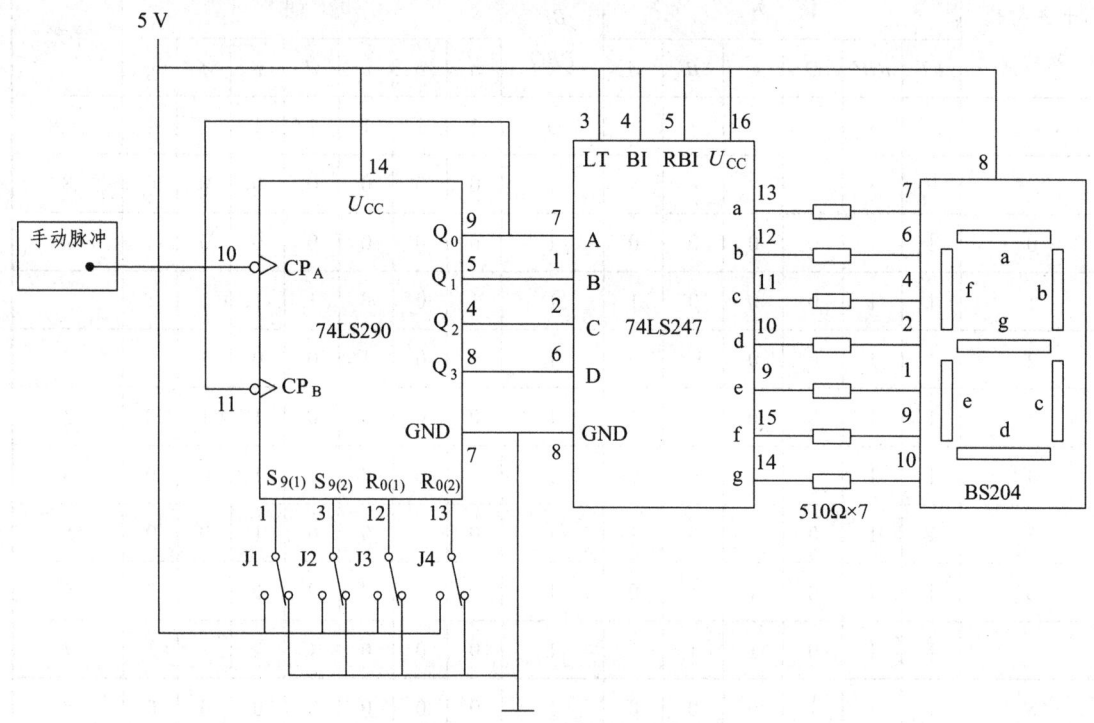

图 3-8-6 数字显示电路图

（1）当 BI 端输入端低电平时，输出端 $a \sim g$ 全为高电平，BS201A 共阴极 LED 七段数码管全灭。

（2）当 BI 端输入端高电平，而 LT 端输入端低电平时，无论其他输入端是什么状态，输出端 $a \sim g$ 全为低电平，BS201A 共阴极 LED 七段数码管显示字形 8，即测试显示器的好坏。

（3）当 BI 端、RBI 端、LT 端都为高电平时，74LS248 译码器正常工作。

3. BS201A 共阴极 LED 七段数码管

由图 3-8-5 分析可得，当 $a \sim g$ 输入端有低电平时，则低电平输入端所对应的 LED 导通发光。例如 $a \sim g$ 输入端电平为 0000110，则 f、e 端输入为高电平使发光二极管灭，其余输入端为低电平而发光，显示字形为 "3"。

4．数字显示电路

数字显示电路如图 3-8-6 所示。

（1）74LS290 接成十进制计数器，即输出端 $Q_3 \sim Q_0$ 为 0000～1001 二进制数码；置 9 端和复位端分别接 0.1 逻辑开关 J1～J4。

（2）74LS290 计数器的输出端 $Q_3 \sim Q_0$ 接 74LS247 译码器的译码地址输入端。

（3）74LS247 译码器的输出端 $a \sim g$ 驱动 BS204 共阳极 LED 七段数码管。中间串入的电阻（510 Ω 左右）为限流电阻。

（4）74LS290 计数器的时钟脉冲 CP 端，接入手动单次脉冲源。

3.8.3　预习内容

（1）阅读实验原理及内容，明确实验目的。
（2）熟悉本次实验使用的集成元件功能及外引线排列。
（3）预习实验内容。

3.8.4　实验仪器、仪表和装置

将实验中所使用的仪器和设备情况记录在表 3-8-3 中。

表 3-8-3　实验仪器、仪表和装置记录表

名　称	型号或规格	精度	数量	备　注
共阳 LED 七段数码管	BS204			
74LS247 译码器				
二-五-十进制计数器	74LS290			
BCD 七段显示译码器	74LS247			
电子实验箱				
万用表				
函数发生器				

3.8.5　实验步骤

1．十进制计数器功能测试

按图 3-8-7 电路接线，测试其 "BCD 十进制计数器" 功能。

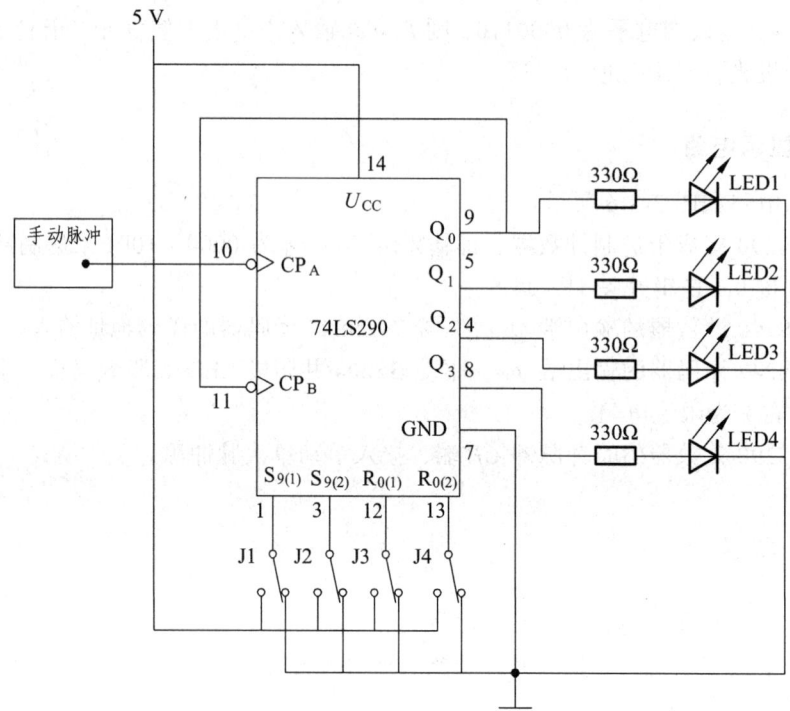

图 3-8-7　74LS290 计数器的十进制计数功能测试图

（1）74LS290 复位端 $R_{0(1)}$、$R_{0(2)}$ 端功能测试。

将复位端 $R_{0(1)}$、$R_{0(2)}$ 接高电平，即开关 J3、J4 接电源端；置位输入 $S_{9(1)}$、$S_{9(2)}$ 接低电平，即开关 J1、J2 接地，观测 74LS290 的输出 $Q_3 \sim Q_0$ 状态，并记录于表 3-8-4 中。

表 3-8-4　十进制计数器功能测试数据表

复位输入		置位输入		时钟	输出			
$R_{0(1)}$	$R_{0(2)}$	$S_{9(1)}$	$S_{9(2)}$	CP	Q_3	Q_2	Q_1	Q_0
1	1	0	0					
		1	1					
0	0	0	0					
0	0	0	0					
0	0	0	0					
0	0	0	0					
0	0	0	0					
0	0	0	0					
0	0	0	0					
0	0	0	0					
0	0	0	0					
0	0	0	0					

再加入计数 CP 脉冲,观测 74LS290 的输出 $Q_3 \sim Q_0$ 状态是否有变化?其观测结果记录于表 3-8-4 中。

(2) 74LS290 置位端 $S_{9(1)}$、$S_{9(2)}$ 端功能测试

将置 9 端 $S_{9(1)}$、$S_{9(2)}$ 接高电平,即开关 J1、J2 接电源端,观测 74LS290 的输出 $Q_3 \sim Q_0$ 状态,并记录于表 3-8-4 中。

再改变开关 J3、J4 的状态,观测 74LS290 的输出 $Q_3 \sim Q_0$ 状态是否有变化。其观测结果记录于表 3-8-4 中。

再加入计数 CP 脉冲,观测 74LS290 的输出 $Q_3 \sim Q_0$ 状态是否有变化。其观测结果记录于表 3-8-4 中。

(3) 74LS290 十进制计数状态功能测试

将"复位端"和"置位端"同时接入低电平,即开关 J1、J2、J3、J4 接地,观测在计数脉冲 CP 作用下 74LS290 的输出 $Q_3 \sim Q_0$ 状态,并记录于表 3-8-4 中,同时注明计数脉冲 CP 是"上升沿"触发还是"下降沿"触发。

2. 数字显示电路

按图 3-8-6 电路连接。重复 74LS290 复位端 $R_{0(1)}$、$R_{0(2)}$ 端功能、置位端 $S_{9(1)}$、$S_{9(2)}$ 端功能、十进制计数状态功能的测试,并观测"数码管字形"的显示,将测试结果记录于表 3-8-5 中。

表 3-8-5 十进制计数器功能测试数据表

复位输入		置位输入		时钟	数码管
$R_{0(1)}$	$R_{0(2)}$	$S_{9(1)}$	$S_{9(2)}$	CP	字形
1	1	0	0		
		1	1		
0	0	0	0		
0	0	0	0		
0	0	0	0		
0	0	0	0		
0	0	0	0		
0	0	0	0		
0	0	0	0		
0	0	0	0		
0	0	0	0		
0	0	0	0		
0	0	0	0		

3.8.6 实验数据分析及要求

根据实验结果，画出数字显示电路复位端 $R_{0(1)}$、$R_{0(2)}$、置位端 $S_{9(1)}$、$S_{9(2)}$、计数脉冲 CP 及输出 $Q_3 \sim Q_0$ 的波形图。

3.9 实验九 分频器

3.9.1 实验目的

（1）了解计数器的应用。
（2）掌握分频器电路的工作原理及分析方法。
（3）掌握分频器电路的工作状态表数据和时序波形图的测试方法。
（4）了解 M 进制计数器与分频器间的关系。

3.9.2 实验原理

1. 分频器概念

计数器可以作为变频器，例如四进制计数器的周期 T_4 是计数 CP 脉冲周期 T_{CP} 的 4 倍（即 $T_4 = 4T_{CP}$），八进制计数器的周期 T_8 是计数 CP 脉冲周期 T_{CP} 的 8 倍（即 $T_8 = 8T_{CP}$）。也就说，计数器的频率 f 与计数脉冲 CP 频率 f_{CP} 之间，存在一定的变化规律，即二进制计数器的频率为 $\frac{1}{2}f_{CP}$，四进制计数器的频率为 $\frac{1}{4}f_{CP}$，八进制计数器的频率为 $\frac{1}{8}f_{CP}$，所以计数器也可作为"分频器"应用，即八进制计数器又称为八分频器（简称"八分频"）。

M 进制计数器可作为 M 分频器，其中 M（整数）≥ 2。

2. 双 JK 触发器 74LS112

双 JK 触发器 74LS112 结构及引脚图如图 3-9-1 所示，其功能如表 3-9-1 所示。

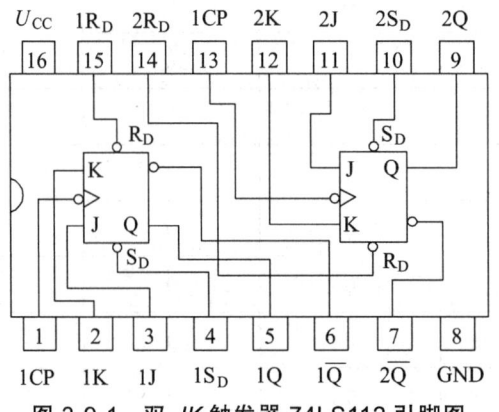

图 3-9-1 双 JK 触发器 74LS112 引脚图

表 3-9-1 JK 触发器功能表

输入					输出		功能说明
R_D	S_D	J	K	CP	Q^{n+1}	$\overline{Q}^{n+1}$	
0	1	×	×	×	0	1	状态直接置 0，即 $Q=0$
1	0	×	×	×	1	0	状态直接置 1，即 $Q=1$
1	1	0	0	↓	Q^n	$\overline{Q}^n$	保持原来状态不变，即 $Q^{n+1}=Q^n$
1	1	0	1	↓	0	1	CP 脉冲作用下，状态置 0，即 $Q^{n+1}=J$
1	1	1	0	↓	1	0	CP 脉冲作用下，状态置 1，即 $Q^{n+1}=J$
1	1	1	1	↓	$\overline{Q}^n$	Q^n	计数状态（翻转状态），即 $Q^{n+1}=\overline{Q}^n$
1	1	×	×	1	Q^n	$\overline{Q}^n$	保持状态不变，即 $Q=Q^n$
1	1	×	×	0	Q^n	$\overline{Q}^n$	保持状态不变，即 $Q=Q^n$
0	0	×	×	×	1	1	不允许

注意：① CP 脉冲是下降沿触发。
② R_D 是低电平置位，S_D 是低电平复位，而且是直接使输出状态置位，不受 CP 脉冲的控制。
③ 当 $J \neq K$ 时，在 CP 脉冲下降沿的作用下输出状态置位，即 $Q^{n+1}=J$。
④ 当 CP 脉冲为 "0"，或为 "1"，或 "上升沿" 状态下时，JK 触发器的输出状态保持不变。
⑤ R_D、S_D 不能同时为低电平。
⑥ JK 触发器的特性方程为 $Q^{n+1}=J\overline{Q}^n+\overline{K}Q^n$。

3. 十分频器的逻辑电路分析

如图 3-9-2 所示电路为十分频器（即 8421BCD 码异步十进制计数器）的逻辑图。根据图 3-9-2 所示逻辑电路，可以写出各触发器的 CP 脉冲方程和驱动方程。

CP 脉冲方程为

$$CP_0 = CP$$
$$CP_1 = Q_0$$
$$CP_2 = Q_1$$
$$CP_3 = Q_0$$

驱动方程为

$$J_0 = K_0 = 1$$
$$J_1 = \overline{Q}_3^n, \qquad K_1 = 1$$
$$J_2 = K_2 = 1$$
$$J_3 = Q_2^n \cdot Q_1^n, \qquad K_3 = 1$$

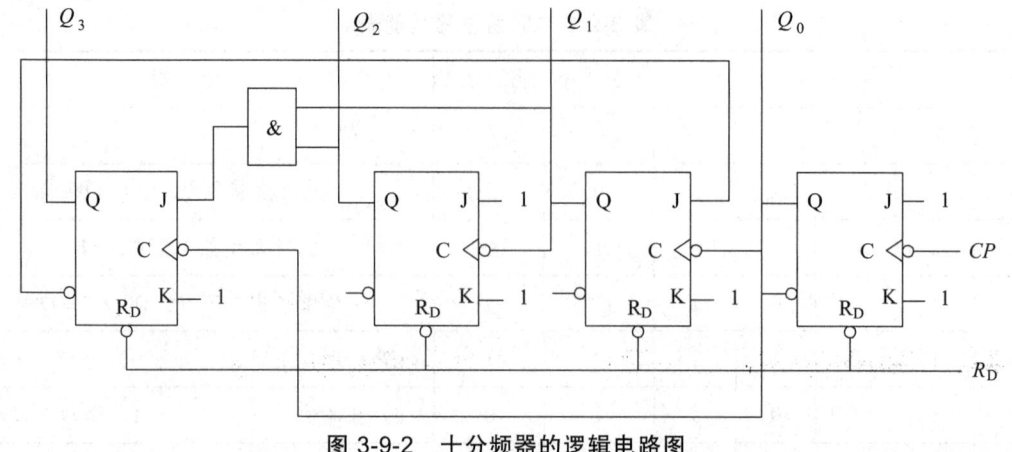

图 3-9-2　十分频器的逻辑电路图

将上面驱动方程代入 JK 触发器的特性方程 $Q^{n+1}=J\overline{Q}^n+\overline{K}Q^n$ 中，可以得到其逻辑电路的状态方程：

$$Q_0^{n+1}=\overline{Q}_0^n$$

$$Q_1^{n+1}=\overline{Q}_3^n\cdot\overline{Q}_1^n$$

$$Q_2^{n+1}=\overline{Q}_2^n$$

$$Q_3^{n+1}=\overline{Q}_3^n\cdot Q_2^n\cdot Q_1^n$$

由上面的 CP 方程和状态方程，可以列出逻辑电路的状态表；画出状态图 3-9-3 和时序波形图。

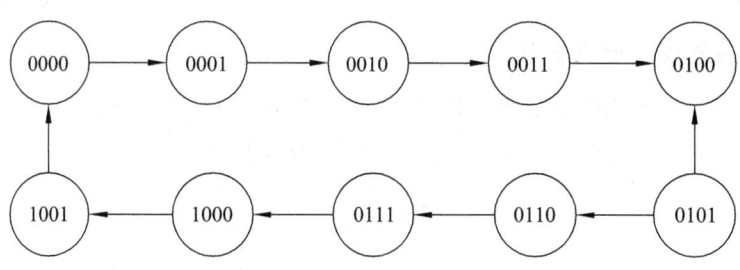

图 3-9-3　逻辑电路图的状态图

3.9.3　预习内容

（1）掌握相关 JK 触发器集成芯片的功能原理及管脚排列。

（2）预习分频器的基本概念。

（3）掌握图 3-9-2 所示的十分频器电路的工作原理，并完成状态表 3-9-3 的分析和时序图 3-9-6 的分析。

（4）预习十分频逻辑电路状态测量过程及注意事项。

（5）预习十分频逻辑电路的时序图测量方法。

3.9.4 实验仪器、仪表和装置

将实验中所使用的仪器和设备情况记录在表 3-9-2 中。

表 3-9-2 实验仪器、仪表和装置记录表

名　称	型号或规格	精度	数量	备　注
双 JK 触发器	74LS112			
二输入端四与门	74LS08			
电子实验箱				
双踪示波器				
函数发生器				

3.9.5 实验步骤

1. 十分频逻辑电路状态测量

（1）按逻辑电路图 3-9-4 连接线路。

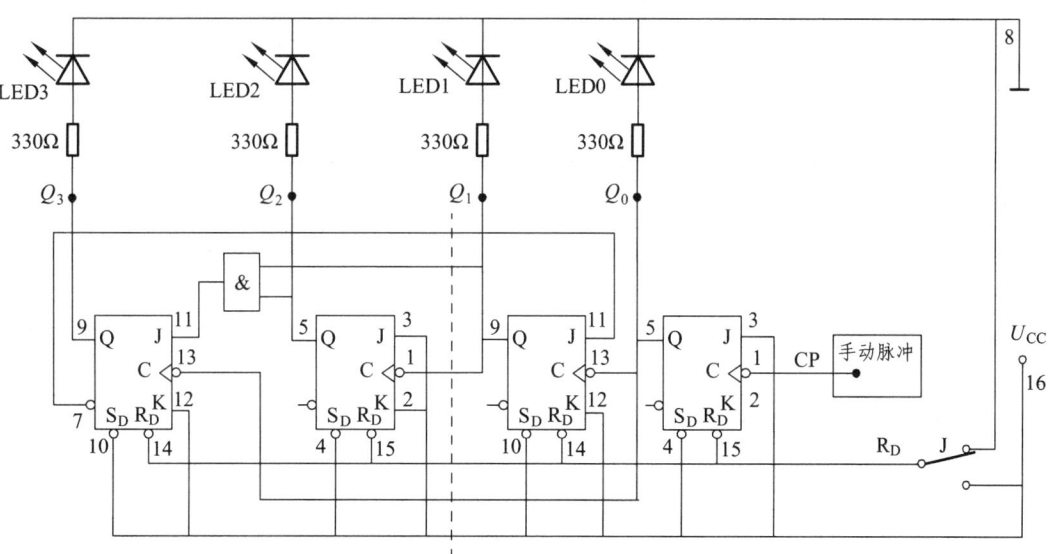

图 3-9-4 十分频逻辑电路的状态测量图

（2）将开关 J 接地，即 R_D 低电平置位，然后输入 CP 脉冲，通过 LED 观测每一个触发器 Q 的状态，并将其结果记录于表 3-9-3 中（即记录：原来状态、计数 CP 脉冲、现在状态、等效十进制数）。

（3）将开关 J 接电源，即 R_D 为高电平。

（4）输入计数 CP 脉冲，完成表 3-9-3 中原来状态、计数 CP 脉冲、现在状态、等效十进制数等的数据测试，并记录于表 3-9-3 中。

表 3-9-3 十分频逻辑电路状态测量表

序号	置位		原来状态				计数 CP 脉冲				现在状态				等效十进制数
	R_D	S_D	Q_3^n	Q_2^n	Q_1^n	Q_0^n	CP_3	CP_2	CP_1	CP_0	Q_3^{n+1}	Q_2^{n+1}	Q_1^{n+1}	Q_0^{n+1}	
1		1													
2	1	1													
3	1	1													
4	1	1													
5	1	1													
6	1	1													
7	1	1													
8	1	1													
9	1	1													
10	1	1													
11	1	1													
12	1	1													

注意：

① 输入计数 CP 脉冲是什么沿触发，即用"↓"表示下降沿触发；用"↑"表示上升沿触发；用"0"表示无触发沿产生。

② LED 不仅反映了触发器输出状态 Q 的变化情况，同时还反映了另一个触发器 CP 脉冲的触发沿的情况。

③ 不断重复上面实验步骤（4）的操作，记录每一个计数 CP 脉冲作用下的数据及状态情况，完成表 3-9-3 的实验测量。

④ 在逻辑电路图 3-9-4 连接没问题的条件下，如果实验测量过程中出现问题，注意必须重新从上面实验步骤（2）开始操作。

2. 十分频逻辑电路的时序图测量

（1）调节函数发生器输出电压为 1 V，选择输出波形为脉冲信号，在逻辑电路图 3-9-4 连接基础上，将 CP 脉冲改接为函数发生器。如图 3-9-5 所示。

（2）双踪示波器接通电源，预置好各开关旋钮，将示波器接入实验电路图 3-9-5，观察其波形是否失真，如果失真，则调节函数发生器和双踪示波器的相关旋钮参数值。

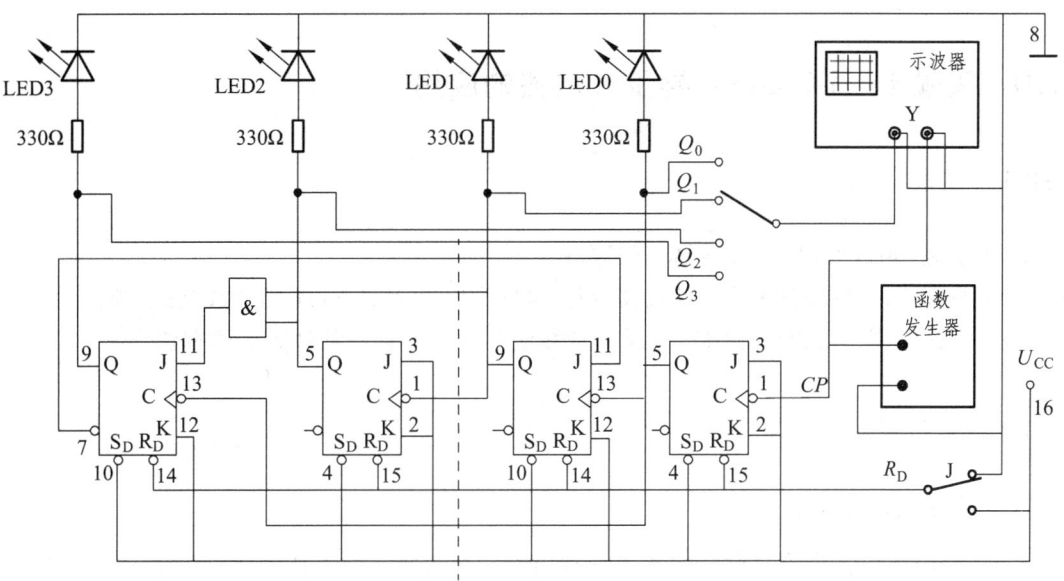

图 3-9-5 十分频逻辑电路的时序图电路图

（3）将图 3-9-5 所示开关 J 接地，即 R_D 低电平置位，用示波器分别观察 $Q_3 \sim Q_0$ 的波形图和 LED 的状态，并记录绘制于图 3-9-6 中。

图 3-9-6 十分频逻辑电路的时序图

（4）将开关 J 接电源，即 R_D 为高电平，用示波器分别观察 $Q_3 \sim Q_0$ 的波形图与 CP 脉冲波形所对应的关系，并完成十分频逻辑电路的时序图的测量。

3.9.6 实验数据分析及要求

（1）分频器与计数器有何差异，M 进制的计数器是几分频的分频器？

（2）分析实验测量十分频逻辑电路的时序图 3-9-6，在十分频逻辑电路中，同时还具有哪些分频器功能？其所对应的输出端？

（3）实验中有无故障，如有，是怎样处理的？

3.10 实验十 74LS290异步计数器的应用

3.10.1 实验目的

（1）掌握74LS290异步计数器工作原理。
（2）掌握应用74LS290异步计数器设计8421码计数器和5421码计数器的方法。
（3）掌握应用"反馈清零法"、"反馈置数法"设计任意进制计数器的方法。

3.10.2 实验原理

1. 74LS290的功能

关于74LS290芯片的逻辑结构及各管脚功能，参阅数字电子技术3.8实验（即：实验八 数字显示电路）。图3-10-1所示的是74LS290的管脚引线排例图，是一个二－五－十进制异步加法计数器。

注意：两个复位输入端$R_{0(1)}$、$R_{0(2)}$，必须同时为高电平，输出状态才被清零；两个置位输入端$S_{0(1)}$、$S_{0(2)}$同时为高电平时，8421码计数器输出状态被置为1001（置9），5421码计数器输出状态被置1100（置9）。

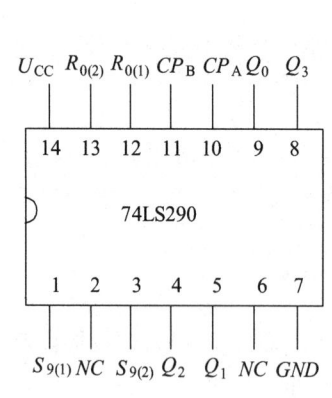

图3-10-1 管脚引线排例图

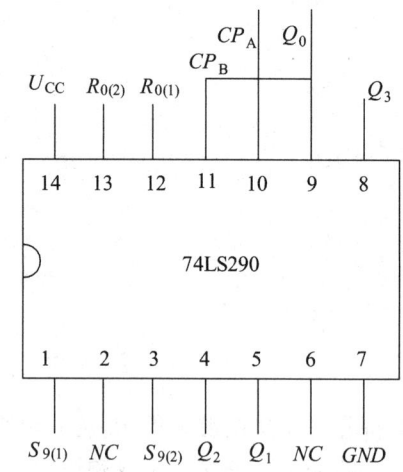

图3-10-2 8421码计数器

（1）8421码计数器。

当将图3-10-1逻辑电路的管脚CP_B与Q_0相连，CP_A为计数脉冲CP的输入端，$Q_3 \sim Q_0$端为输出端，如图3-10-2所示。图3-10-2所示电路为8421码计数器，其功能如表3-10-1所示。

表 3-10-1 74LS290 连接为 8421 码计数器的功能表

复位输入		置位输入		时钟	输出				等效十进制数
$R_{0(1)}$	$R_{0(2)}$	$S_{9(1)}$	$S_{9(2)}$	CP_A	Q_3	Q_2	Q_1	Q_0	
1	1	0	×	×	0	0	0	0	0
1	1	×	0	×	0	0	0	0	0
×	×	1	1	×	1	0	0	1	9
×	0	×	0	↓	0	0	0	0	0
0	×	0	×	↓	0	0	0	1	1
0	×	×	0	↓	0	0	1	0	2
×	0	0	×	↓	0	0	1	1	3
				↓	0	1	0	0	4
				↓	0	1	0	1	5
				↓	0	1	1	0	6
				↓	0	1	1	1	7
				↓	1	0	0	0	8
				↓	1	0	0	1	9
				↓	0	0	0	0	0

（2）5421 码计数器。

当将图 3-10-1 逻辑电路的管脚 CP_A 与 Q_3 相连，以 CP_B 为计数脉冲 CP 的输入端，Q_0、Q_3、Q_2、Q_1 端为输出端，如图 3-10-3 所示电路为 5421 码计数器，其功能如表 3-10-2 所示。

注意：5421 码计数器的输出，从最高位到最低位依次为 Q_0、Q_3、Q_2、Q_1。

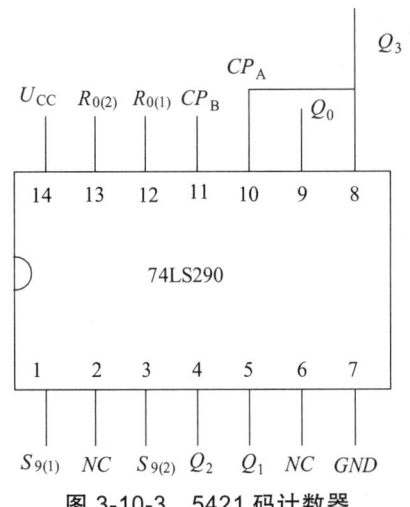

图 3-10-3 5421 码计数器

表 3-10-2 74LS290 连接为 5421 码计数器的功能表

复位输入		置位输入		时钟	输出				等效十进制数
$R_{0(1)}$	$R_{0(2)}$	$S_{9(1)}$	$S_{9(2)}$	CP_B	Q_0	Q_3	Q_2	Q_1	
1	1	0	×	×	0	0	0	0	0
1	1	×	0	×	0	0	0	0	0
×	×	1	1	×	1	1	0	0	9
×	0	×	0	↓	0	0	0	0	0
0	×	×	0	↓	0	0	0	1	1
0	×	×	0	↓	0	0	1	0	2
×	0	0	×	↓	0	0	1	1	3
				↓	0	1	0	0	4
				↓	1	0	0	0	5
				↓	1	0	0	1	6
				↓	1	0	1	0	7
				↓	1	0	1	1	8
				↓	1	1	0	0	9
				↓	0	0	0	0	0

2. 74LS290 异步计数器应用分析

(1) 计数器芯片个数的确定。

用 M 进制集成计数器构成 N 进制计数器时,如果 $M>N$,则可用 1 片 M 进制计数器实现,例如,计数器 $M=10$,$N=7$,则 $M>N$,即可用 1 片十进制计数器实现一个七进制计数器;如果 $M<N$,则要多片 M 进制计数器来实现,例如,计数器 $M=10$,$N=360$,则 $M<N$,分析可知,3 片十进制计数器可实现 1000 进制的计数器,所以要用 3 片十进制计数器实现 360 进制计数器。

(2) 计数器应用的设计。

设计相同进制的计数器,其设计方案可有所不同。一般,74LS290 计数器可分别用"反馈清零法"和"反馈置数法"两种方法来设计。

① 反馈清零法。

(a) 设计 $M>N$ 的计数器,第一步接成十进制计数器,第二步用输出为 N 的值清零。如图 3-10-4 所示。

图 3-10-4 (a):CP_B 与 Q_0 连接,构成 8421 码十进制计数器;Q_3 与 $R_{0(1)}$、$R_{0(2)}$ 连接,计数器输出状态为 1000 时,计数器被清零,即计数器输出状态 $Q_3Q_2Q_1Q_0$ 为 0000,所以称为八进制计数器,其主循环状态图如图 3-10-5 所示。

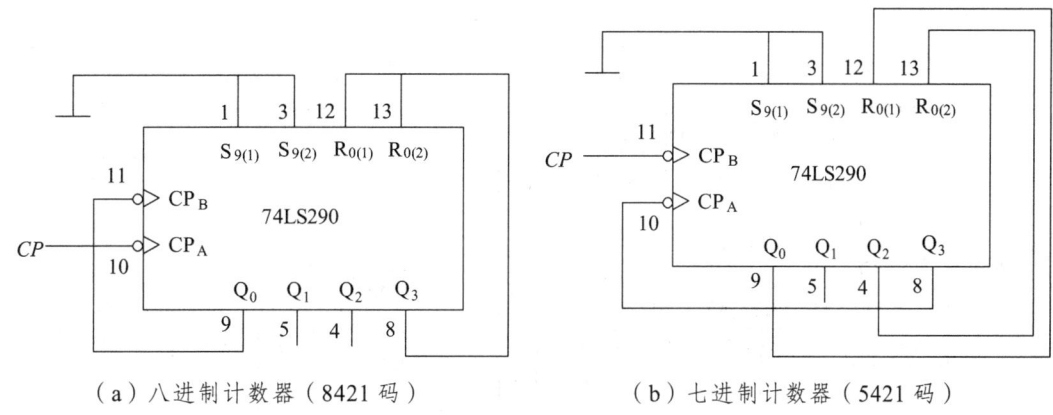

(a) 八进制计数器 (8421 码)　　　　(b) 七进制计数器 (5421 码)

图 3-10-4　M>N 的计数器电路图 (反馈清零法)

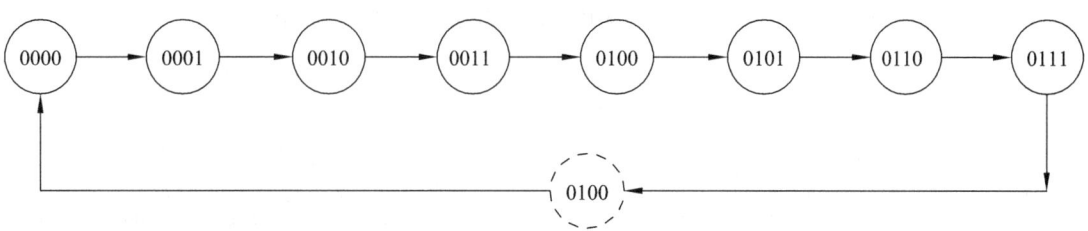

图 3-10-5　用反馈清零法接成 8421 码八进制计数器的主循环状态图

图 3-10-4 (b)：CP_A 与 Q_3 连接，构成 5421 码十进制计数器；Q_0、Q_2 分别与 $R_{0(1)}$、$R_{0(2)}$ 连接，计数器输出状态为 1010 时，计数器被清零，即计数器输出状态 $Q_0Q_3Q_2Q_1$ 为 0000，所以称为七进制计数器，其主循环状态图如图 3-10-6 所示。

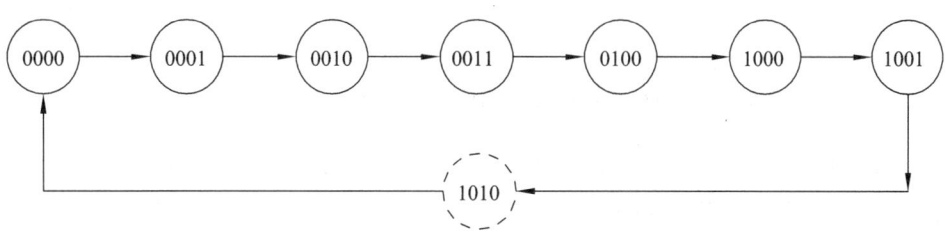

图 3-10-6　用反馈清零法接成 5421 码七进制计数器的主循环状态图

(b) 设计 M<N 的计数器，第一步接成十进制计数器，第二步接成大于等于 N 进制计数器，第三步用输出为 N 的值清零。如图 3-10-7 和图 3-10-8 所示。

图 3-10-7：每个计数器的 CP_B 与 Q_0 连接，构成 8421 码十进制计数器。第一个计数器的输出 Q_2Q_1 信号相与后，分别接两个计数器的反馈清零输入端；第二个计数器的输出端 Q_3Q_0 信号相与后，分别接两个计数器的另一个反馈清零输入端，如图 3-10-7 所示。当两个计数器的输出状态分别为 1001（第二个）、0110（第一个）时（称为九十六进制计数器），两个计数器同时被清零，即输出状态为 0000、0000。

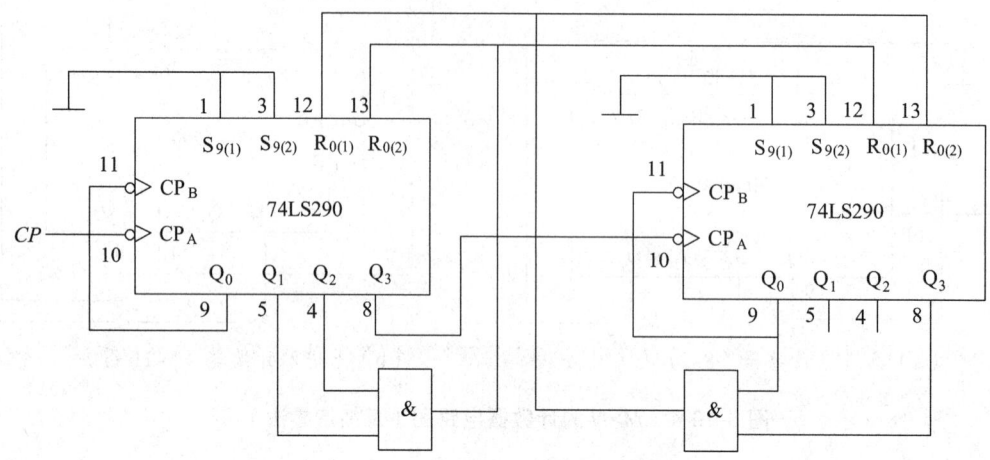

图 3-10-7 M>N 的计数器电路图（96 进制 8421 码计数器）

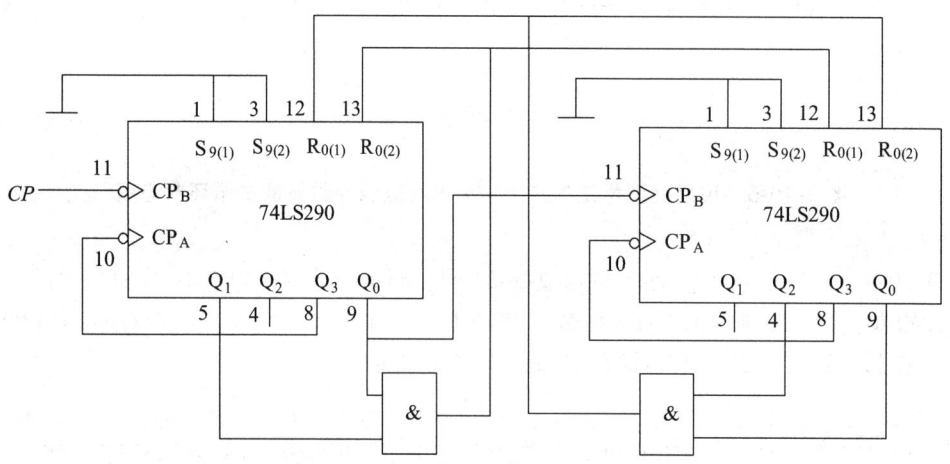

图 3-10-8 M>N 的计数器电路图（76 进制 5421 码计数器）

图 3-10-8：每个计数器的 CP_A 与 Q_3 连接，构成 5421 码十进制计数器。第一个计数器的输出 Q_0Q_1 信号相与后，分别接两个计数器的反馈清零输入端；第二个计数器的输出端 Q_0Q_2 信号相与后，分别接两个计数器的另一个反馈清零输入端，如图 3-10-8 所示。当两个计数器的输出状态分别为 1010（第二个）、1001（第一个）时（称为七十六进制计数器），两个计数器同时被清零，即输出状态为 0000、0000。

② 反馈置数法。

（a）设计 M>N 的计数器，第一步接成十进制计数器，第二步用输出（N-1）的值反馈置 9。如图 3-10-9 所示。

图 3-10-9（a）：CP_B 与 Q_0 连接，构成 8421 码十进制计数器；Q_2、Q_1 分别与 $S_{9(1)}$、$S_{9(2)}$ 连接。当计数器输出状态为 0110 时，计数器置数为 1001，当再来一个 CP 脉冲时，计数器输出状态 $Q_3Q_2Q_1Q_0$ 为 0000，所以称为七进制计数器，其主循环状态图如图 3-10-10 所示。

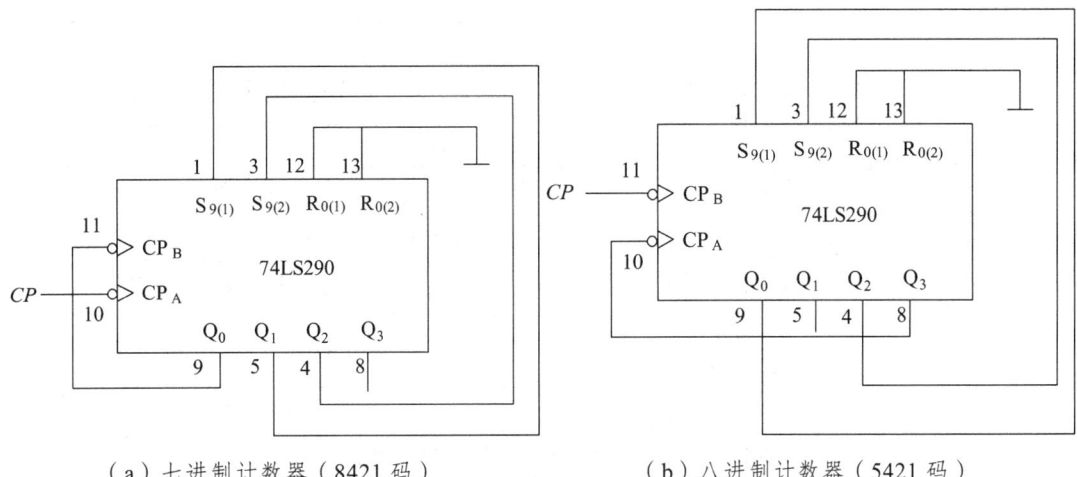

（a）七进制计数器（8421码）　　　　（b）八进制计数器（5421码）

图 3-10-9　M>N 的计数器电路图（反馈置数法）

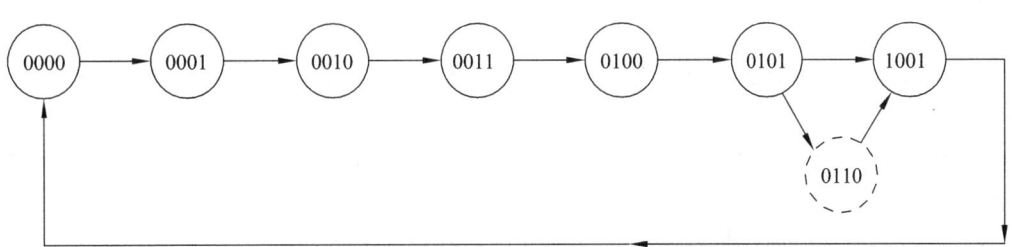

图 3-10-10　用反馈置数法接成 8421 码七进制计数器的主循环状态图

图 3-10-9（b）：CP_A 与 Q_3 连接，构成 5421 码十进制计数器；Q_0、Q_2 分别与 $S_{9(1)}$、$S_{9(2)}$ 连接，计数器输出状态为 1010 时，将计数器置数为 1001，当再来一个 CP 脉冲时，计数器输出状态 $Q_0Q_3Q_2Q_1$ 为 0000，所以称为八进制计数器，其主循环状态图如图 3-10-11 所示。

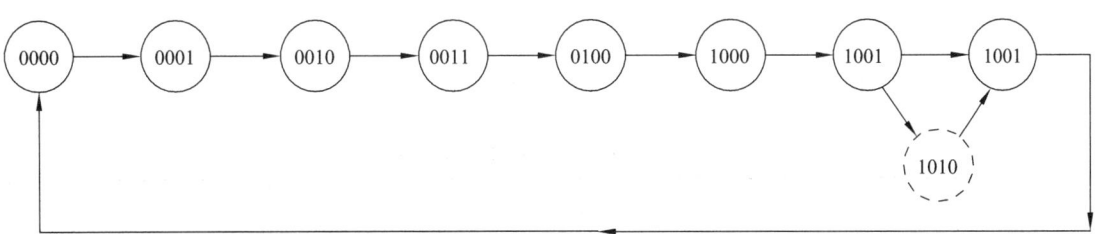

图 3-10-11　用反馈置数法接成 5421 码八进制计数器的主循环状态图

（b）设计 M<N 的计数器，第一步接成十进制计数器，第二步接成大于等于 N 进制计数器，第三步用输出（N-1）的值反馈置 9。如图 3-10-12 所示。

图 3-10-12：每个计数器的 CP_B 与 Q_0 连接，构成 8421 码十进制计数器。第一个计数器的输出 Q_2Q_1 信号相与后，分别接两个计数器的反馈置数输入端；第二个计数器的输出端 Q_3 分别接两个计数器的另一个反馈置数输入端，如图 3-10-12 所示。当两个计数器的输出状态分别为 1000（第二个）、0110（第一个）时（称为八十六进制计数器），两个计数器同时被置数 1001，当再来一个 CP 脉冲时，两个计数器输出状态同时为 0000、0000。

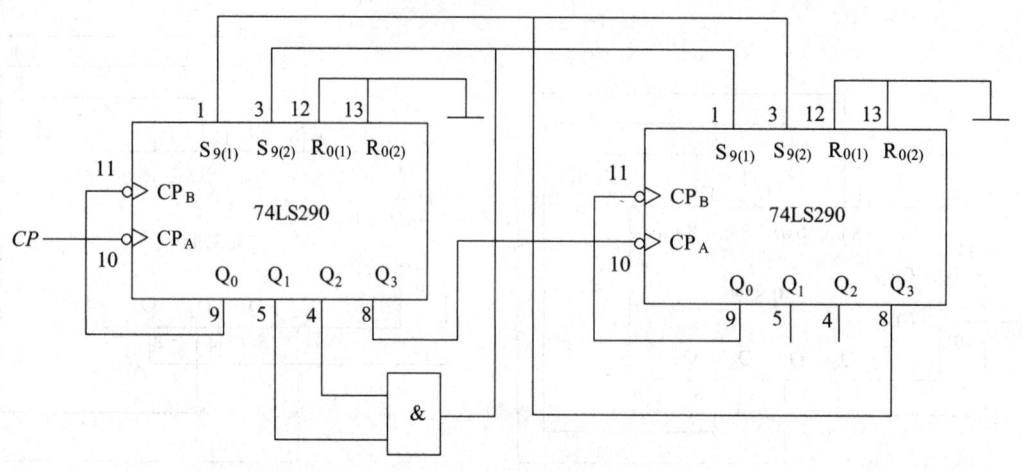

图 3-10-12 八十六进制计数器（反馈置数法）

3.10.3 预习内容

（1）预习 74LS290 计数器的工作原理，掌握应用"反馈清零法"和"反馈置数法"设计计数器。

（2）预习 8421 码和 5421 码的概念，并通过实验原理的预习，掌握 8421 码计数器和 5421 码计数器的设计方法。

（3）预习十进制以内计数器和大于十进制计数器设计方法。

（4）分析实验电路图 3-10-9、图 3-10-10、图 3-10-11 的功能，并通过理论分析说明三个逻辑电路是几进制计数器。

（5）预习实验内容及测试要求。

3.10.4 实验仪器、仪表和装置

将实验中所使用的仪器和设备情况记录在表 3-10-3 中。

表 3-10-3 实验仪器、仪表和装置记录表

名　称	型号或规格	精度	数量	备　注
二-五-十进制异步计数器	74LS290			
二输入端四与门	74LS08			
电子实验箱				
万用表				

3.10.5 实验步骤

1. 用 74LS290 构成十以内数的计数器

（1）按图 3-10-13 电路接线。先将开关 J1、J2 接 5 V 电源，置输出状态 Q_0、Q_3、Q_2、Q_1 为 0000。然后，再将开关 J1、J2 接 Q_0、Q_2 端。在 CP 脉冲作用下，根据图 3-10-13 中 LED 的测试情况，完成表 3-10-4 实验数据的记录。

表 3-10-4 5421 码计数器实验数据表

计数CP脉冲	复位输入		置位输入		现在状态				等效十进制数
	$R_{0(1)}$	$R_{0(2)}$	$S_{9(1)}$	$S_{9(2)}$	Q_0	Q_3	Q_2	Q_1	
×									
1									
2									
3									
4									
5									
6									
7									

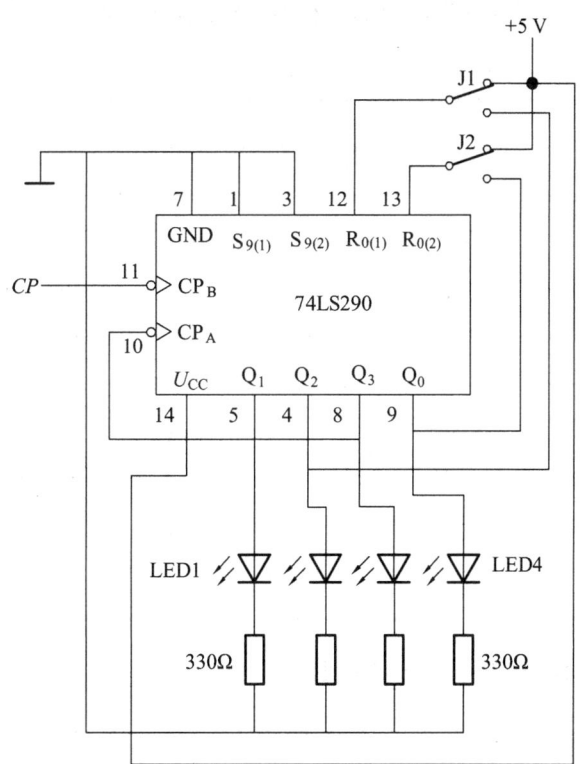

图 3-10-13 十以内数的计数器实验电路图 1

（2）按图 3-10-14 电路接线。先将开关 J 接 5 V 电源，置输出状态 $Q_3 \sim Q_0$ 为 0000。然后，再将开关 J 接 Q_3 端。在 CP 脉冲作用下，根据图 3-10-14 中 LED 的测试情况，完成表 3-10-5 实验数据的记录。

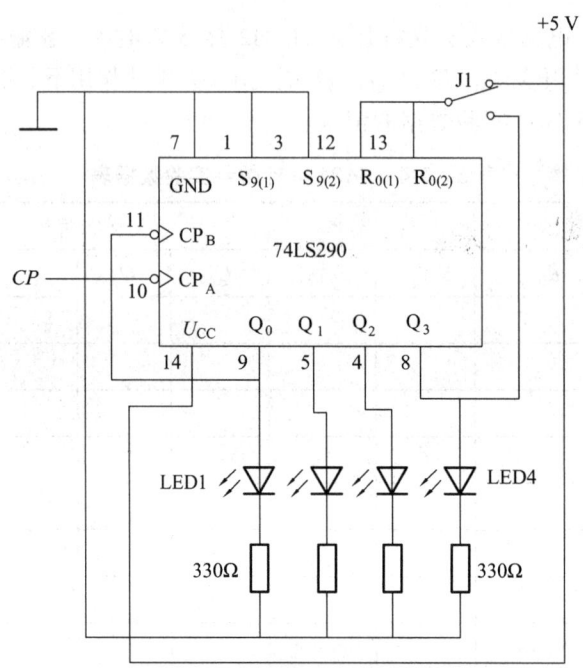

图 3-10-14　十以内数的计数器实验电路图 2

表 3-10-5　8421 码计数器实验数据表

计数 CP 脉冲	复位输入		置位输入		现在状态				等效十进制数
	$R_{0(1)}$	$R_{0(2)}$	$S_{9(1)}$	$S_{9(2)}$	Q_3	Q_2	Q_1	Q_0	
×									
1									
2									
3									
4									
5									
6									
7									
8									

2. 用 74LS290 构成大于十进制的计数器

按图 3-10-15 电路接线。先将开关 J1 和 J2 接 5 V 电源、J3 接地，置输出状态 $Q_3 \sim Q_0$ 为 0000。然后，再将开关 J1 和 J2 接地、J3 接 74LS290 的对应输出端 Q_0。在 CP 脉冲作用下，根据图 3-10-15 中 LED 的测试情况，完成表 3-10-6 实验数据的记录。

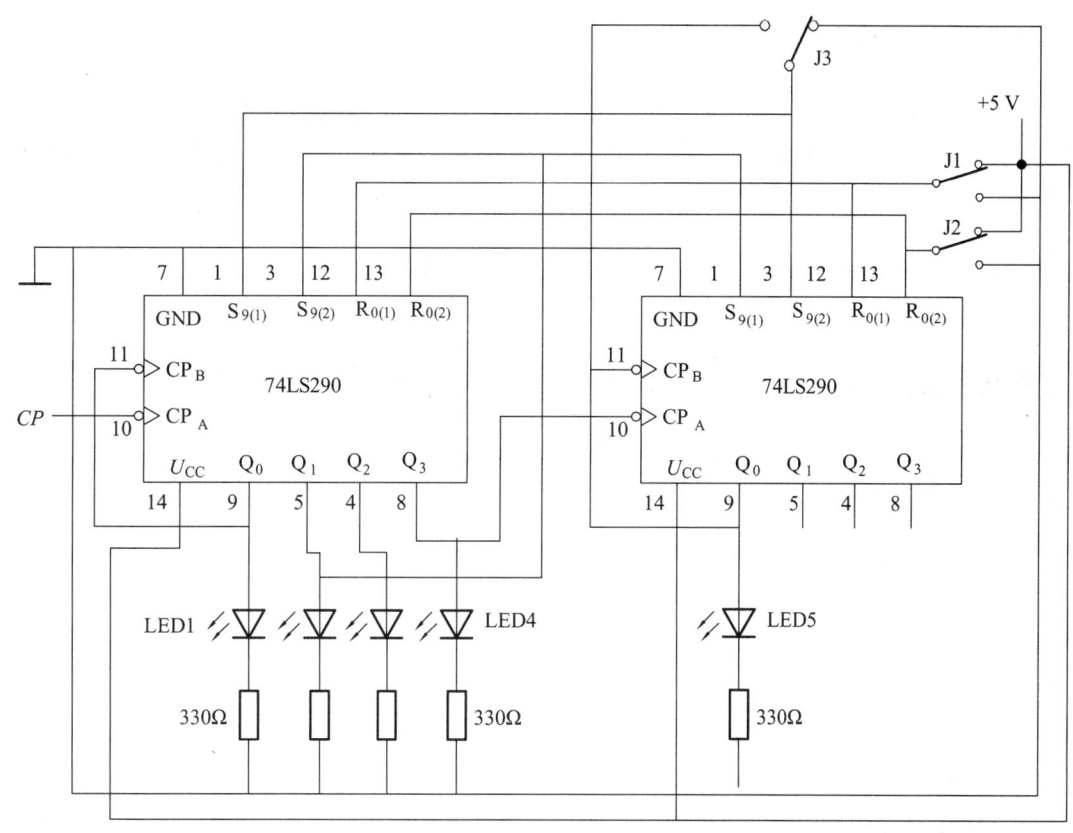

图 3-10-15　74LS290 构成大于十进制的计数器实验电路图

表 3-10-6　大于十进制的计数器实验数据表

计数 CP 脉冲	复位输入		置位输入		现在状态				等效十进制数
	$R_{0(1)}$	$R_{0(2)}$	$S_{9(1)}$	$S_{9(2)}$	Q_0	Q_3	Q_2	Q_1	
×									
1									
2									
3									
4									
5									
6									
7									
8									
9									
10									
11									
12									
13									

3.10.6 实验数据分析及要求

（1）根据实验数据表 3-10-4、表 3-10-5、表 3-10-6，分别说明图 3-10-13、图 3-10-14、图 3-10-15 是几进制计数器，分别用什么方法设计的，分别是 8421 码计数器还是 5421 码计数器。

（2）分别画出图 3-10-13、图 3-10-14、图 3-10-15 的时序图。

（3）用 74LS290 设计一个五进制的 5421 码计数器电路图。

3.11 实验十一　74LS161 同步计数器的应用

3.11.1 实验目的

（1）掌握 74LS161 同步计数器工作原理。
（2）掌握应用 74LS161 同步计数器设计方法。

3.11.2 实验原理

1. 74LS161 的功能

74LS161 是 4 位二进制同步加法计数器，计数器范围是 0～15（十六进制计数器），具有异步清零、同步置数、保持和二进制加法计数器等逻辑功能，如表 3-11-1 所示。

表 3-11-1　74LS161 的功能表

清零	预置	使能		时钟	预置数据输入				输出			
R_D	LD	EP	ET	CP	D_3	D_2	D_1	D_0	Q_3	Q_2	Q_1	Q_0
0	×	×	×	×	×	×	×	×	0	0	0	0
1	0	×	×	↑	D_3	D_2	D_1	D_0	D_3	D_2	D_1	D_0
1	1	0	×	×	×	×	×	×	保		持	
1	1	×	0	×	×	×	×	×	保		持	
1	1	1	1	↑	×	×	×	×	加法计数			

说明：

（1）异步清零。清零端 R_D 接低电平时，不管其他输入的状态如何，输出端 $Q_3 \sim Q_0$ 为 0000，进位输出端 RCO 状态为 0；注意与 CP 脉冲无关。

（2）同步置数。在清零端 R_D 接高电平和预置端 LD 低电平条件下，输入一个 CP 脉冲（上升沿），预置数据输入端的信号 $D_3 \sim D_0$ 分别在输出端 $Q_3 \sim Q_0$ 输出，进位输出端 RCO 状态为 0。

（3）保持。清零端 R_D 和预置端 LD 都接高电平，并且 EP 或 ET 为低电平时，计数器的输出状态保持不变；注意与 CP 脉冲无关。另外，如 $EP=0$，$ET=1$，进位输出端 RCO 状态保持不变；如 $ET=0$，进位输出端 RCO 状态为 0。

（4）计数。清零端、预置端和使能端都接高电平时，74LS161 计数器处于计数状态，即计数状态为 0000～1111。

（5）进位。当计数器输出端 Q_3～Q_0 为 1111 时，进位输出端 $RCO=1$；当计数器输出端 Q_3～Q_0 由 1111 转换为 0000 时，进位输出端 $RCO=0$。

2. 74LS161 计数器管脚排列

74LS161 计数器管脚排列如图 3-11-1 所示。

3. 74LS161 计数器的应用分析

（1）异步清零法（又称反馈清零法）。

当输出状态 Q_3～Q_0 模为 M 时，利用异步清零端 R_D 清零，使输出状态 Q_3～Q_0 为 0000。如图 3-11-2 所示。

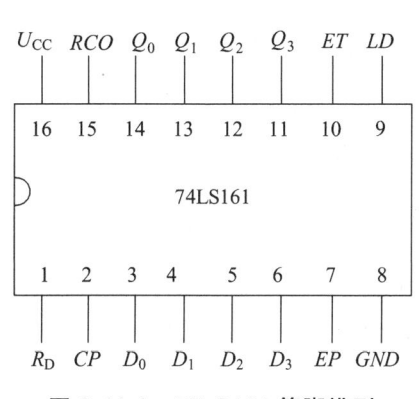

图 3-11-1　76LS161 管脚排列

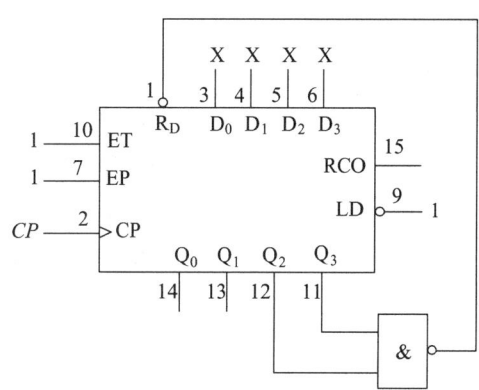

图 3-11-2　十二进制计数器

图 3-11-2 预置数据输入端为任意项，预置输入端 LD、使能输入端 EP、ET 接高电平，根据 M 进制计数器数据，用 $M=Q_3Q_2Q_1Q_0$ 信号清零。如图 3-11-2 所示，$M=Q_3Q_2Q_1Q_0=1100$，其状态图如图 3-11-3 所示。

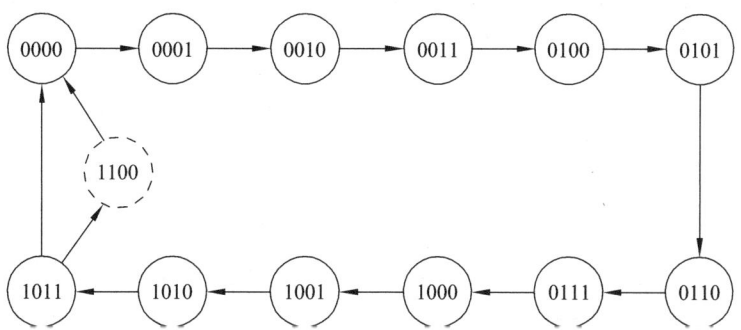

图 3-11-3　用异步清零法接成十二进制计数器的主循环状态图

（2）同步置数法（又称反馈置数法）。

同步置数法是一种比较灵活的设计方法，主要是通过计数器输出端的状态 $Q_3 \sim Q_0$、预置输入端 LD、预置数据输入 $D_3 \sim D_0$ 和进位输出端 RCO 的相互作用，达到设计功能的要求。如图 3-11-4 所示电路图都是十二进制计数器，只是其设计方法有所不同。

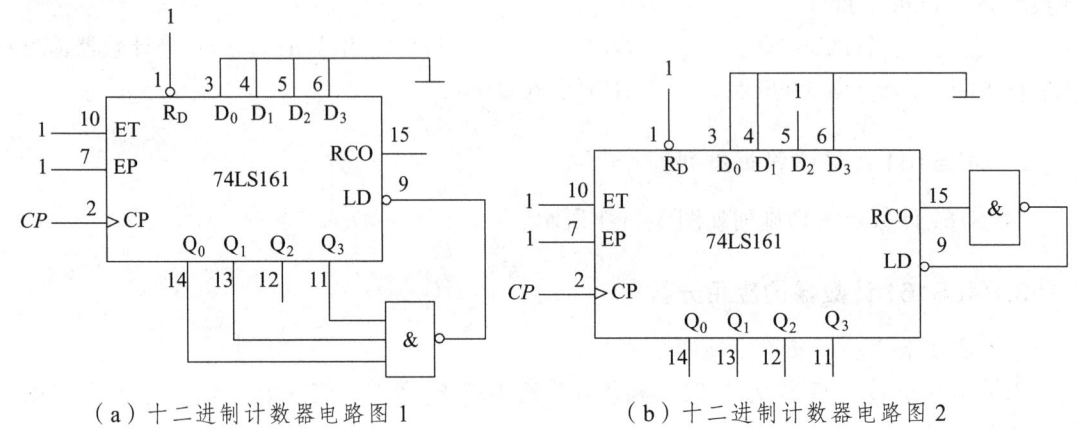

（a）十二进制计数器电路图 1　　　　　　（b）十二进制计数器电路图 2

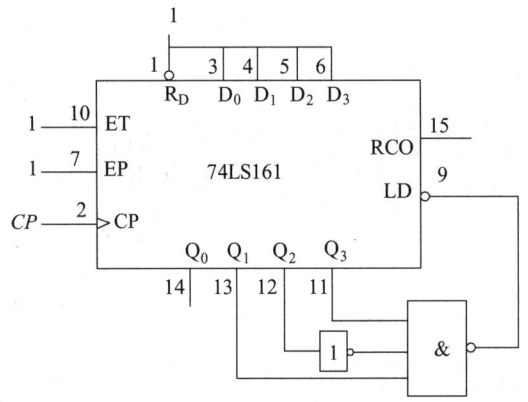

（c）十二进制计数器电路图 3

图 3-11-4　3 种不同的十二进制计数器设计方案（同步置数法）

（a）图 3-11-4（a）：预置数据输入 $D_3 \sim D_0 = 0000$，当预置输入端 $LD = 0$ 时，在 CP 脉冲上升沿的作用下，计数器输出状态 $Q_3Q_2Q_1Q_0 = 0000$。而预置端 LD 的输入信号取决于计数器的模 M，即由（M-1）信号的反函数加至 LD 端。十二进制计数器的 $M = 1100$，则预置端 LD 输入信号为 1011。图 3-11-4（a）的输出状态 $Q_3 \sim Q_0$ 主循环方式如图 3-11-5 所示。

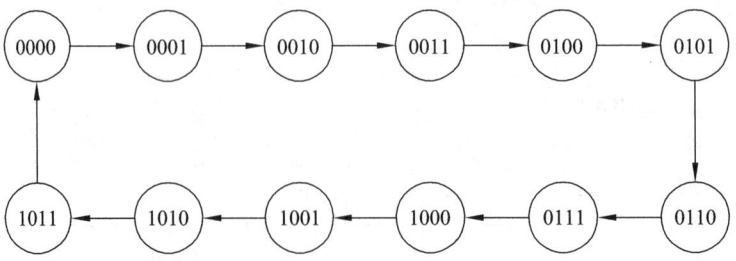

图 3-11-5　用同步置数法接成十二进制计数器的主循环状态图 1

（b）图 3-11-4（b）：74LS161 是十六进制计数器，可用预置数据输入 $D_3 \sim D_0$ 端的数据，确定计数器的起始状态，即十二进制计数器的起始数据为（16 – 12）= 4，预置数据输入为 0100。而预置端 LD 的输入信号可用进位端 RCO 的输出信号来实现。图 3-11-4（b）的输出状态 $Q_3 \sim Q_0$ 主循环如图 3-11-6 所示。

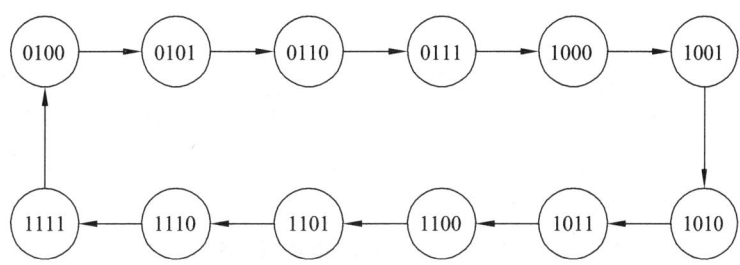

图 3-11-6　用同步置数法接成十二进制计数器的主循环状态图 2

（c）图 3-11-4（c）：通过预置最后一组输出状态为 1111 方式来实现 M 进制计数器功能，即用（M-2）的数据的反函数为预置端 LD 输入信号。十二进制计数器用 1010 的反函数为预置端 LD 输入信号，图 3-11-4（c）的输出状态 $Q_3 \sim Q_0$ 主循环如图 3-11-7 所示。

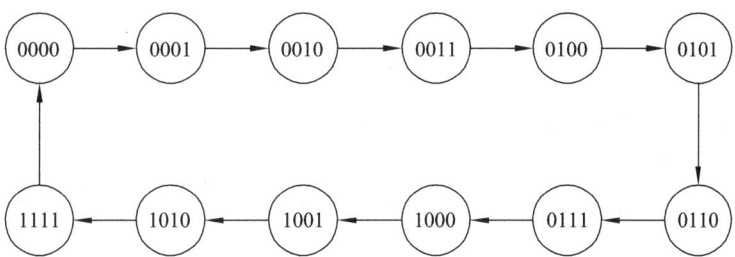

图 3-11-7　用同步置数法接成十二进制计数器的主循环状态图 3

（3）用 74LS161 构成大于 16 进制的加法计数器

一片 74LS161 为 16 进制计数器，两片 74LS161 可组成 (16×16) = 256 进制的加法计数器。用二片 74LS161 组成 256 进制计数器方案有两种，如图 3-11-8 所示。

图 3-11-8（a）是利用进位端为另一片的 CP 脉冲来实现 256 进制计数器功能，即低位芯片逢 16 进高位芯片 1，则实现 (16×16) = 256 进制计数器功能。

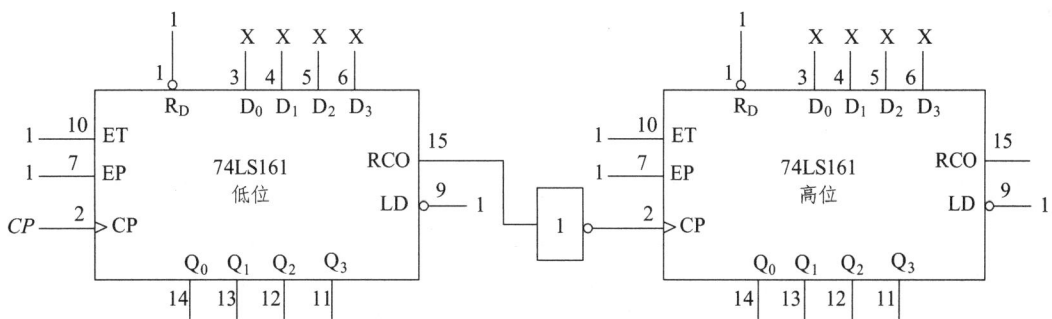

（a）256 进制加法计数器图 1

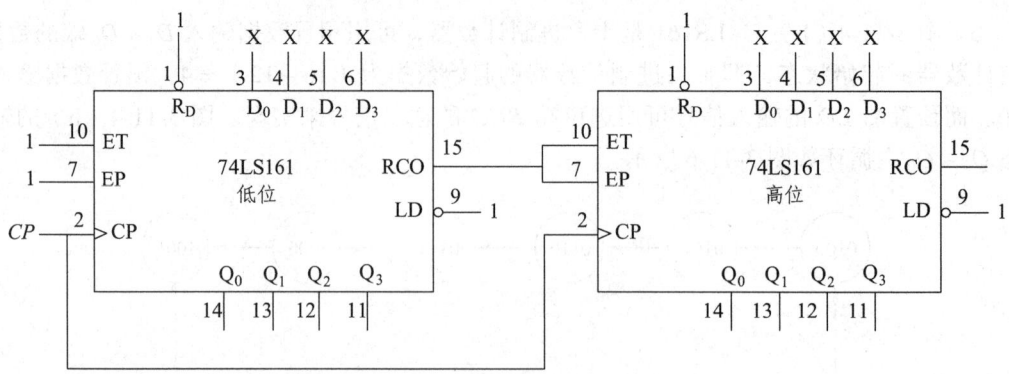

（b）256 进制加法计数器图 2

图 3-11-8　两种 256 进制加法计数器设计方案图

图 3-11-8（b）是利用使能端（ET、EP）控制芯片的计数器功能，当低位计数器输出状态为 1111 时，进位输出端 $RCO=1$，则高位使能端的输入信号为 $ET=EP=1$，再来一个 CP 脉冲上升沿作用下，高位计数器加 1 计数，同时，低位计数器的进位输出端 $RCO=0$，输出状态变为 0000。当低位计数器的 $RCO=0$ 时，高位计数器处于保持状态。

3.11.3　预习内容

（1）预习 74LS161 计数器的工作原理，掌握计数器的设计方法。

（2）预习实验原理，掌握计数器的扩展方法。

（3）分析实验电路图 3-11-9、图 3-11-10 的功能，并分别分析说明实验电路图是几进制计数器。

（4）预习实验内容及测试要求。

3.11.4　实验仪器、仪表和装置

将实验中所使用的仪器和设备情况记录在表 3-11-2 中。

表 3-11-2　实验仪器、仪表和装置记录表

名　称	型号或规格	精度	数量	备　注
同步计数器	74LS161			
三输入与非门	74LS12			
万用表				
电子实验箱				

3.11.5 实验步骤

1. 小于 16 的任意进制同步计数器

（1）按图 3-11-9 电路接线。先将开关 J 接地，置输出状态 $Q_3Q_2Q_1Q_0$ 为 0000。然后，再将开关 J 接 5 V 电源。开始测试实验数据，即在 CP 脉冲作用下，根据图 3-11-9 中 LED 的测试情况，完成表 3-11-3 实验数据的记录。

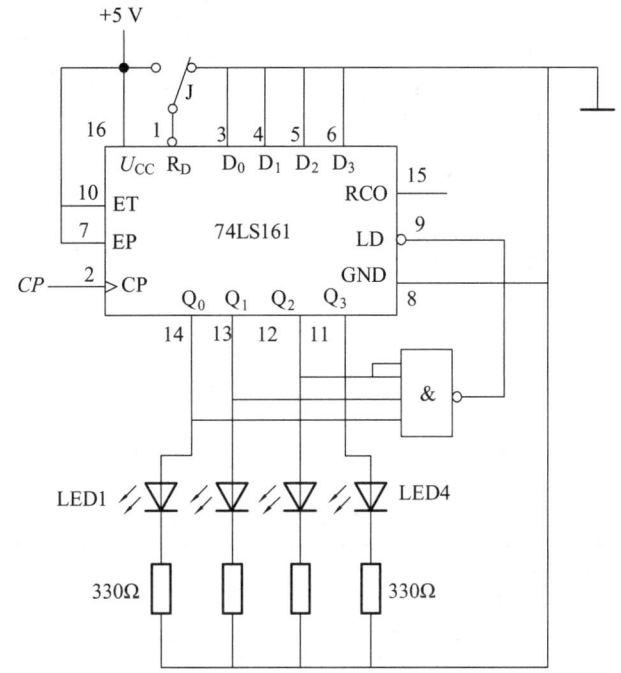

图 3-11-9 小于 16 进制计数器的实验电路图

表 3-11-3 74LS161 的功能表

清零	预置	使能		时钟	输出			
R_D	LD	EP	ET	CP	Q_3	Q_2	Q_1	Q_0

（2）按图 3-11-10 电路接线。先将开关 J1、J2 接地，置两个计数器的输出状态都为 0000。然后，再将开关 J1、J2 接 5 V 电源。开始测试实验数据，即在 CP 脉冲作用下，根据图 3-11-10 中 LED 的测试情况，完成表 3-11-4 实验数据的记录。

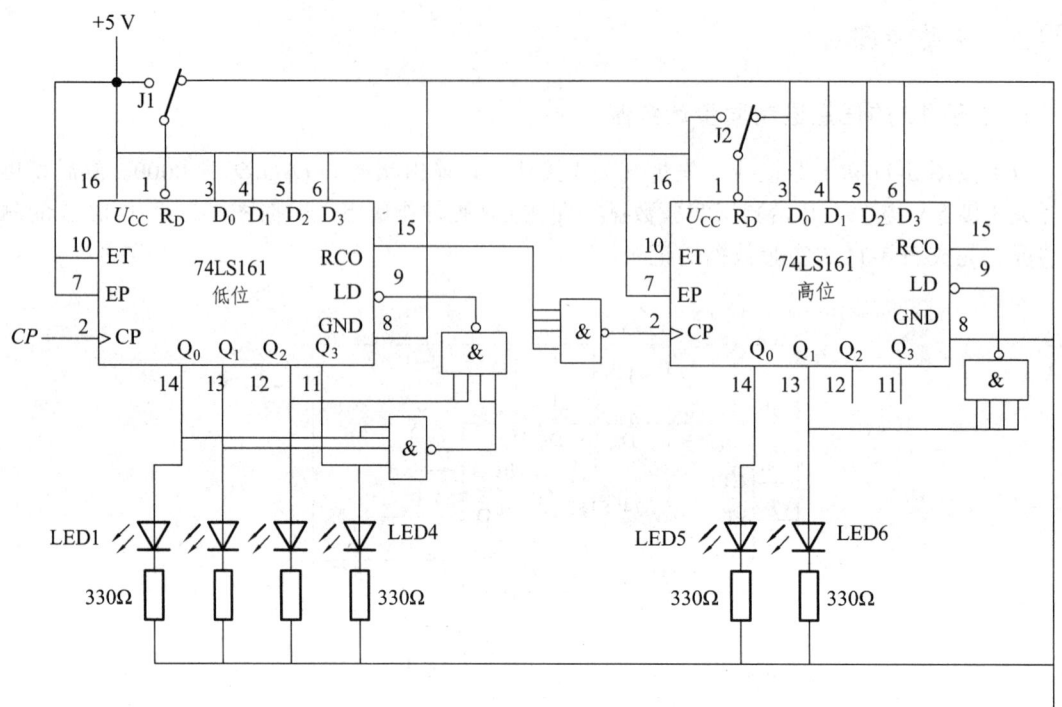

图 3-11-10 两片 74LS161 计数器实验电路图

表 3-11-4 74LS161 的功能表

清零（J2）	清零（J1）	预置（高位）	预置（低位）	时钟（高位）	时钟（低位）	输出（高位）		输出（低位）			
R_D	R_D	LD	LD	CP	CP	Q_1	Q_0	Q_3	Q_2	Q_1	Q_0

3.11.6 实验数据分析及要求

根据实验数据表 3-11-3、表 3-11-4,分别说明图 3-11-9、图 3-11-10 是几进制计数器,根据实验测试表 3-11-3、表 3-11-4 中的数据,分别画出状态图和时序图。

3.12 实验十二 555集成定时器及其应用

3.12.1 实验目的

(1)掌握555集成定时器的工作原理。
(2)掌握555集成定时器组成的多谐振荡器、单稳态触发器和施密特触发器。
(3)掌握多谐振荡器、单稳态触发器和施密特触发器参数的确定和输出电压信号波形、频率的测量及分析方法。

3.12.2 实验原理

555集成定时器是目前广泛应用的一种集成器件,它可以构成单稳态电路、施密特触发器、多谐振荡器、波形发生器和分频电路等,由此便能引出更多的应用实例。如过压、超速报警、调频振荡、时序发生和变换等电路。在数字、模拟仪表(如频率计、电压表和电容测量仪等)中应用十分广泛。

1. NE555集成定时器逻辑电路和功能简介

NE555集成定时器逻辑电路如图 3-12-1 所示。其中,由于两个运算放大器工作在比较器

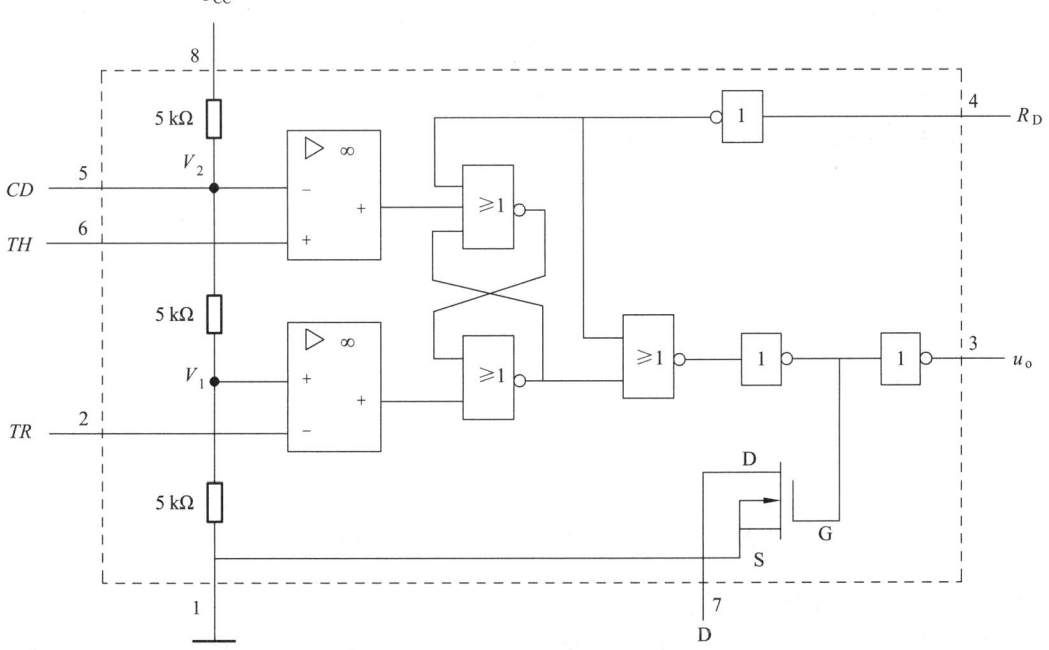

图 3-12-1 NE555集成定时器逻辑电路图

状态下，所以，3 个 5 kΩ 电路可视为串联，则得两个比较器的比较电压为

$$V_1 = \frac{1}{3}U_{CC}$$

$$V_2 = \frac{2}{3}U_{CC}$$

（1）NE555 集成定时器管脚简介。

管脚 1 为接地端：通常被连接到电路共同接地点。

管脚 2 为触发输入端：管脚 2 和管脚 6 是互补的，管脚 2 为低电平时，触发管脚 3 输出电压为高电平，即触发输入电压小于 V_1 时起作用。因此，管脚 2 是触发 NE555 的时间周期启动端。注意，触发输入信号上沿电压须大于 V_2，下沿须低于 V_1。

管脚 3 为输出端：输出电压 u_o 高电平约为比电源电压少 1.7 V 的高电位，即 $u_o = U_{CC} - 1.7$ (V)；低电平约为 0 V 左右的低电位。输出电压 u_0 高电位时的最大输出电流约为 200 mA。

管脚 4 为复位输入端：当输入一个低逻辑电位时，即管脚 4 电位小于 0.4 V，不管其他输入状态如何，将置定时器的输出端为低电位。一般定时器在正常工作时，管脚 4 被接到正电源或忽略不用。

管脚 5 为电压控制端：当定时器运行在稳定或振荡方式下时，可通过管脚 5 的输入电压改变或调整输出信号的频率。

管脚 6 为阈值输入端：对高电平起作用，即管脚 6 输入电压大于 $\frac{2}{3}U_{CC}$、管脚 2 输入电压大于 $\frac{1}{3}U_{CC}$ 时，管脚 3 输出电压 u_o 为低电平。

管脚 7 为放电端：当 MOS 管为导通状态时，管脚 7 为低电平，即管脚 7 对地等效为低阻抗；当 MOS 管为截止状态时，管脚 7 电压为高电平，即管脚 7 对地等效为高阻抗。管脚 7 与管脚 3 是同步输出，输出电平一致，但管脚 7（截止状态）并不输出电流，所以管脚 3 称为实高（或实低）电压，而管脚 7 称为虚高（或虚低）电压。

管脚 8 为电压源输入端：输入电压的范围是 +4.5 ~ +16 V。

NE555 集成定时器管脚外引线排列如图 3-12-2 所示。

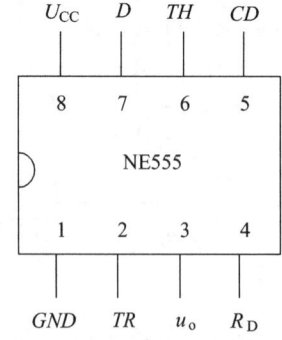

图 3-12-2　NE555 集成定时器外引线排列

（2）NE555 集成定时器功能。

分析图 3-12-1 可知，555 定时器的主要功能取决于运算放大器构成的两个比较器，比较

器的输出是基本 RS 触发器（由两个或非门组成 RS 触发器）的输入，从而控制管脚 3 的输出和 MOS 管的状态。其功能如表 3-12-1 所示。

表 3-12-1　555 集成定时器的功能表

输入			输出	
R_D（管脚 4）	TH（管脚 6）	TR（管脚 2）	u_o（管脚 3）	MOS 管（管脚 7）
0	×	×	0	导通
1	$>\frac{2}{3}U_{CC}$	$>\frac{1}{3}U_{CC}$	0	导通
1	$<\frac{2}{3}U_{CC}$	$<\frac{1}{3}U_{CC}$	1	截止
1	$<\frac{2}{3}U_{CC}$	$>\frac{1}{3}U_{CC}$	原态	原态

注意：如果在电压控制端管脚 5 外加一个电压（即外加电压值在 $0 \sim U_{CC}$ 之间），则比较器的参考电压 V_1、V_2 将发生变化，从而引起电路中对应管脚 6 和管脚 2 的比较电平也随之变化，进而影响电路的工作状态。

2. 555 集成定时器的应用

555 集成定时器的外接电路不同，其应用效果不同，下面介绍三种基本的应用，也是各种电子电路系统中常应用的电路，即多谐振荡器、单稳态触发器和施密特触发器。

（1）多谐振荡器（又称为"无稳电路"）。

多谐振荡器可自动产生不同占空比的方波或脉冲波形，其电路如图 3-13-3（a）所示。下面分段分析电路的工作原理：

① 电路充电状态。

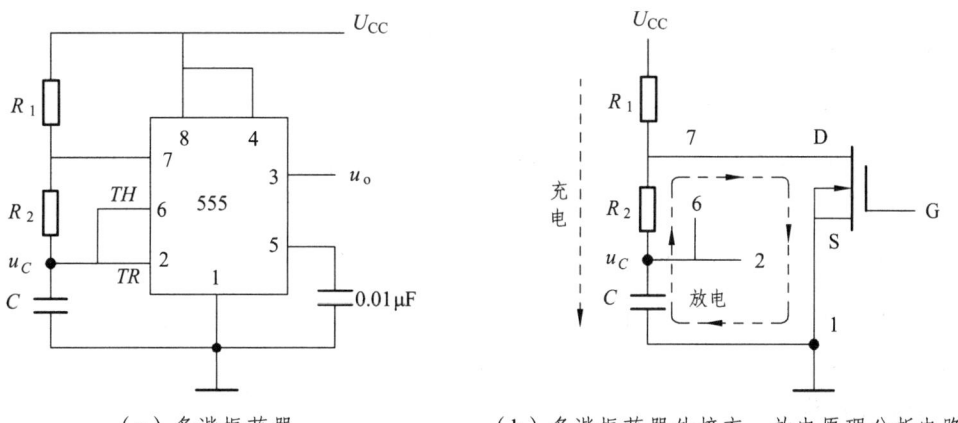

（a）多谐振荡器　　　　　　（b）多谐振荡器外接充、放电原理分析电路图

图 3-12-3　555 集成定时器的多谐振荡器应用电路图

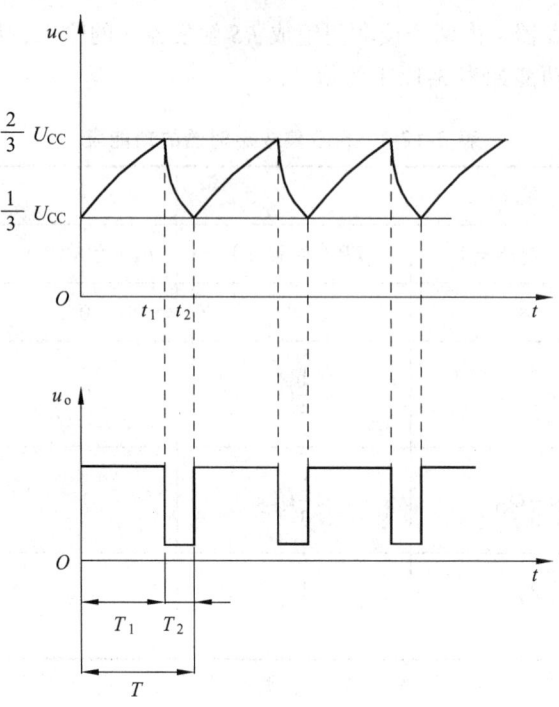

图 3-12-4 多谐振荡波形图

在图 3-12-3（a）没有接通电源 U_{CC} 前，电路中的电容上电压 u_C 为零，即 $u_C(0_-) = 0$。当 $t = 0$ 时，图 3-12-3（a）接入电源 U_{CC}，由于电容上的端电压 u_C 不发生跃变，即 $u_C(0_+) = 0$，因此，管脚 2、6 输入的电压为零，即 $u_C < \frac{1}{3}U_{CC}$，由根据功能表 3-12-1，管脚 3 输出电压 u_o 为高电平，MOS 管的栅极 G 电压为低电平（即 MOS 管为截止状态），管脚 7 对地呈高阻状态，电源 U_{CC} 通过电阻 R_1、R_2 向电容 C 充电，其充电原理电路如图 3-12-3（b）所示。电容 C 充电引起端电压 u_C 上升（按指数规律上升），只要充电电压 $u_C < \frac{2}{3}U_{CC}$，则管脚 3 输出电压 u_o 保持高电平状态。电容电压 u_C 充电过程和管脚 3 输出电压 u_o 变化对应关系，如图 3-12-4 中波形 $0 < t < t_1$ 所示。

② 电路放电状态。

当电容电压 u_C 充电上升到 $u_C > \frac{2}{3}U_{CC}$ 时，管脚 3 输出电压 u_o 为低电平，MOS 管的栅极 G 电压为高电平（即 MOS 管为导通状态），管脚 7 对地呈低阻状态，电容 C 通过电阻 R_2、MOS 管构成放电回路，其放电原理电路如图 3-12-3（b）所示，电容电压 u_C 随着放电开始下降（即按指数规律下降），在下降过程中，只要电容电压 $u_C > \frac{1}{3}U_{CC}$，管脚 3 输出电压 u_o 保持低电平（见功能表 3-12-1）。放电状态下电容电压 u_C 和输出电压 u_o 变化关系，如图 3-12-4 中波形 $t_1 < t < t_2$ 所示。

③ 多谐振荡状态。

当电容电压 u_C 放电下降到小于 $\frac{1}{3}U_{CC}$ 时，管脚 3 输出为高电平，MOS 管的栅极 G 为低电平（MOS 管截止），管脚 7 对地呈高阻状态，电源 U_{CC} 通过电阻 R_1、R_2 向电容 C 开始充电，即第二个周期振荡开始，电容的充电与放电构成一个振荡周期，如此周而复始，在管脚 3 输出端得到一个周期性的方波，如图 3-12-4 所示。

④ 多谐振荡电路参数分析。

充电电路分析：由图 3-12-4 可得，电容端电压 u_C 充电过程是从 $u_C = \frac{1}{3}U_{CC}$ 上升 $u_C = \frac{2}{3}U_{CC}$，其对应的时间为 t_1。应用一阶电路的暂态分析方法（即三要素法），即电路充电时间 t_1 分析如下：

电容初始值

$$u_C(0_+) = \frac{1}{3}U_{CC}$$

电容稳态值

$$u_C(\infty) = U_{CC}$$

$t = t_1$ 时，电容电压

$$u_C(t_1) = \frac{2}{3}U_{CC}$$

时间常数 τ

$$\tau = (R_1 + R_2)C$$

由三要素法得

$$u_C(t) = u_C(\infty) + (u_C(0_+) - u_C(\infty))e^{-\frac{1}{\tau}t}$$

则电容电压 u_C 由 $u_C(0_+) = \frac{1}{3}U_{CC}$ 上升 $u_C(t_1) = \frac{2}{3}U_{CC}$ 所需充电时间 t_1 为

$$u_C(t_1) = u_C(\infty) + (u_C(0_+) - u_C(\infty))e^{-\frac{1}{\tau}t_1}$$

$$t_1 = \tau \cdot \ln \frac{u_C(0_+) - u_C(\infty)}{u_C(t_1) - u_C(\infty)}$$

将相关参数代入上式得

$$t_1 = (R_1 + R_2)C \cdot \ln \frac{\frac{1}{3}U_{CC} - U_{CC}}{\frac{2}{3}U_{CC} - U_{CC}} = (R_1 + R_2)C \cdot \ln 2 \approx 0.7(R_1 + R_2)C$$

放电电路分析：电容端电压 u_C 放电过程是从 $u_C = \frac{2}{3}U_{CC}$ 下降至 $u_C = \frac{1}{3}U_{CC}$，其放电时间为 t_2。即放电时间 t_2 分析如下：

电容初始值

$$u_C(t_1) = \frac{2}{3}U_{CC}$$

电容稳态值

$$u_C(\infty) = 0$$

$t = t_2$ 时，电容电压

$$u_C(t_2) = \frac{1}{3}U_{CC}$$

时间常数 τ（注：MOS 管导通时电阻忽略不计）为

$$\tau \approx R_2C$$

则电容电压 u_C 由 $u_C(t_1) = \frac{2}{3}U_{CC}$ 下降至 $u_C(t_2) = \frac{1}{3}U_{CC}$ 所需充电时间 t_2 为

$$t_2 = \tau \cdot \ln\frac{u_C(t_1) - u_C(\infty)}{u_C(t_2) - u_C(\infty)} = R_2C\ln 2 \approx 0.7R_2C$$

多谐振荡频率 f：多谐振荡器的振荡频率 $f = \frac{1}{T}$。

多谐振荡器的振荡周期为

$$T = t_1 + t_2 = \approx 0.7(R_1 + 2R_2)C$$

则振荡频率 f 为

$$f \approx \frac{1}{0.7(R_1 + 2R_2)C} \approx \frac{1.43}{(R_1 + 2R_2)C}$$

可见，通过调节电阻 R_1 和 R_2、电容 C 的参数，可以改变多谐振荡器的振荡频率 f。

（2）单稳态触发器。

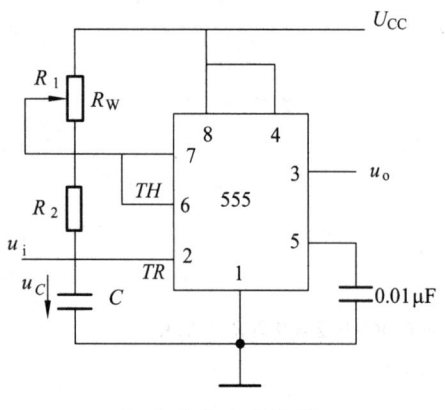
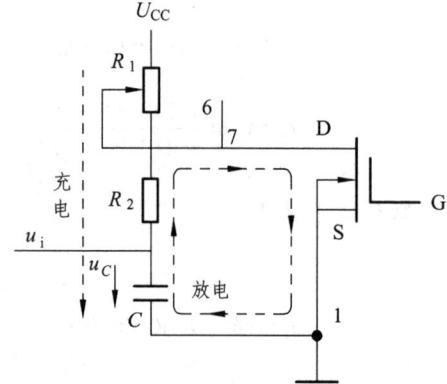

（a）单稳态触发器　　　　　（b）单稳态触发器外接充、放电原理分析电路图

图 3-12-5　555 集成定时器的单稳态触发器应用电路图

单稳态触发器电路输出是由一个稳态和一个暂态组成,其中暂态是通过电容 C 的充放电形成的,因此,电路具有定时作用,其电路如图 3-12-5(a)所示。下面分析电路的工作原理:

① 稳态。

当图 3-12-5(a)接上电源,并且管脚 2 端输入的电平 $>\frac{1}{3}U_{CC}$(即管脚 2 端输入高电平)时,电源通过电阻 R_1、R_2 开始对电容 C 充电,电容 C 端电压 u_C 上升,当电容 C 充电电压 $u_C > \frac{2}{3}U_{CC}$ 时,由功能表 3-12-1 得输出端 3 电压 u_0 为低电平,同时,MOS 管导通,管脚 7 对地呈低电阻状态,电路由充电转换为放电状态,即电容 C、电阻 R_2 和 MOS 管构成放电回路,电容 C 上电荷快速放电到零,电压 u_C 随之很快下降为零。充、放电回路如图 3-12-5(b)所示。根据功能表 3-13-1 可知,当管脚 2 端输入的电平 $>\frac{1}{3}U_{CC}$ 保持不变,并且 u_C 下降至 $u_C < \frac{2}{3}U_{CC}$ 时,输出电压 u_0 保持低电压不变,这种输出电压 u_0 稳定不变的状态称"稳态"。稳态波形如图 3-12-6 中 $0 < t < t_1$ 所示。

② 暂稳态。

当在管脚 2 端加入一个负脉冲电压,即管脚 2 端输入电压 $<\frac{1}{3}U_{CC}$ 时,则管脚 6 的电压 $<\frac{2}{3}U_{CC}$、管脚 2 的电压 $<\frac{1}{3}U_{CC}$,根据功能表 3-12-1,管脚 3 端输出电压 u_0 立即翻转为高电平,MOS 管 G 端为低电平(即截止状态),管脚 7 端对地呈高阻状态,暂稳态开始(如图 3-12-6 所示,暂态开始时间为 $t = t_1$)。

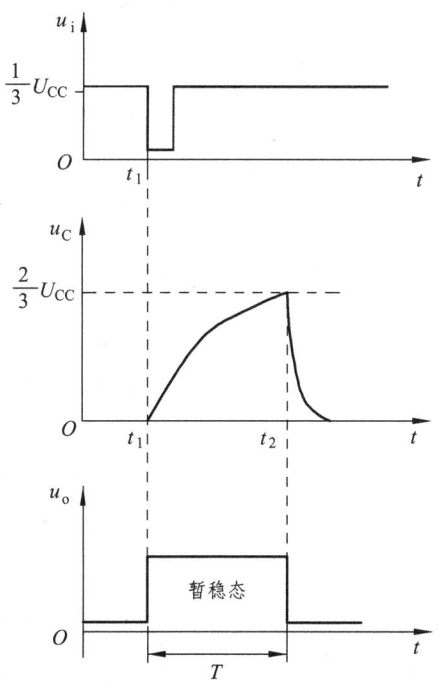

图 3-12-6 单稳态触发器工作波形图

暂稳态开始后，管脚 2 端的输入电平回到 $> \frac{1}{3}U_{CC}$ 状态，这时管脚 6 的电平为 $< \frac{2}{3}U_{CC}$，根据功能表 3-12-1，管脚 3 端输出电压 u_0 保持高电压不变，其高电平保持的时间为暂稳态持续的时间，即电容电压 u_C 充电上升到 $\frac{2}{3}U_{CC}$ 的时间。暂稳态开始，电源通过电阻 R_1、R_2 向电容 C 充电，当电容 C 充电电压 u_C 上升到 $u_C > \frac{2}{3}U_{CC}$ 时，管脚 3 端输出电压 u_0 翻转为低电平，暂稳态结束，电路进入稳态。如图 3-12-6 所示，$t = t_2$ 为暂稳态结束时刻，也是单稳态开始时刻。

③ 暂稳态的脉冲宽度 T 参数分析。

暂稳态持续的时间取决于充电的时间常数 τ。暂稳态的脉冲宽度 T 参数分析如下：

电容电压初始值

$$u_C(t_1) = 0 \text{ V}$$

电容稳态值

$$u_C(\infty) = U_{CC}$$

$t = t_2$ 时，电容电压

$$u_C(t_2) = \frac{2}{3}U_{CC}$$

时间常数 τ

$$\tau = (R_1 + R_2)C$$

则电容电压 u_C 由 $u_C(t_1) = 0 \text{ V}$ 上升 $u_C(t_2) = \frac{2}{3}U_{CC}$ 所需充电时间 T 为

$$T = \tau \cdot \ln \frac{u_C(t_1) - u_C(\infty)}{u_C(t_2) - u_C(\infty)} = \tau \cdot \ln \frac{-U_{CC}}{\frac{2}{3}U_{CC} - U_{CC}} = \tau \cdot \ln 3 \approx 1.1(R_1 + R_2)C$$

可见，通过调节电阻 R_1 和 R_2、电容 C 的参数，可以改变暂稳态的脉冲宽度 T。

（3）施密特触发器（两个稳态）。

施密特触发器是通过外加电平的触发，实现电路输出在两个稳态间的转换。施密特触发器电路如图 3-12-7（a）所示。

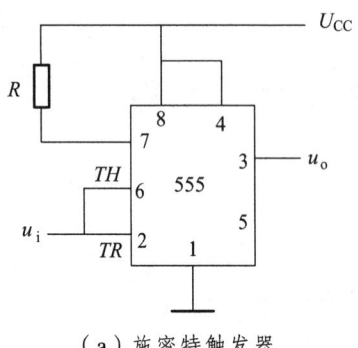
（a）施密特触发器

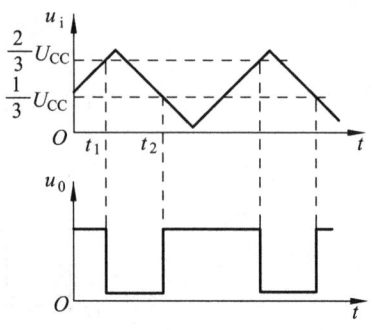
（b）施密特触发器工作波形图

图 3-12-7　555 集成定时器的单稳态触发器应用电路图

图 3-12-7（a）所示施密特触发器的管脚 2、6 端同时接在触发信号 u_i 上，因此，根据功能表 3-12-1，当外加触发电平 $u_i > \frac{2}{3}U_{CC}$ 时，管脚 3 端输出电压 u_0 为低电平；当外加触发电平 $u_i < \frac{1}{3}U_{CC}$ 时，管脚 3 端输出电压 u_0 为高电平；当外加触发电平 $\frac{1}{3}U_{CC} < u_i < \frac{2}{3}U_{CC}$ 时，管脚 3 端输出电压 u_0 保持不变。如图 3-12-7（b）所示，输入触发电压 u_i 为三角波，管脚 3 端输出电压为方波。

3.12.3 预习内容

（1）阅读实验内容及原理，明确实验目的。
（2）预习集成元件的结构原理及使用连接方法。
（3）预习多谐振荡器频率的调试与计算。
（4）预习单稳态触发器电路，如输出脉冲宽度增加，应改变什么元件的参数，是变大还是变小？
（5）预习施密特触发器实验电路及输出电压 u_0 的频率调试方法。

3.12.4 实验仪器、仪表和设备

将实验中所使用的仪器、设备和器件情况记录在表 3-12-2 中。

表 3-12-2 实验仪器、仪表和装置记录表

名　称	型号或规格	精度	数量	备　注
双踪示波器				
函数发生器				
万用表				
555 集成定时器				
电阻				
电容				
电子实验箱				

3.12.5 实验步骤

1. 多谐振荡器

（1）按图 3-12-8 实验电路接线。其电路器件参数参考值为：电压源 $U_{CC} = 5\text{ V}$，电阻 $R_W \geq 20\text{ k}\Omega$，$R_2 = 100\text{ k}\Omega$，$C = 0.1\text{ μF}$。

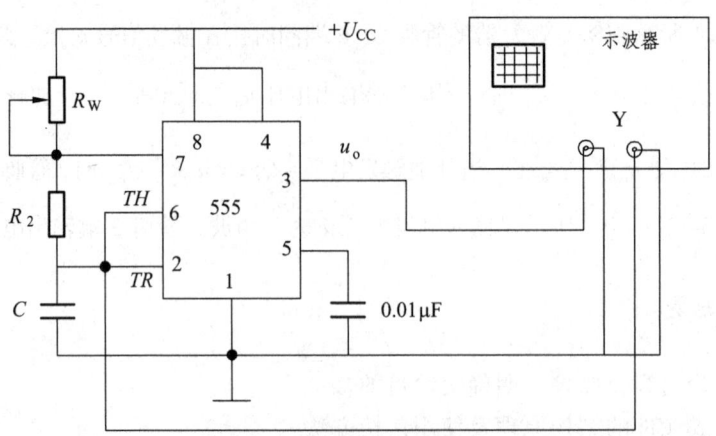

图 3-12-8　多谐振荡器实验电路图

（2）用双踪示波器观察并记录管脚 2、6 端电压 u_C 和管脚 3 端输出电压 u_o 的波形。

（3）用双踪示波器测试管脚 3 端输出电压 u_o 的频率和正、负脉冲的宽度。

（4）改变电阻 R_W 的大小，并测试与记录电阻 R_W 的参数值和管脚 3 端输出电压 u_o 的波形。

（5）改变电容 C 值为 $C = 0.47\ \mu F$，并测试与记录其管脚 3 端输出电压 u_o 的波形。

2. 单稳态触发器

（1）按图 3-12-9 实验电路接线。其电路器件参数参考值为：电压源 $U_{CC} = 5\ V$，电阻 $R_W \geqslant 20\ k\Omega$，$R_2 = 100\ k\Omega$，$C = 0.1\ \mu F$，调节函数发生器输出脉冲波形，其频率为 $f = 500\ Hz$。

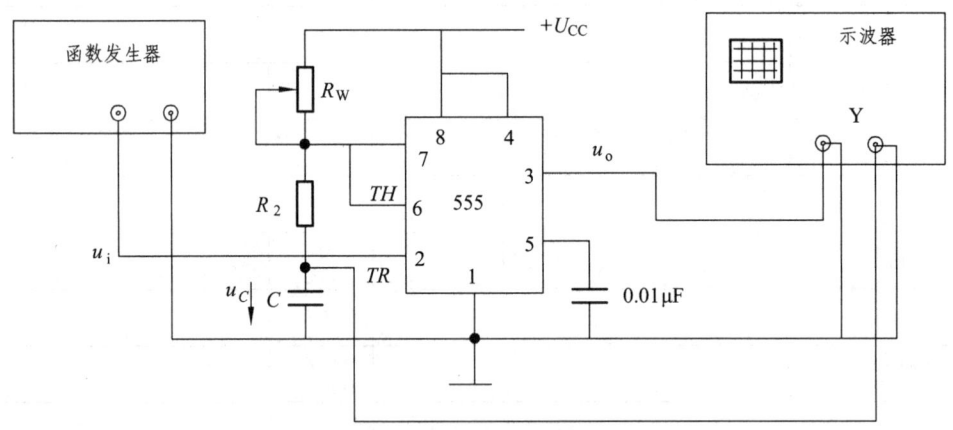

图 3-12-9　单稳态触发器实验电路图

（2）在不接电压源 U_{CC} 条件下，调节电阻 R_W，并测量和记录调节后的电阻 R_1 值。

（3）接入电压源 U_{CC} 后，在管脚 2 端输入函数发生器输出脉冲 u_i 信号，并用双踪示波器观测并记录电容电压 u_C 和管脚 3 端输出稳态时的电压 u_o 波形。

（4）测量并记录管脚 3 端输出电压 u_o 的正脉冲宽度。

（5）改变电阻 R_W 的大小，用双踪示波器观测并记录电容电压 u_C 和管脚 3 端输出稳态时的电压 u_o 波形。并记录管脚 3 端输出电压 u_o 的正脉冲宽度。

（6）断开电压源 U_{CC} 和函数发生器信号，测量并记录改变 R_W 后电阻 R_1 的大小。

3. 施密特触发器

（1）按图 3-12-10 实验电路接线。其电路器件参数参考值为：电压源 $U_{CC}=5\text{ V}$，电阻 $R=10\text{ k}\Omega$，调节函数发生器输出三角波形，其频率为 $f=500\text{ Hz}$。

（2）用双踪示波器观测并记录管脚 2、6 端电压 u_i 和管脚 3 端输出的电压 u_o 波形。

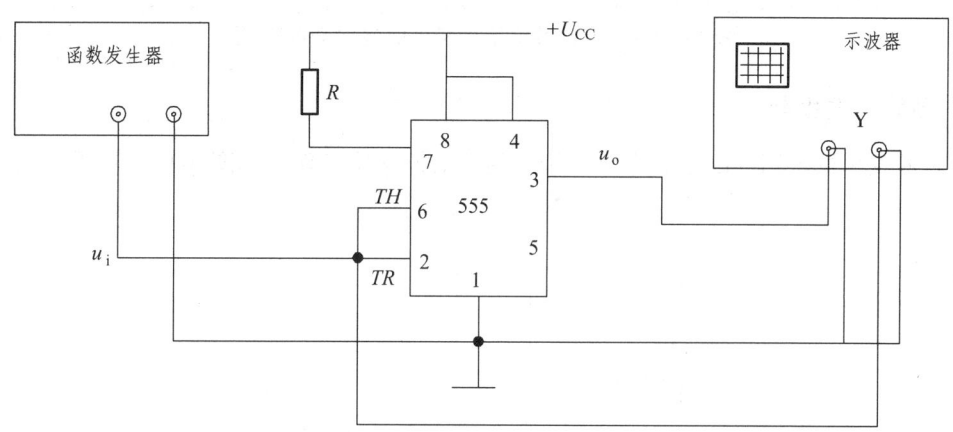

图 3-12-10　施密特触发器实验电路图

3.12.6　实验数据分析及要求

（1）分析多谐振荡器实验中，输出电压 u_o 的频率 f 与电路参数的关系，并计算多谐振荡器的正脉冲的时间和负脉冲的时间，并与测量值进行比较、分析。

（2）若改变多谐振荡器电路的电源电压 U_{CC} 大小，多谐振荡器的输出电压 u_o 频率 f 是否改变？分析并说明。

（3）分析并计算单稳触发器输出矩形正脉冲宽度，并与测量值进行比较、分析，说明输出信号 u_o 矩形正脉冲宽度（即暂稳态脉冲宽度）与电路参数关系。

（4）若改变单稳触发器电路中函数发生器输出信号 u_i 的频率 f 大小，单稳触发器的输出信号 u_o 矩形正脉冲宽度是否有变化？分析并说明。

（5）举例说明施密特触发器的应用。

3.13　实验十三　综合性电子秒表计时电路设计

3.13.1　实验目的

（1）提高综合设计数字实用电路的能力。
（2）提高实验技能水平。

3.13.2 实验原理

本实验主要由三个模块组成,即秒脉冲发生器模块(多谐振荡模块电路)、六十进制"秒"表计数模块(六十进制计数器模块电路)、8421 码译码器和数码显示器模块。其功能框图如图 3-13-1 所示。

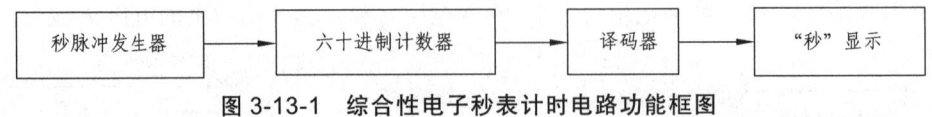

图 3-13-1　综合性电子秒表计时电路功能框图

1. 秒脉冲发生器

秒脉冲发生器可用 555 集成定时器构成的多谐振荡器实现,如图 3-13-2 所示。

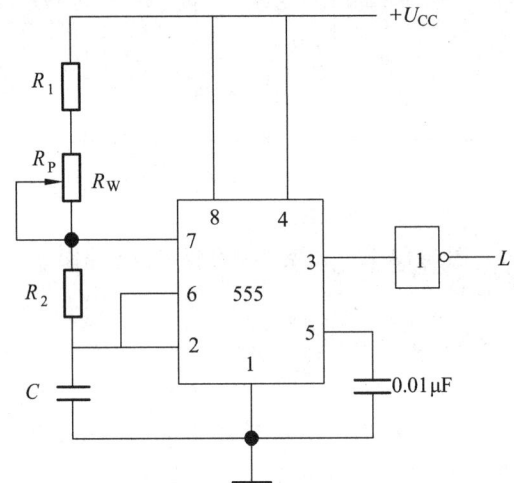

图 3-13-2　555 定时器组成的秒信号发生器电路图

秒信号发生器输出的脉冲周期为

$$T = 0.7(R_1 + R_P + 2R_2)C$$

因此,计时"秒"脉冲周期可以通过电路参数的调节确定。若 $T = 1$ s,令电容 $C = 10$ μF,电阻 $R_1 = 47$ kΩ,$R_2 = 39$ kΩ,电位器 $R_W = 5$ kΩ。调试电路的调节电位器 R_W 的输出值 R_P,使输出脉冲周期为 1 s。

2. 计数器

用两片十进制计数器 74LS290 接成六十进制计数器,如图 3-13-3 所示。注意:本电路是用"00"表示"60"秒。

3. 译码及显示控制电路

(1) 74LS248 译码器功能。

74LS248 译码器输出高电平有效(即是共阴译码器),用以驱动共阴极显示器。该集成显示译码器设有 3 个辅助控制端，即 *LT*、*RBI*、*BI/RBO* 等 3 个辅助控制端，以增强器件的功能，其功能如表 3-13-1 所示。下面简要说明各管脚功能：

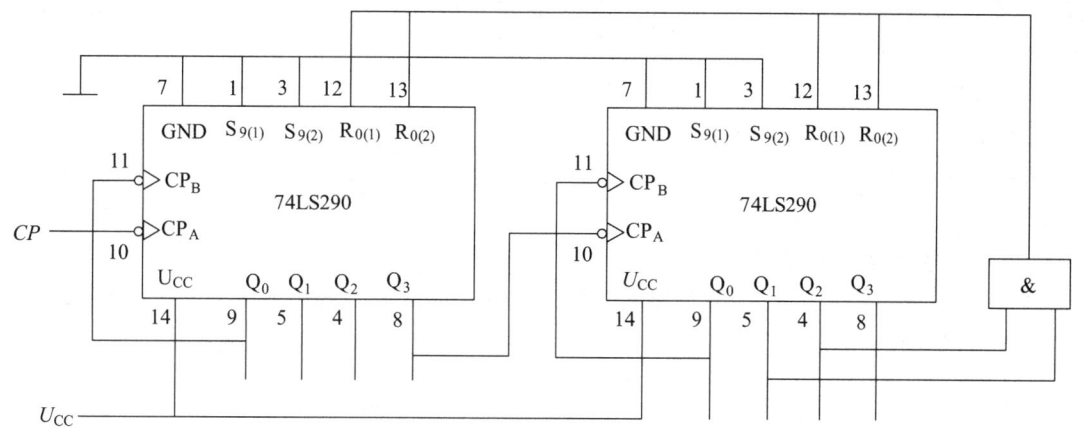

图 3-13-3　六十进制计数器

表 3-13-1　74LS248 译码器主要功能表

十进制数或功能	输入						BI/RBO	输出							字形
	LT	RBI	D	C	B	A		a	b	c	d	e	f	g	
测试	0	×	×	×	×	×	1	1	1	1	1	1	1	1	8
消隐	×	×	×	×	×	×	0	0	0	0	0	0	0	0	全灭
	1	0	0	0	0	0	0	0	0	0	0	0	0	0	
0	1	1	0	0	0	0	1	0	0	0	0	0	0	1	0
1	1	1	0	0	0	1	1	0	1	1	0	0	0	0	1
2	1	1	0	0	1	0	1	1	1	0	1	1	0	1	2
3	1	1	0	0	1	1	1	1	1	1	1	0	0	1	3
4	1	1	0	1	0	0	1	0	1	1	0	0	1	1	4
5	1	1	0	1	0	1	1	1	0	1	1	0	1	1	5
6	1	1	0	1	1	0	1	0	1	1	1	1	1	1	6
7	1	1	0	1	1	1	1	1	1	1	0	0	0	0	7
8	1	1	1	0	0	0	1	1	1	1	1	1	1	1	8
9	1	1	1	0	0	1	1	1	1	1	1	0	1	1	9

① 试灯输入 LT。

当输入端 $LT=0$ 时，BI/RBO 是输出端，且输出 $RBO=1$，此时无论其他输入端是什么状态，所有各段输出 $a\sim g$ 均为 1，显示字形 8。该输入端常用于检查 74LS248 译码器的好坏。如功能表 3-13-1 所示。

② 灭灯输入 BI/RBO。

BI/RBO 是特殊控制端，有时作为输入，有时作为输出。当 BI/RBO 作输入使用且输入 $BI=0$ 时，无论其他输入端是什么电平，所有各段输入 $a\sim g$ 均为 0，所以字形熄灭。如功能表 3-13-1 所示。

③ 动态灭零输入 RBI。

当输入 $LT=1$，输入 $RBI=0$ 且输入代码 $DCBA=0000$ 时，各段输出 $a\sim g$ 均为低电平，与 BCD 码相应的字形熄灭，故称"灭零"。利用 $LT=1$ 与 $RBI=0$ 可以实现某一位的"消隐"。此时 BI/RBO 是输出端，且输出 $RBO=0$。

④ 动态灭零输出 RBO。

当 BI/RBO 作为输出使用时，受控于 LT 和 RBI。当 $LT=1$ 且 $RBI=0$，输入代码 $DCBA=0000$ 时，$RBO=0$；若 $LT=0$ 或者 $LT=1$ 且 $RBI=1$，则 $RBO=1$。该端主要用于显示多位数字时，多个译码器之间的连接。

（2）74LS248 译码器管脚。

74LS248 译码器管脚引线排例如图 3-13-4 所示。其各管脚为：

管脚 9~15 为输出端（$a\sim g$）：低电平有效，可直接驱动共阴极 LED 七段数码管。

管脚 3（LT）为输入端：是灯测试输入端（低电平有效）。

管脚 4（BI/RBO）为输入端：是消隐输入端（低电平有效）。

管脚 5（RBI）为输入端：是脉冲消隐输入端（低电平有效）。

管脚 7、1、2、6（A、B、C、D）为译码地址输入端，即计数器的输出是译码地址的输入，如图 3-13-4 所示。

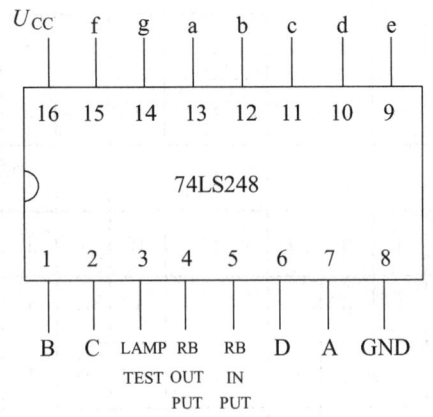

图 3-13-4　74LS248 译码器管脚引线排例图

（3）74LS248 译码器显示控制电路。

如图 3-13-5 所示电路为 74LS248 七段译码器和 LED 数码管的共阴接法。

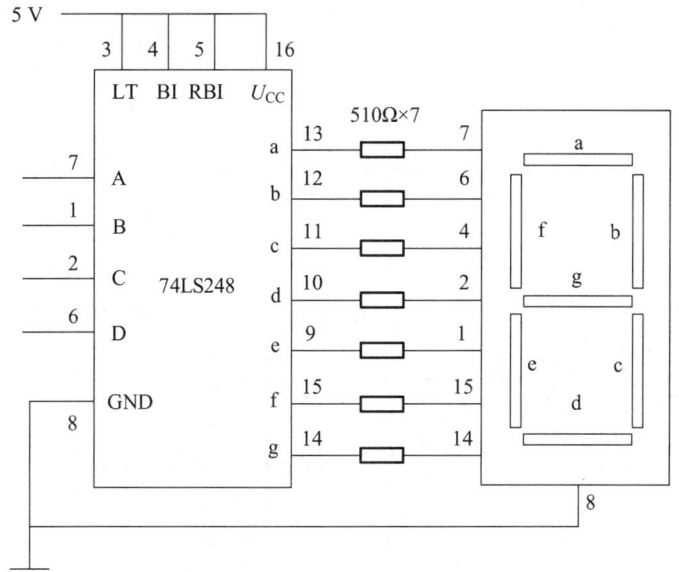

图 3-13-5　74LS248 译码器显示控制电路

3.13.3　预习内容

（1）预习图 3-13-2、图 3-13-3、图 3-13-5 电路的工作原理。

（2）根据实验原理，了解实验内容，预习图 3-13-6 工作原理，设计完善实验电路图 3-13-6。

（3）预习实验电路中器件的功能及管脚排列。

3.13.4　实验仪器、仪表和设备

将实验中所使用的仪器、设备和器件情况记录在表 3-13-2 中。

表 3-13-2　实验仪器、仪表和装置记录表

名　称	型号或规格	精度	数量	备　注
函数发生器				
万用表				
电子实验箱				
555 集成定时器				
二-五-十进制异步计数器				
七段译码/驱动器				
LED 数码管				
电　阻				
电　容				

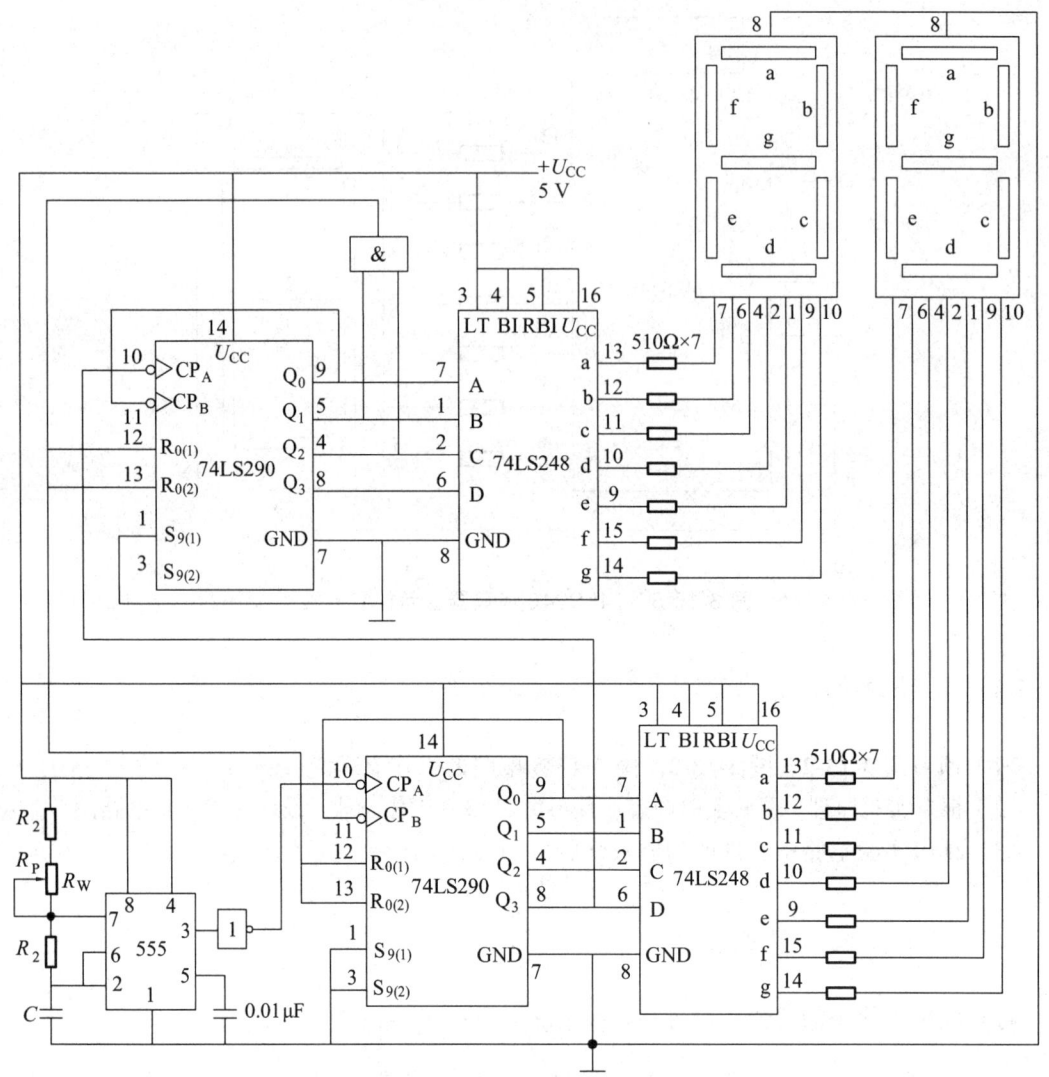

图 3-13-6　电子秒表计时电路图

3.13.5　实验步骤

1. 电子秒表计时电路的设计

（1）在电子秒表计时图 3-13-6 基础上，加入零消隐功能。

（2）在电子秒表计时图 3-13-6 基础上，加入电子秒表暂停计数功能，即 LED 显示数据操持不变。

（3）在电子秒表计时图 3-13-6 基础上，加入电子秒表直接置零的功能。

2. 电子秒表计时电路实验

（1）按图 3-13-6 电路接线。调节电位器 R_W，进行秒表的周期校正。

（2）在图 3-13-6 电路接线基础上，加入设计完善的实验功能电路。观测零消隐功能。

(3)按下电子秒表暂停计数键,观测 LED 显示数据功能。
(4)按下电子秒表直接置零键,观测 LED 显示数据是否为"0"。

3.13.6　实验数据分析及要求

(1)画出实验接线电路图,并说明实验过程及步骤。
(2)实验中出现了什么问题,是怎样解决的?
(3)本电路如何改进会更好?请写出改进方案和电路图。

第4章 电子电路综合设计与仿真实验

（一）模拟部分

4.1 实验一 串联型稳压电源综合实验

4.1.1 实验目的

（1）掌握晶体管串联型稳压电源的工作原理。
（2）学习串联型稳压电源的技术指标及性能要求。
（3）学习对稳压电路有关性能的测试方法。

4.1.2 实验原理

串联式稳压电源是众多稳压电源电路种类中的一种，是一种将交流电压源电量变换成直流电压源电量的装置，它的主要功能特性是使输出的直流电压基本不随外界条件（如电网电压、环境温度、负载等）的变化而变化。如图 4-1-1 所示为直流稳压电源原理方框图。

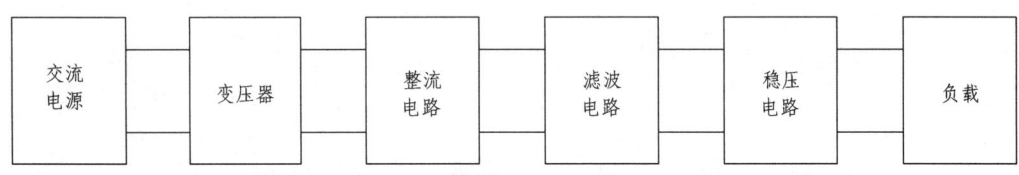

图 4-1-1 直流稳压电源原理方框图

1. 变压器、整流电路和滤波电路

1）变压器

变压器主要功能是将电网的 220 V、50 Hz 交流电压变换成所需的整流电压，例如，将 220 V、50 Hz 交流电压变换成 36 V、50 Hz 交流电压，即降压变压器，将交流电源输入变压器的电压 u_1 降压输出为 u_2。降压输出电压信号 u_2 波形如图 4-1-2（a）所示。

2）整流电路

整流电路主要是用二极管器件构成桥式整流电路（见图 4-1-3），通过二极管的单相导电性应用，将变压器输出的交流电压 u_2 变换成单相脉动输出电压 u_D。单相脉动输出电压 u_D 波形如图 4-1-2（b）所示。

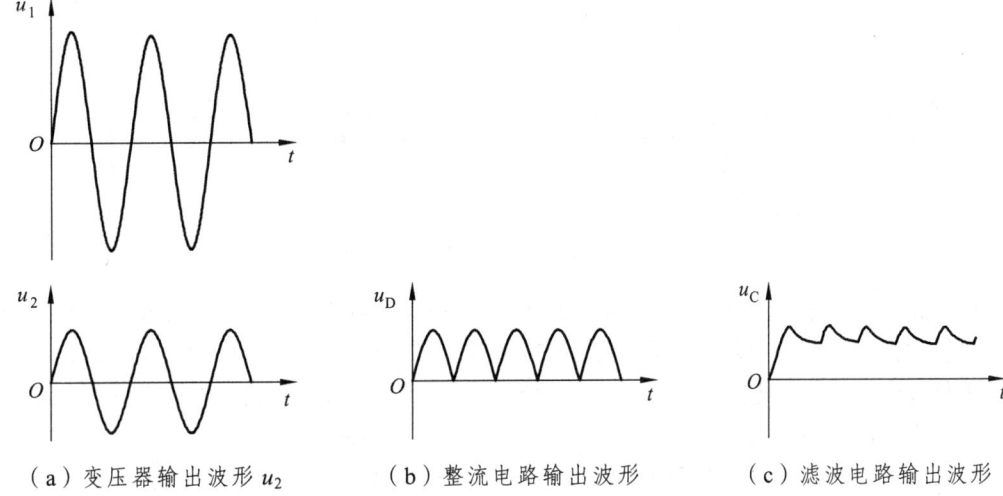

（a）变压器输出波形 u_2　　　（b）整流电路输出波形　　　（c）滤波电路输出波形

图 4-1-2　变压器、整流电路和滤波电路输出波形图

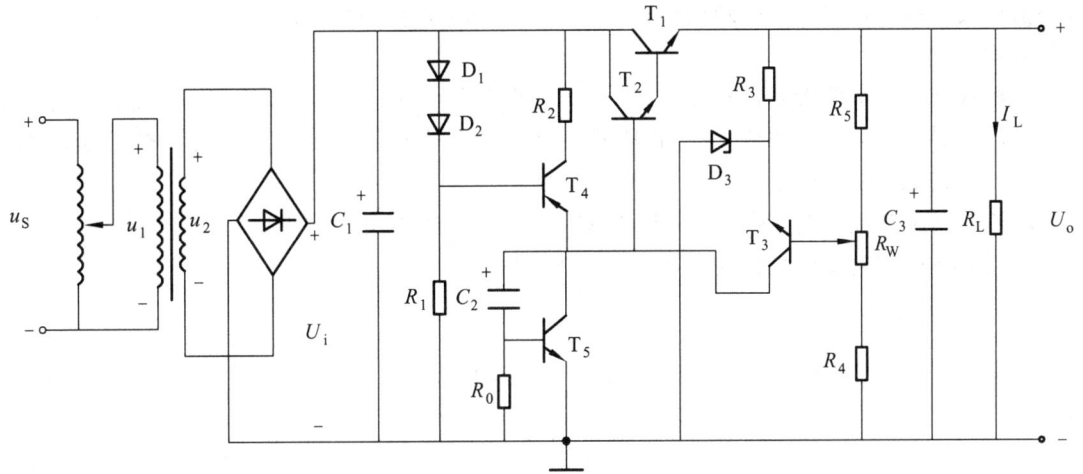

图 4-1-3　分立元件串联式稳压电源电路图

3）滤波电路

利用储能元件（即电容元件、电感元件）的特性，将整流电路输出的单相脉动电压 u_D 中的交流成分滤掉（或减小交流电量成分），即减小整流电压的脉动程度，使输出电压变为较平滑的直流电压 u_C。直流电压 u_C 波形如图 4-1-2（c）所示，图 4-1-3 中电容 C_1 为滤波电路。

2. 稳压电路工作原理

串联型稳压电源电路图如图 4-1-3 所示。

1）稳压电路的组成

稳压电路类型有多种。如图 4-1-4 所示为串联式稳压电路方框图，电路通常主要由调整管、基准电源、取样电路、比较放大器、限流电路和过载短路保护电路等模块电路组成。

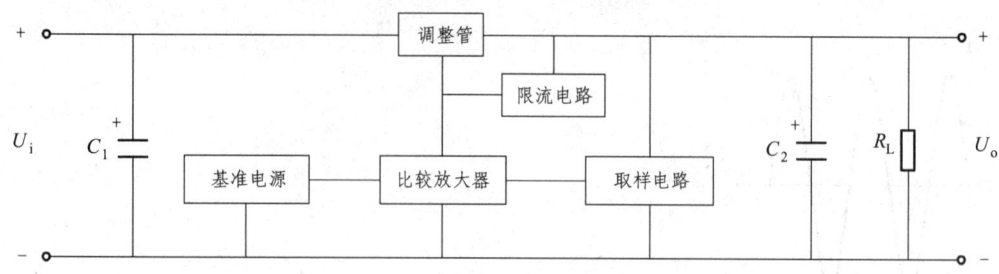

图 4-1-4 串联式稳压电路方框图

取样电路是由电阻 R_4、R_W、R_5 组成的分压器,它对输出电压 U_o 取样,并将取样信号电压反馈到比较放大器,即为比较放大器功能管 T_3 的输入信号电压 u_B。为使取样电阻支路的电流小于额定负载电流,取样电路的电阻之和应比额定负载电阻大得多,即 $R_4+R_W+R_5 \gg R_L$;另一方面,取样电路的电阻之和 $R_4+R_W+R_5$ 应小于比较放大器的输入电阻。

比较放大器功能管 T_3 的另一输入信号电压由稳压管 D_3 提供,即由稳压管 D_3 提供比较放大器的基准电压。当电网电压波动或负载变化时,输出电压 U_o 将偏离稳定值,此时取样电路将 U_o 的变化信号送到比较放大器的 T_3 管的基极输入端,并与 T_3 管的发射极基准电压比较后将差值放大,然后再用它去控制调整管,使调整管的管压降发生相应的变化,最后使输出电压得到稳定。

调整管是一功率放大复合管 T_1 和 T_2 管,它的作用相当于在负载上串联一个非线性电阻,而比较放大器输出信号为调整管 T_2 的基极控制信号,使 T_1 管输出端电阻 r_{ce} 作相应的变化,以维持串联式稳压电源的输出电压 U_o 基本不变。

限流电路由二极管 D_1 和 D_2、电阻 R_1 和 R_2 及三极管 T_4 组成,即恒流源负载电路。

过载短路保护电路由电阻 R_5、电容 C_2 和三极管 T_5 组成。

2)稳压过程

当输出电压 U_o 因某种原因下降时,比较管 T_3 的基极电压 U_{B3} 也下降,但稳压管 D_3 的端电压恒定(即 T_3 管的发射极电压 U_{E3} 不变),因此,比较管 T_3 的发射结电压 U_{BE3} 电压随之下降,基极电流 I_{B3} 下降,T_3 管的静态工作点向截止区靠近,则使 T_3 管的集电极电压 U_{C3} 上升。

由于 T_3 管的集电极电压 U_{C3} 上升,使调整管 T_2 的基极电压上升,即 $U_{B2} = U_{C3}$,从而使调整管 T_1 向饱和区靠近,集-射极电压 U_{CE1} 下降,则又使输出电压 U_o 上升。

同理,若输出电压 U_o 因某种原因上升时,T_3 管的集电极电压 U_{C3} 下降,集-射极电压 U_{CE1} 上升,输出电压 U_o 下降。

可见,输出电压 U_o 因某种原因变化时,由 T_1 和 T_2 管构成的电压调整器就能够调整输出电压 U_o,使其保持恒定。

3)输出电压调整过程

可调电阻 R_W 用于调整输出电压 U_o 的大小。当调电阻 R_W 滑动端向上滑动时,比较管 T_3 的基极电压 U_{B3} 就上升,由于稳压管 D_3 端电压恒定,因此,比较管 T_3 的发射结电压 U_{BE3} 电压随之上升,集电极电压 U_{C3} 随之下降,即调整管 T_2 的基极电压 U_{B2} 下降,从而使调整管 T_1 的集-射极电压 U_{CE1} 上升,使输出电压 U_o 变小。若当可调电阻 R_W 滑动端向下滑动时,输出电压 U_o 就会变大。

4）过载短路保护过程

T_5 管和电阻 R_0 为过载保护电路，R_0 阻值比较小（大约 1 Ω）。当输出电流 I_L 较小时，U_{C3} 较低，则电阻 R_0 上产生的电压较小，这时不足以使 T_5 管导通，因此过载短路保护电路不起作用。当输出电流 I_L 过大时，U_{C3} 较高，在电阻 R_0 上产生的电压增大，使 T_5 管导通，即 T_5 管的集电极电压 U_{C5} 下降。U_{C5} 的下降又引起调整管 T_2 的基极电压 U_{B2} 下降，T_1 管的电压 U_{CE1} 增大，使输出电压 U_o 下降，降低输出电流 I_L，起到过载短路保护作用。

3. 稳压电源的技术指标

直流稳压电源的评价指标有两种，即技术指标和质量指标。特性指标主要包括输出电压、输出电流、输出电压的调节范围；技术指标主要包括稳压系数、输出电阻、纹波电压等。

1）稳压系数 S

稳压系数 S 定义：当负载电流 I_L 和温度不变时，输入电压 U_1 的变化引起输出电压 U_o 的变化程度。即

$$S = \frac{\Delta U_o}{U_o} \bigg/ \frac{\Delta U_1}{U_1}$$

式中，U_1 为稳压电源的输入电压（如交流电压有效值 220 V）；U_o 为稳压电源的额定输出的直流电压。

在实际应用中，稳压系数常用输入电压 U_1 变化 ±10% 时，输出电压 U_o 的相对变化量表示。即

$$S = \frac{\Delta U_o}{U_o} \bigg/ \frac{\Delta U_1}{U_1} = \frac{220\text{V}}{(240-198)\text{V}} \times \frac{\Delta U_o}{U_o} = 5 \times \frac{\Delta U_o}{U_o}$$

2）输出电阻（又称动态内阻）r_o

动态内阻 r_o 定义：当稳压电源输入电压 U_1 和温度不变时，负载电流 I_L 的变化引起输出电压 U_o 的变化程度。即

$$r_o = \frac{\Delta U_o}{\Delta I_L}$$

在实际应用中，动态内阻 r_o 通常用二次电压法测量，测量出电路的开路输出电压 U_o 和有负载时输出电压 U_{oL}，根据电路理论解得

$$r_o = \left(\frac{U_o}{U_{oL}} - 1\right) \times R_L$$

3）纹波电压 $\tilde{U}_o$

纹波电压 $\tilde{U}_o$ 定义：稳压电源输出直流电压 U_o 上所叠加的交流分量。

由于纹波电压不是正弦波，所以在实际应用中，常用示波器测量纹波的峰峰值。

4.1.3 预习内容

（1）预习实验内容及仪器设备，明确实验目的。
（2）预习串联式稳压电源的组成及工作原理。
（3）预习稳压电源的技术指标。

4.1.4 实验仪器、仪表和装置

将实验中所使用的仪器和设备情况记录在表 4-1-1 中。

表 4-1-1　实验仪器、仪表和装置记录表

设备名称	型号或规格	精度	数量	备注
双踪示波器				
自耦变压器				
万用表				
毫伏表				
电子实验装置				
硅　桥				
二极管				
晶体三极管				
电解电容				
电　阻				

4.1.5 实验步骤

（1）按照实验电路图 4-1-3 接线，其参数如图 4-1-5 所示。整流变压器的前面接入自耦变

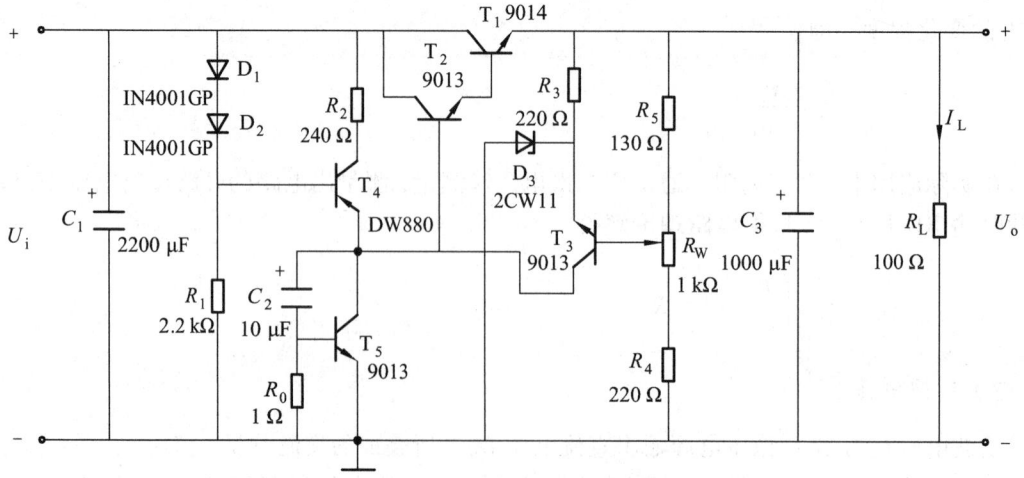

图 4-1-5　串联式稳压电源电路器件参数图

压器（为模拟电网电压波动±10%），如图 4-1-3 所示，其自耦变压器手柄应置于 0 V 的位置；或用信号发生器替代整流变压器的作用。接线检查无误后方可接通自耦变压器的电源开关，或打开信号发生器开关。

（2）测量稳压电源输出电压 U_o 的调节范围。

① 在负载电阻 R_L 开路条件下，调节自耦变压器，使自耦变压器输出电压 U_i 由 0 V 逐渐升至 220 V，然后调节可变电阻 R_W，观察稳压电源的输出电压 U_o 是否变化。若 U_o 能在一定的范围内变化，则表明电路工作基本正常。

② 用示波器观测整流滤波部分输出电压 U_i 的波形和稳压电源输出电压 U_o 的波形。

③ 将负载电阻 R_L 接入电路，改变可变电阻 R_W，测试稳压电源输出最小电压 U_{omin} 和最大电压 U_{omax}。即稳压电源输出电压 U_o 的调节范围为 U_{omin} ～ U_{omax}。

（3）测量稳压电源的输出电阻 r_o。

测量负载电阻 R_L 开路条件下的稳压电源的输出电压 U_o，再测量稳压电源接入负载电阻 R_L 时输出电压 U_{oL}，即

$$r_o = \left(\frac{U_o}{U_{oL}} - 1\right) \times R_L$$

（4）测量稳压系数 S。

当稳压电源输入电压 U_1 为 220 V 时，接有负载电阻 R_L，调节可变电阻 R_W 使稳压电源输出电压为某一确定值 U_o（即 $U_o = 9$ V），然后升高和降低稳压电源输入电压 $U_1 = 220$ V 的 ±10%，分别测量对应的输出电压 U_{o1} 和 U_{o2}，则

$$S = 5\frac{\Delta U_o}{U_o} = 5 \times \frac{U_{o1} - U_{o2}}{U_o}$$

（5）测量纹波电压 $\tilde{U}_o$。

① 调节可变电阻 R_W 使空载时稳压电源输出电压 $U_o = 9$ V，然后连接负载电阻 R_L，用示波器测量输出电压的峰峰值 $\tilde{U}_o$。

② 负载电阻 R_L 开路，再用示波器观察 $\tilde{U}_o$ 的变化。

4.1.6 实验数据分析及要求

（1）试分别说明电路图 4-1-3 中的调整电路、取样电路、比较放大电路、基准电压电路和短路保护电路是由哪些元件组成的，并标注出各元件的参数或型号，简要叙述其电路的工作原理。

（2）分析、整理实验测量数据，对稳压电源电路的性能给予评价。

（3）总结实验过程中，操作、测试和测量仪器使用等的失误和经验。

4.2 实验二 稳压源与耦合放大电路的综合设计实验

4.2.1 实验目的

（1）学习利用 Multisim 电子线路仿真软件构建自己的虚拟实验平台。

（2）学习用实验一的串联型稳压电源作为两级阻容耦合放大电路的直流电源，提高电子电路的综合设计应用能力。

（3）掌握两级阻容耦合放大电路的静态工作点、放大倍数的调节方法。

（4）掌握多级放大电路的静态参数与动态参数的测量方法。

（5）掌握相关虚拟仪器的使用方法。

4.2.2 预习内容

（1）预习 Multisim 电子线路仿真软件。

（2）预习串联型稳压电源的工作原理（见图 4-2-1）及器件参数选择（见本章节的实验一）。

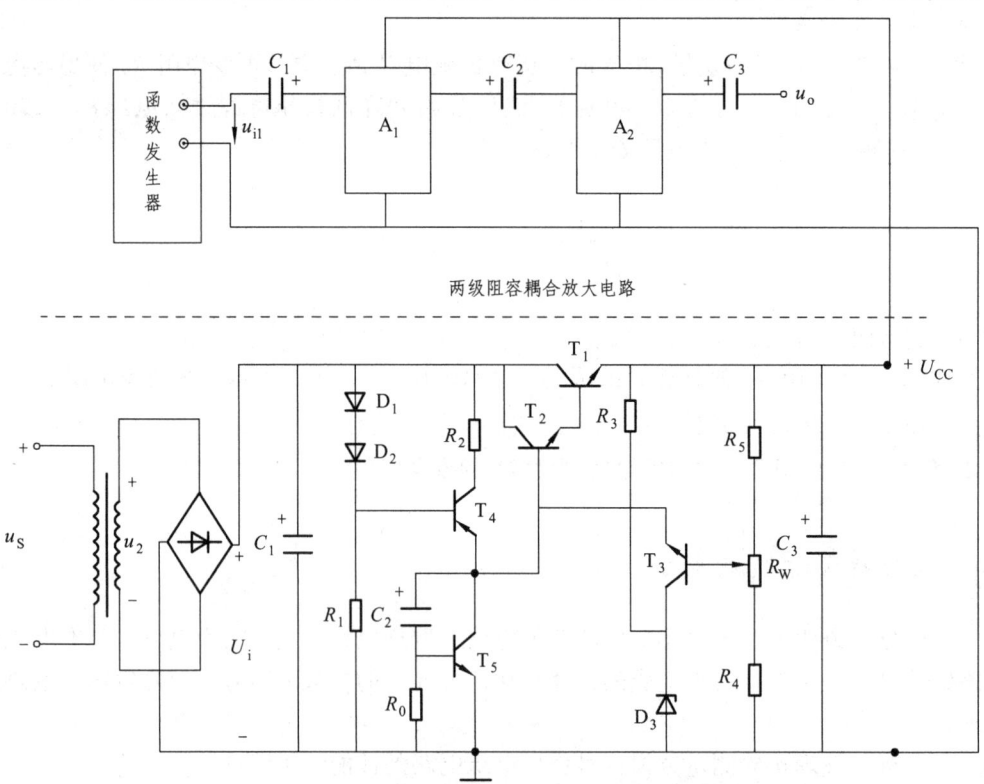

图 4-2-1 稳压源与耦合放大电路的综合设计仿真实验原理图

（3）分析电子电路图 4-2-2 的工作原理，预习放大电路的静态值、动态值的估算表达式及测试方法。

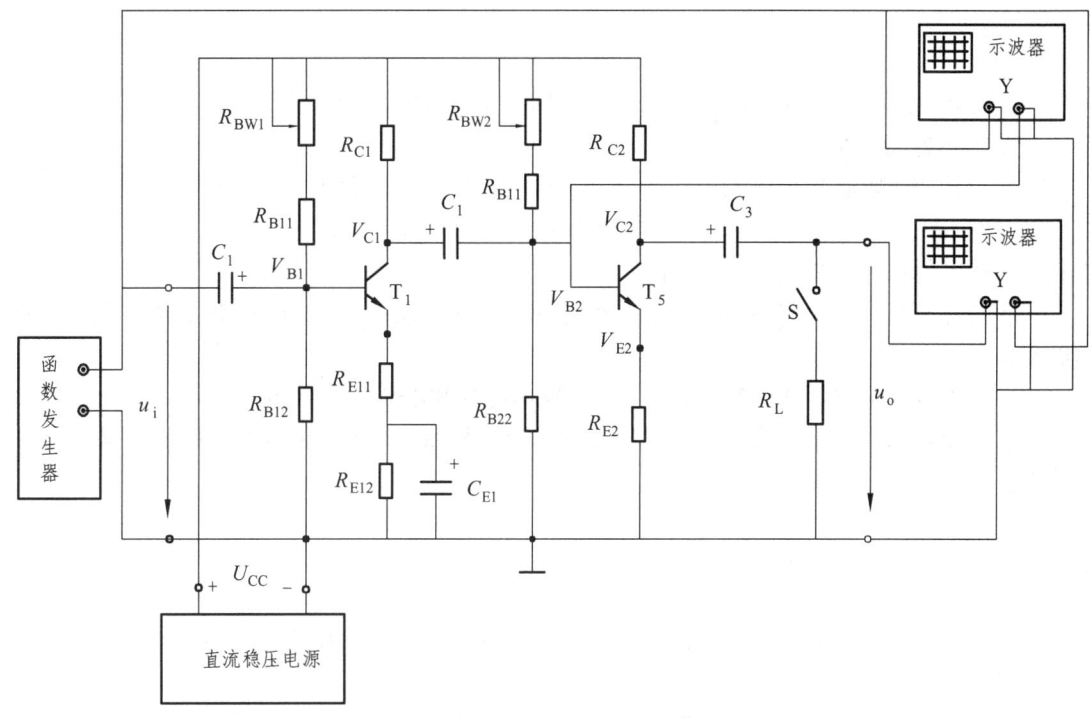

图 4-2-2 两级阻容耦合放大电路仿真图

（4）预习相关实验测试仪器的操作方法、测试原理、测量电路连接图。

（5）预习实验任务，自拟实验操作步骤，并估算测量值。

4.2.3 实验仪器、仪表和装置

将实验中所使用的仪器和设备情况记录在表 4-2-1 中。

表 4-2-1 实验仪器、仪表和装置记录表

设备名称	型号或规格	精度	数量	备注
计算机	操作系统为 Windows XP		1	
电子线路仿真软件				
数字示波器				
信号发生器				
万用表				
电阻				
电解电容				
硅桥				
二极管				
晶体三极管				

4.2.4 实验任务

（1）实验电路如图 4-2-1 和图 4-2-2 所示，即要求两级阻容耦合放大电路的直流电压源由电子电路图 4-2-1 提供。

（2）设计两级阻容耦合放大电路图 4-2-2 中的器件参数。要求当输入信号为正弦波，峰值小于 500 mV，频率 1 000 Hz，负载电阻为 $R_L = 6.8$ kΩ时，放大电路输出的放大信号 u_o 不失真，总的电压放大倍数 A_u 约为 3 倍。

（3）设计测量放大电路图 4-2-2 静态值的测量接线电路图，并测量每级放大电路工作点的静态值。

（4）测量放大电路图 4-2-2 的输入电阻、输出电阻和电压放大倍数。

（5）观测输入信号 u_i、第一级放大电路的输出信号 u_{o1} 和第二级放大电路的输出信号 u_o 的波形。

4.2.5 实验数据分析及要求

（1）论述两级阻容耦合放大电路的放大原理，并在实验电路图中标定电路电子元器件的参数及型号。

（2）写出估算两级阻容耦合放大电路静态工作点值的表达式及估算值。

（3）画出两级阻容耦合放大电路的微变等效电路图，并写出输入电阻、输出电阻和电压放大倍数表达式和计算值。

（4）详细描述两级阻容耦合放大电路各级静态工作点的调试过程，以及整体放大倍数的调节过程。

（5）简要准确地描述整个实验仿真过程，整理实验数据，画出测试的波形图。

（6）简要写出实验体会与建议（选做）。

4.3 实验三 方波–三角波–函数发生电路

4.3.1 实验目的

（1）掌握函数发生器基本电路的工作原理。
（2）掌握函数发生器基本电路的性能指标测试方法。
（3）掌握方波-三角波的周期、幅值调试方法。

4.3.2 实验原理

1. 方波产生电路

1）方波产生原理

方波产生电路是一种非正弦信号发生电路，如图 4-3-1 所示，其电路能直接自激振荡产生方波或矩形波，又称多谐振荡电路。

图 4-3-1 电路由电压比较器模块（主要是由集成运算放大器产生其功能）、自激振荡电路模块（主要由电阻 R_f 和电容 C 组成的电路设备管理其功能）和限流电路（主要由电阻 R_1、R_2 和双向稳压管组成的电路产生其功能）组成。

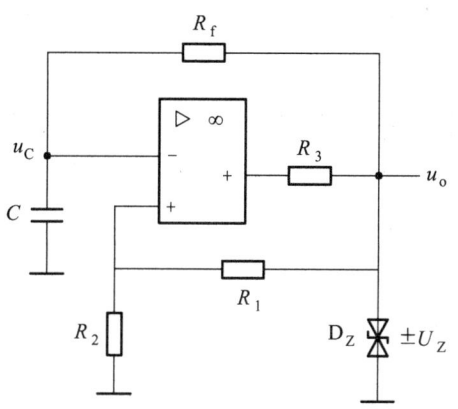

图 4-3-1　方波产生电路图

在接通电源的瞬间，输出电压 u_o 有可能偏向于正向最大值电压（即 $u_o = +U_Z$），也可能偏向于负向最大值电压（即 $u_o = -U_Z$）。

设在接通电源的瞬间，$u_o = +U_Z$，$u_C(0_+) = 0\,\text{V}$，通电后电路开始对电容 C 充电，当充电使电容电压 $u_C \geqslant u_+$ 时（即图 4-3-2 中 $t = t_1$），输出电压 u_o 翻转，即 $u_o = -U_Z$。电路开始反向充电，如图 4-3-2 所示，$t_1 < t < t_2$ 为反向充电区间，当反向充电使输出电压 $u_C \leqslant u'_+$ 时（即图 4-3-2 中 $t = t_2$），输出电压 u_o 再次翻转，即 $u_o = +U_Z$。如图 4-3-2 所示，则电路产生方波。

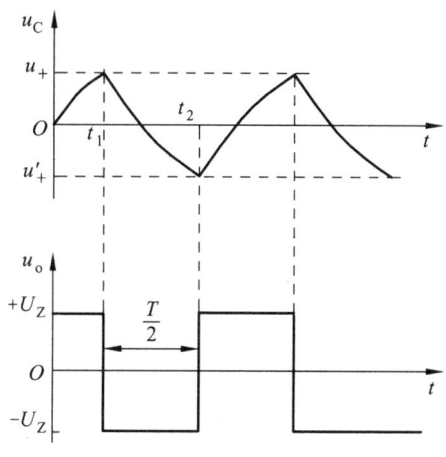

图 4-3-2　方波波形图

2）方波参数计算

（1）比较电压。

对电容 C 正向充电时，同相端的比较电压为

$$u_+ = \frac{U_Z}{R_1 + R_2} R_2$$

对电容 C 反向充电时，同相端的比较电压为

$$u'_+ = -\frac{U_Z}{R_1 + R_2} R_2$$

（2）电容 C 电压 u_C。

时间常数 τ 为

$$\tau = R_f C$$

$t = t_1$ 时，电容 C 电压 $u_C(t_1)$ 为

$$u_C(t_1) = \frac{U_Z R_2}{R_1 + R_2}$$

$t = \infty$ 时，电容 C 电压 $u_C(\infty)$ 为

$$u_C(\infty) = -U_Z$$

由暂态电路的三要素分析方法得

$$u_C(t) = \left[-U_Z - \frac{R_2}{R_1 + R_2} U_Z \right] \left(1 - e^{-\frac{t-t_1}{R_f C}} \right) + \frac{R_2}{R_1 + R_2} U_Z$$

③ 振荡周期 T。

当 $t_1 \leqslant t \leqslant t_2$ 时，$t_2 - t_1 = \dfrac{T}{2}$，$u_C(t_2) = -\dfrac{R_2}{R_1 + R_2} U_Z$，则电容电压为

$$u_C(t_2) = \left[-U_Z - \frac{R_2}{R_1 + R_2} U_Z \right] \left(1 - e^{-\frac{t_2-t_1}{R_f C}} \right) + \frac{R_2}{R_1 + R_2} U_Z - \frac{R_2}{R_1 + R_2} U_Z$$

$$= \left[-U_Z - \frac{R_2}{R_1 + R_2} U_Z \right] \left(1 - e^{-\frac{T}{2 R_f C}} \right) + \frac{R_2}{R_1 + R_2} U_Z$$

解上式得振荡周期为

$$T = 2 R_f C \ln\left(1 + \frac{2 R_2}{R_1} \right)$$

上式表明，方波的周期（频率）与 $R_f C$ 和 $\dfrac{R_2}{R_1}$ 有关，而与输出电压 u_o 幅度 $|U_Z|$ 无关，通常改变 R_f 即可调节振荡频率。

2. 方波-三角波产生电路

图 4-3-3 所示电路为常见的方波-三角波产生电路。

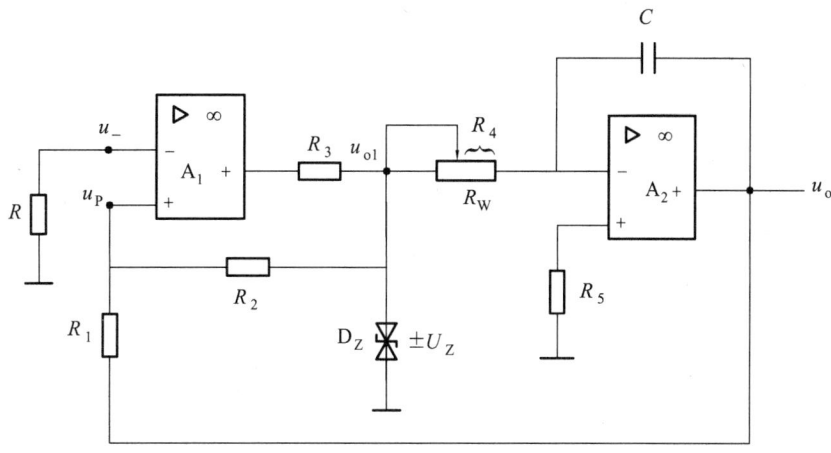

图 4-3-3　方波-三角波产生电路

1）方波-三角波产生原理

（1）方波产生原理。

运算放大器 A_1 与电阻 R、R_1、R_2 构成电压比较器，其比较基准电压 $u_- = 0\,\mathrm{V}$，电阻 R 为平衡电阻，比较器输出 u_{o1} 波形为方波。

当输出电压 $u_o > 0$ 时，运算放大器 A_1 输入电压 $u_P > 0$，输出 $u_{o1} = +U_Z$；当输出电压 $u_o < 0$ 时，运算放大器 A_1 输入电压 $u_P < 0$，即运算放大器 A_1 输出方波电压 u_{o1}，如图 4-3-4 所示。

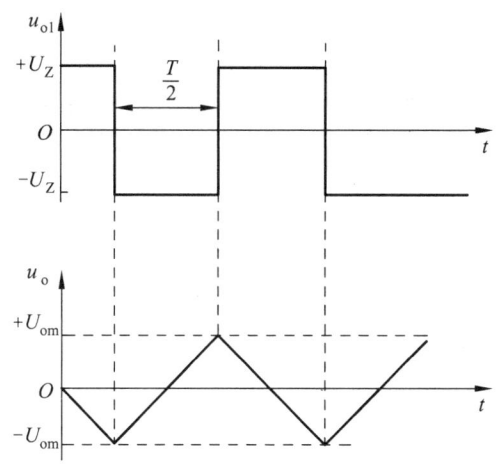

图 4-3-4　方波-三角波的波形图

（2）三角波产生原理。

图 4-3-3 中运算放大器 A_1 输出的方波电压 u_{o1} 是运算放大器 A_2 的输入，则输出电压 u_o 为

$$u_o = \frac{1}{R_4 C} \int u_{o1} \mathrm{d}t$$

即方波电压 u_{o1} 的积分为三角波电压 u_o。如图 4-3-4 所示。

2）振荡周期的分析

三角波电压 u_o 幅度为

$$U_{om} = -\frac{u_{o1}}{R_2} \cdot R_1 = \frac{R_1}{R_2} \cdot U_Z$$

三角波发生器振荡周期 T 为

$$T = \frac{4R_4R_1C}{R_2}$$

4.3.3 预习内容

（1）预习方波、三角波产生电路的工作原理。

（2）预习方波、三角波振荡周期 T 或频率 f 与电路参数的关系及振荡周期 T 调试方法，并计算图 4-3-5 电路所产生波形的周期 T 或频率 f 调节范围。

（3）预习实验内容及要求。

（4）预习集成运算放大器的管脚排列及仪器设备的使用方法。

4.3.4 实验仪器、仪表和装置

将实验中所使用的仪器和设备情况记录在表 4-3-1 中。

表 4-3-1 实验仪器、仪表和装置记录表

设备名称	型号或规格	精度	数量	备注
示波器				
万用表				
电子实验箱				
电阻				
可调电阻				
电容				
稳压二极管				
集成运算放大器				

4.3.5 实验内容

（1）按图 4-3-5 接线。根据实验教学规定的周期 T_1（频率 f_1）进行电路参数调试。

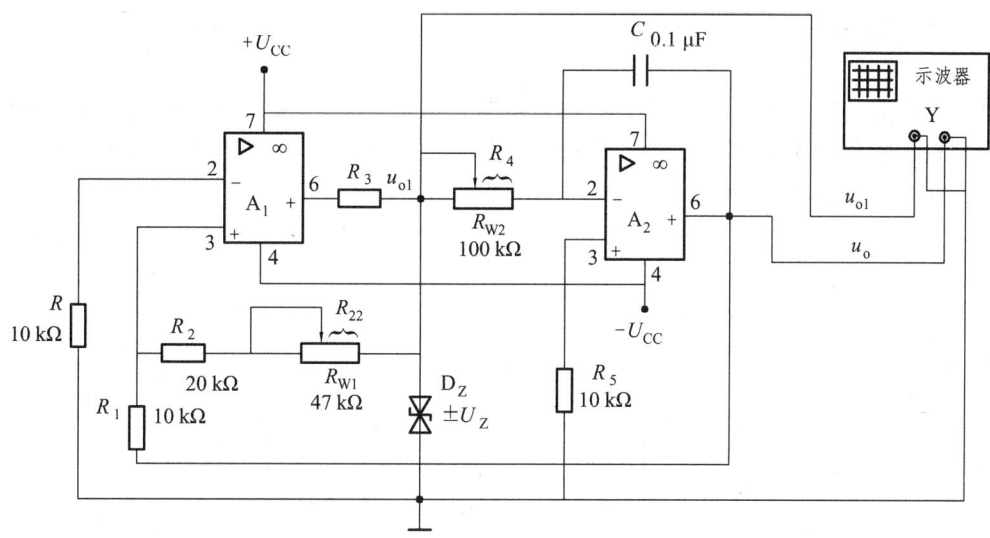

图 4-3-5　方波-三角波产生实验电路图

（2）用示波器观测方波输出电压 u_{o1} 和三角波输出电压 u_o 的波形，分别记录其波形的幅值、周期及同一时间坐标下的波形。然后，断电测量电阻 R_4 和 R_{22} 值。

（3）调节电阻 R_{W1}，用示波器观测输出三角波形的幅值 U_{om} 变化，并使输出三角波形幅值满足教学规定要求，断电测量电阻 R_{22} 值，并记录其电阻 R_{22} 值。

（4）调节电阻 R_{W2}，用示波器观测输出三角波形周期的变化，并使输出三角波形周期满足教学规定的第二个周期 T_2 值要求，断电测量电阻 R_4 值，并记录其电阻 R_4 值。

4.3.6　实验数据分析及要求

（1）简要说明实验电路图 4-3-5 的工作原理，说明主要元件在调试输出三角波电压幅值、周期时的作用。

（2）整理测量数据，画出输出方波电压 u_{o1} 波形和三角波电压 u_o 波形，并标明周期、幅值等坐标参数值，分析论述其测试结果。

（3）将实验测得的周期 T 和输出电压幅值 U_{om} 分别与理论计算值比较，分析产生误差的原因。

（4）总结实验操作与调试中所出现的问题，并论述解决问题的方法。

4.4　实验四　电子温度计综合性实验

4.4.1　实验目的

（1）进一步熟悉集成运算放大器的应用。
（2）学习用晶体管温度传感器测量温度的方法。
（3）综合运用二极管、三极管及运算放大器等电子器件，实践电子温度计功能的实施。

4.4.2 实验原理

本实验的电子温度计采用表头指示,测量范围为 0 ℃ ~ +100 ℃,其原理如图 4-4-1 所示。

测温传感器的种类很多,为了便于实验实施,本实验用晶体管 T 作为温度传感器,即利用晶体管 T 的基-射极电压 $u_{BE} = u_{CE}$ 与温度变化的关系。

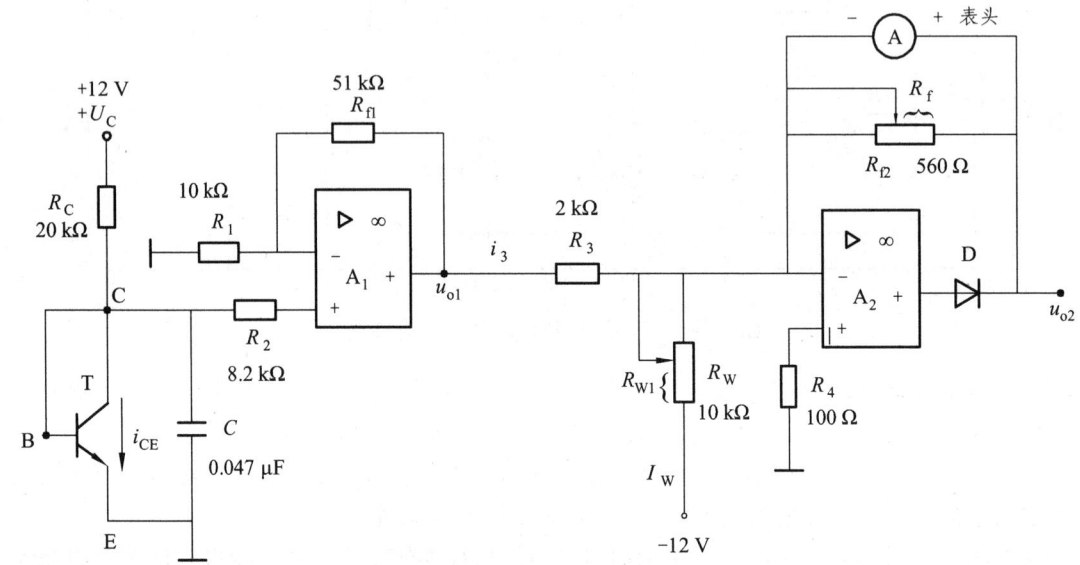

图 4-4-1 电子温度计电路图

1. 温度传感器

将晶体管 T 的基极 B 与集电极 C 短路,如图 4-4-1 所示,使晶体管 T 成为一个具有二端温敏元件功能的温度传感器。这种由晶体管 T 构成的温度传感器比普通二极管构成的温度传感器,具有更理想的温度特性和较好的参数一致性。

由于晶体管 T 基极 B 与集电极 C 短路,其等效原理图如图 4-4-2 所示。当集电极电压 U_C 和集电极电阻 R_C 一定时,温度的变化将引起晶体管 T 载流子的变化,即:如果温度上升,会导致晶体管 T 中的载流子数目上升,则引起电流 i_{CE} 值的上升,因此,电流 i_{CE} 与温度近似成线性关系。

(a)温度传感器接线图　　　　(b)温度传感器的等效电路图

图 4-4-2 温度传感器等效原理图

2. 电子温度计电路工作原理

1) 输出电压 u_{o1}

如图 4-4-1 所示电路中，运算放大器 A_1 接成同相放大器，A_2 接成反相放大器。当温度升高时，电流 i_{CE} 上升，引起电阻 R_C 端电压上升，则运算放大器 A_1 的同相端输入电压 u_{CE} 下降。因为运算放大器 A_1 的输出电压 u_{o1} 与输入电压 u_{CE} 呈线性关系，即

$$u_{o1} = \frac{u_{CE}}{R_1}(R_1 + R_{f1})$$

所以，运算放大器 A_1 的输出电压 u_{o1} 将按比例下降。即：当温度上升时，输出电压 u_{o1} 下降。

2) 输出电压 u_{o2}

运算放大器 A_1 的输出电压 u_{o1} 是运算放大器 A_2 的反相端输入电压，则运算放大器 A_2 的输出电压 u_{o2} 为

$$u_{o2} = (-i_3 + I_W)R_f = \left(\frac{-u_{o1}}{R_3} + \frac{12\text{ V}}{R_{W1}}\right)R_f$$

因为式中电流 $I_W = \dfrac{12\text{ V}}{R_{W1}}$ 为常数，所以当温度上升时，输出电压 u_{o1} 下降，则引起电流 $i_3 = \dfrac{u_{o1}}{R_3}$ 减小，输出电压 u_{o2} 增加。即：当温度上升时，输出电压 u_{o2} 增加；当温度下降时，输出电压 u_{o2} 下降。

3) μA 表头

将 μA 表头与电阻 R_{f2} 并联，如图 4-4-1 所示。当电阻 R_f 端电压 u_{o2} 随温度变化而变化时，μA 表头中的电流也随之变化。μA 表头测试温度值的标定可通过调节电阻 R_{f2} 来调校。

4.4.3 预习内容

（1）预习集成运算放大器的管脚排列及调零方法。
（2）预习实验电路及工作原理。
（3）查阅相关资料，写出 μA 表头测量温度值的标定方案。
（4）预习实验内容及要求，拟定实验步骤。

4.4.4 实验仪器、仪表和装置

将实验中所使用的仪器和设备情况记录在表 4-4-1 中。

表 4-4-1 实验仪器、仪表和装置记录表

设备名称	型号或规格	精度	数量	备注
温度计				
μA 表头				
万用表				
电子实验装置				
电子器件				

4.4.5 实验内容

（1）集成运算放大器零点调整。

（2）标定该电子温度计（可在 0 ℃ 和 100 ℃ 两点标定）。

（3）设定两个温度值，即 T_1、T_2，并在温度 T_1 与 T_2 之间取 5～6 个数据测试点，分别用记录温度计和 μA 表上的数据值。

4.4.6 实验数据分析及要求

（1）撰写实验原理及实验过程。

（2）用曲线方式描述温度与 μA 表读数之间的关系。

（3）试分别说明可调电阻 R_w、R_{f2} 的作用，并计算可调电阻 R_w、R_{f2} 分别为多少值时，使 μA 表头显示测量值为"零"或"满格"。

4.5 实验五 模电器件性能测试设计实验

4.5.1 实验目的

（1）掌握电子器件性能的测试方法。

（2）提高应用理论知识设计器件性能测试电路、器件测试过程、数据记录表等的能力。

（3）提高实验数据的分析能力。

4.5.2 实验原理

1. 二极管的特性曲线

二极管的特性曲线如图 4-5-1 所示。下面分正向特性和反向特性简述。

1）正向特性

如图 4-5-1 所示，伏安特性第一象限内的曲线称为正向特性。

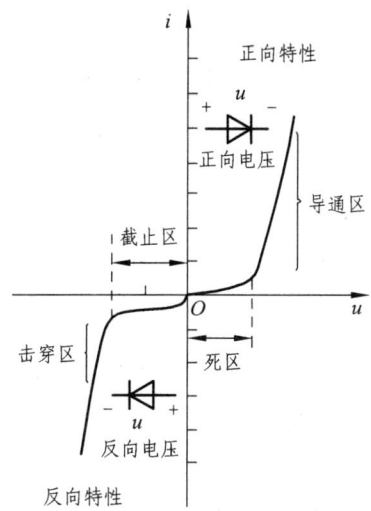

图 4-5-1 硅二极管的伏安特性曲线

① 死区状态。当二极管所加的正向电压 U_D 较小时,由于外加电场还不足以克服 PN 结的内电场对多子扩散运动所造成的阻力,这时的正向电流几乎为零,二极管呈现很高的电阻。这段区域称为"死区",其电压值称为死区电压(又称开启电压,或称门坎电压)。

② 正向导通状态。当 U_D 大于死区电压时,PN 结的内电场大大削弱,于是电流增长很快。二极管呈现低阻状态,称为"正向导通"(简称"导通")。

2)反向特性

如图 4-5-1 所示,伏安特性第三象限内的曲线称为反向特性。

① 截止状态。在二极管两端外加反向电压不超过一定范围时,由少数载流子的漂移运动而形成很小的反向饱和电流 I_S。二极管呈现高阻状态,称为"反向截止"(简称"截止")。

② 反向击穿特性。当外加反向电压过高而超过一定范围时,反向电流突然增大,称为二极管的"反向击穿"(简称"击穿")。击穿后的二极管失去了单向导电性能。

2. 晶体管的特性曲线

晶体管的特性曲线如图 4-5-2 所示。下面分输入特性和输出特性简述。

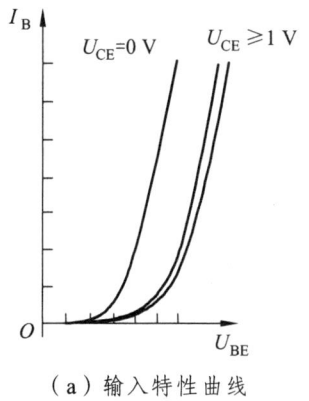

(a)输入特性曲线

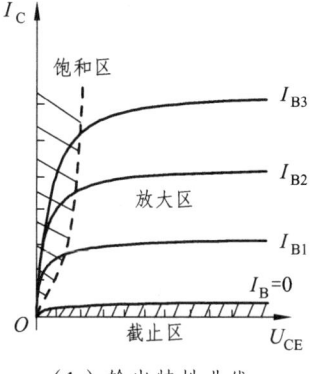

(b)输出特性曲线

图 4-5-2 晶体管共发射极特性曲线

1）输入特性曲线

输入特性曲线是指当集-射极电压 U_{CE} 为常数时，基极电流 I_B 与发射结电压 U_{BE} 之间的关系曲线族，即

$$I_B = f(U_{BE})\big|_{U_{CE}=常数}$$

输入特性曲线如图 4-5-2（a）所示。取不同的 U_{CE} 电压值，得到不同的输入特性曲线；当 $U_{CE} \geqslant 1\,V$ 时，输入特性曲线基本上是重合的。

2）输出特性曲线

输出特性曲线是指当基极电流 I_B 为常数时，集电极电流 I_C 与集-射极电压 U_{CE} 之间的关系曲线族，即

$$I_C = f(U_{CE})\big|_{I_B=常数}$$

如图 4-5-2（b）所示。它是以 I_B 为参变量的一组特性曲线。其输出特性曲线可分为三个工作区：

①饱和区。图 4-5-2（b）中所示的非线性区（即 $0 < U_{CE} < 1\,V$ 区域）为饱和区。其集电极电流 I_C 受电压 U_{CE} 控制，由于在该区域内 U_{CE} 较小，则晶体管管脚 C、E 之间可等效为短路，即 $U_{CE} \approx 0\,V$，晶体管失去放大作用。其特点为

电压条件：发射结、集电结均为正偏。

临界饱和点：$I_{BS} = \dfrac{I_{CS}}{\beta}$，$U_{CES} \approx 0.3\,V$ 或 $U_{CES} \approx 0\,V$。

电流关系：集电极电流 I_C 基本上不受基极电流 I_B 控制，即 $I_C \neq \beta I_B$，$I_B > I_{BS}$。

②放大区。图 4-5-2（b）中集电极电流 I_C 平行于电压 U_{CE} 轴的区域为线性放大区。其特点为：

电压条件：发射结正偏，集电结反偏。

电流关系：$I_C = \beta I_B$，即集电极电流 I_C 与基极电流 I_B 成正比，并且 $0 < I_B < I_{BS}$。

③截止区。图 4-5-2（b）中 $I_B = 0$ 及曲线以下的区域，称为截止区。其特点为

电压条件：$U_{BE} \leqslant 0$，发射结、集电结均为反偏。

电流关系：$I_C \approx 0$，晶体管 C、E 之间相当于开路，失去电流放大作用。

3. 运算放大器的电压传输特性

运算放大器的输出信号 u_o 和输入信号 u_i 的关系曲线称为传输特性，运算放大器的电压传输特性如图 4-5-3（a）所示，其集成运放的等效电路模型如图 4-5-3（b）所示。

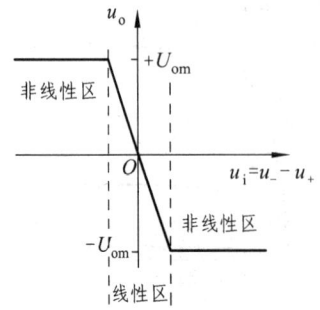
（a）运算放大器的电压传输特性

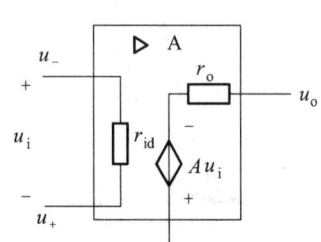
（b）运算放大器的等效电路模型

图 4-5-3　运算放大器的特性及等效电路图

运算放大器的输出信号 u_o 与输入信号 u_i 关系式为

$$u_o = -A_o u_i$$

即上式只存在于坐标原点附近的传输特性的线性运行区。

由于运放的开环放大倍数 A 很高（即 $A \approx 10^3 \sim 10^7$），所以线性区很窄，反相输入端电压 u_- 稍高于同相输入端电压 u_+，输出端电压 u_o 就达到负饱和值 $-U_{om}$（接近负电源电压 $-U_{EE}$）；反之，u_- 稍低于 u_+，u_o 就达到正饱和值 $+U_{om}$（接近正电源电压 $+U_{CC}$）。

4.5.3 预习内容

（1）预习二极管、晶体管和运算放大器等器件的结构与工作原理。
（2）设计实验电路、实验操作步骤、实验数据记录表、实验状态的估测。
（3）预习实验中要用的测试仪器、仪表。
（4）思考实验中要注意的事项。

4.5.4 实验仪器、仪表和装置

将实验中所使用的仪器和设备情况记录在表 4-5-1 中。

表 4-5-1 实验仪器、仪表和装置记录表

设备名称	型号或规格	精度	数量	备注
函数发生器				
双踪示波器				
晶体管毫伏表				
直流稳压电源				
万用表				
电子实验箱				
电阻				
电容				
电子元器件				

4.5.5 实验任务及技术指标

（1）根据所设计的二极管伏安特性测试电路图、实验步骤和实验数据记录表，测试二极管的伏安特性曲线 $i_D = f(u_D)$。

（2）根据所设计的三极管输入、输出特性测试电路图、实验步骤和实验数据记录表，测试晶体管的输入特性曲线 $i_B = f(u_{BE})|_{U_{CE}=常数}$、输出特性曲线 $i_C = f(u_{CE})|_{I_B=常数}$。

（3）根据所设计的运算放大器传输特性测试电路图、实验步骤和实验数据记录表，测试运算放大器的传输特性曲线 $u_o = f(u_i)$。

4.5.6 实验报告要求

（1）撰写实验原理、实验测试电路图、实验测试操作步骤、实验数据表及实验过程中的注意事项。

（2）根据实验测试数据结果，绘制二极管的伏安特性曲线 $i_D = f(u_D)$；晶体管的输入特性曲线 $i_B = f(u_{BE})|_{U_{CE}=常数}$、输出特性 $i_C = f(u_{CE})|_{I_B=常数}$；运算放大器的传输特性 $u_o = f(u_i)$ 曲线。

（3）简述各曲线的含义。

4.6 实验六　互补对称功率放大电路的仿真实验

4.6.1 实验目的

（1）能根据示波器上所观测到的电子电路波形，调试电子电路，改善其性能指标。
（2）掌握功率放大电路输出电压范围的分析计算及测试方法。
（3）掌握功率放大电路的静态、动态技术指标的测试方法。
（4）掌握功率放大电路输出功率的测试方法。

4.6.2 实验原理

以放大功率为目标的放大电路统称为功率放大电路。在很多电子设备中，功率放大电路通常作为多级放大电路的输出级，以满足放大电路的输出级能够带动某种负载的要求，或驱动自动控制系统中的执行机构等要求。

1. 甲类功率放大电路

在输入信号 u_i 一定的条件下，负载电阻 R_L 上要获得最大功率就必须使放大电路的输出电阻 r_o 与负载阻值 R_L 尽量匹配，即 $R_L \approx r_o$。

甲类功率放大电路如图 4-6-1（a）所示。其中，T_1 管为射极跟随输出器，T_2 管为恒流源偏置电路，提供一个固定的偏流，有源负载双电源供电静态工作时 $U_o = 0$。电路特点是电路结构简单，与负载的连接采用直接耦合方式，其输出信号基本不失真，如图 4-6-1（b）所示。该电路广泛用于集成电路中。

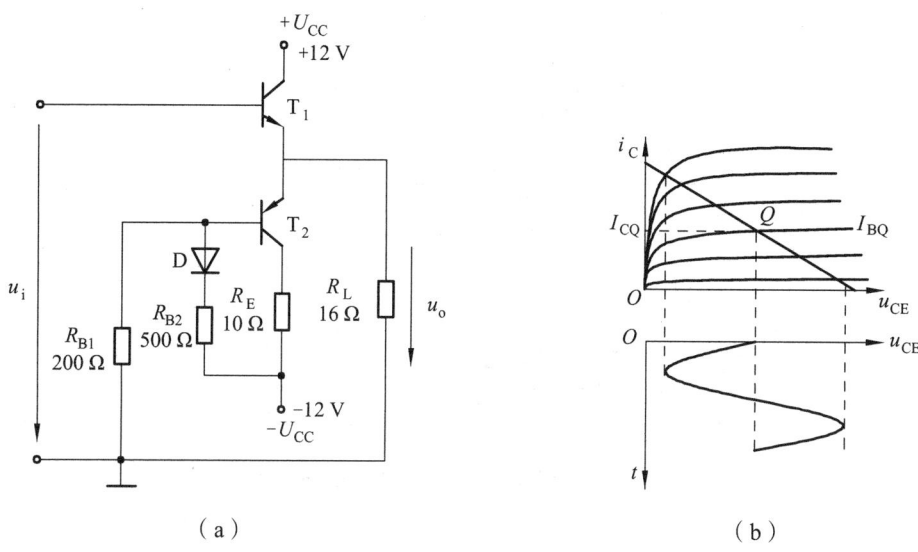

图 4-6-1 射极输出器甲类功率放大电路及输出信号分析图

2. 乙类功率放大电路

乙类功率放大电路如图 4-6-2 所示。其中，T_1 管为 NPN 型晶体管，T_2 管为 PNP 型晶体管，两管分别构成参数对称的射极输出器电路，在输入信号 u_i 的激励下，T_1 管与 T_2 管轮流导通工作，互补输出负载电流，组成了乙类互补对称功率放大电路。

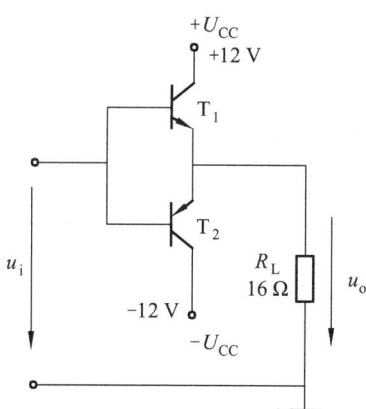

图 4-6-2 乙类互补对称功率放大电路原理分析图

3. 甲乙类功率放大电路

甲乙类功率放大电路如图 4-6-3 所示。其中，在功率放大极 T_1 管、T_2 管的基极间加了两只二极管 D_1、D_2（有的电路加入电阻或电阻与二极管串联），使两个功放管（即 T_1 管、T_2 管）在静止时处于于导通状态，即可避开输入特性曲线上的死区电压，消除交越失真。

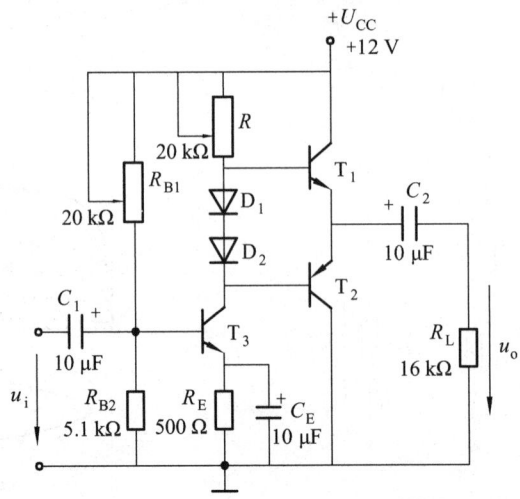

图 4-6-3 甲乙类互补对称放大电路

4.6.3 预习内容

（1）预习有关互补对称功率放大电路的工作原理。

（2）在理想条件下，分别分析计算图 4-6-1、图 4-6-2、图 4-6-3 的静态值、最大输出功率 P_{om}、直流电源提供的功率 P_U 和转换效率 η。

（3）进行甲类、乙类、甲乙类功率放大电路的性能比较。

（4）预习实验内容，完善实验电路图、实验数据记录表等。

4.6.4 实验仪器、仪表和装置

将实验中所使用的仿真仪器和设备情况记录在表 4-6-1 中。

表 4-6-1 仿真实验仪器、仪表和装置记录表

设备名称	型号或规格	精度	数量	备注
函数发生器				
双踪示波器				
晶体管毫伏表				
直流稳压电源				
万用表				
功率表				
电阻				
电容				
电子元器件				

4.6.5 实验内容

1. 观测输出电压 u_o 波形

（1）观测甲类功率放大电路（见图 4-6-1）输出电压 u_o 的波形。
（2）观测乙类功率放大电路（见图 4-6-2）输出电压 u_o 波形的交越失真现象。
（3）观测甲乙类功率放大电路（见图 4-6-3）输出电压 u_o 波形有无交越失真现象。

2. 特性测试

分别测试图 4-6-1、图 4-6-2、图 4-6-3 的电压传输特性和输出功率 P_o 与输出电压 u_o 的变化特性。

（1）测试电压传输特性 $u_o = f(u_i)$。调节输入信号电压 u_i 逐步增大，其 u_i 幅值增至 T_1 管、T_2 管出现饱和失真为止。
（3）测试输出功率 P_o 与输出电压 u_o 的变化特性曲线，即 $P_o = f(u_o)$。

4.6.6 实验数据分析及要求

（1）分别绘出甲类、乙类、甲乙类的输出电压 u_o 的波形、电压传输特性曲线和 $P_o = f(u_o)$ 曲线。
（2）由 $P_o = f(u_o)$ 曲线，分别求出甲类、乙类、甲乙类的最大输出功率 P_{om}，并与计算值进行比较。
（3）由电压传输特性 $u_o = f(u_i)$ 曲线，求出输入电压 u_i 与输出电压 u_o 的正负电压跟随范围、交越失真的范围。

（二）数字部分

4.7 实验七 数模综合设计乘法器电子电路

4.7.1 实验目的

（1）掌握译码器功能及设计原理。
（2）掌握译码器的功能应用拓展及设计方法。
（3）学会综合应用组合逻辑器件设计电子电路。

4.7.2 实验设计原理

1. 数模综合设计乘法器功能框图

主要由四个模块实现其功能，即运算参数输入模块、编码器模块、译码器实现乘法运算模块、BCD 七段显示译码器模块和直流稳压电源模块。如图 4-7-1 所示。

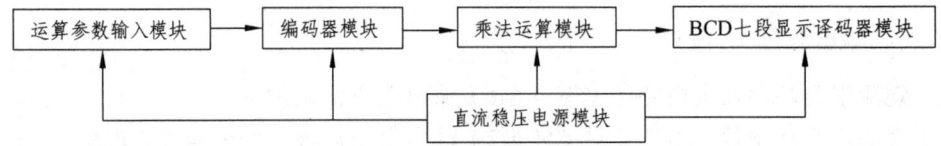

图 4-7-1　设计乘法器逻辑电路的原理框图

2. 功能模块电路

1）运算参数输入模块和编码器模块

① 用 8 个开关电键分别表示两个乘积数 A、B 的输入，称为运算参数输入模块，即乘积数 A 有 0～3 四个输入电键 I_3、I_2、I_1、I_0（见图 4-7-2），乘积数 B 有 0～3 四个输入电键。

② 用与非门设计 4 线-2 线优先编码器，并且输入、输出都是高电平有效。编码器对输入 A、B 的电健信号编码后的输出为 A_1A_0、B_1B_0。其逻辑电路如图 4-7-2 所示。

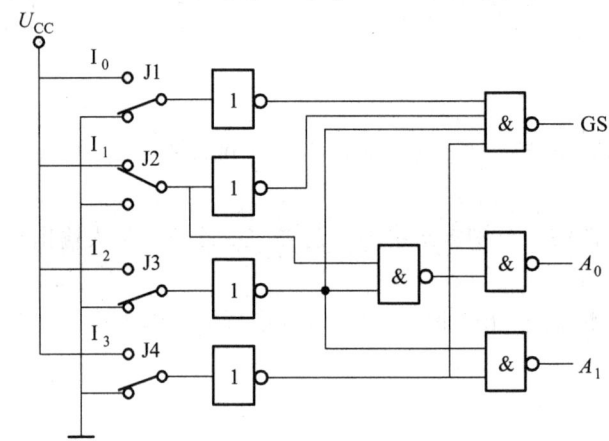

图 4-7-2　4 线-2 线优先编码器对输入 A 值的编码原理图

2）乘法运算模块

2 位二进制数码 $A=A_1A_0$、$B=B_1B_0$ 的乘法运算结果为 F_3、F_2、F_1、F_0。则

$$\begin{array}{r} A_1\ A_0 \\ \times\quad B_1\ B_0 \\ \hline F_3\ F_2\ F_1\ F_0 \end{array}$$

根据以上竖式，可列出输入 $A_1A_0B_1B_0$ 与输出 $F_3F_2F_1F_0$ 的真值表关系，并写出每位运算结果数学表达式为

$$F_3 = A_1A_0B_1B_0 = \overline{\overline{\overline{Y_{15}}}}$$

$$F_2 = A_1\overline{A_0}B_1\overline{B_0} + A_1\overline{A_0}B_1B_0 + A_1A_0B_1\overline{B_0} = \overline{\overline{Y_{14}}\,\overline{Y_{11}}\,\overline{Y_{10}}}$$

$$F_1 = \overline{A_1}A_0B_1\overline{B_0} + \overline{A_1}A_0B_1B_0 + A_1\overline{A_0}\overline{B_1}B_0 + A_1\overline{A_0}B_1B_0 + A_1A_0\overline{B_1}B_0 + A_1A_0B_1\overline{B_0}$$
$$= \overline{\overline{Y_{14}}\,\overline{Y_{13}}\,\overline{Y_{11}}\,\overline{Y_9}\,\overline{Y_7}\,\overline{Y_6}}$$

$$F_0 = \bar{A}_1 A_0 \bar{B}_1 B_0 + \bar{A}_1 A_0 B_1 B_0 + A_1 A_0 \bar{B}_1 B_0 + A_1 A_0 B_1 B_0 = \overline{\bar{Y}_{15} \bar{Y}_{13} \bar{Y}_7 \bar{Y}_5}$$

用译码器和与非门等实现乘法器逻辑功能的电路如图 4-7-3 所示。

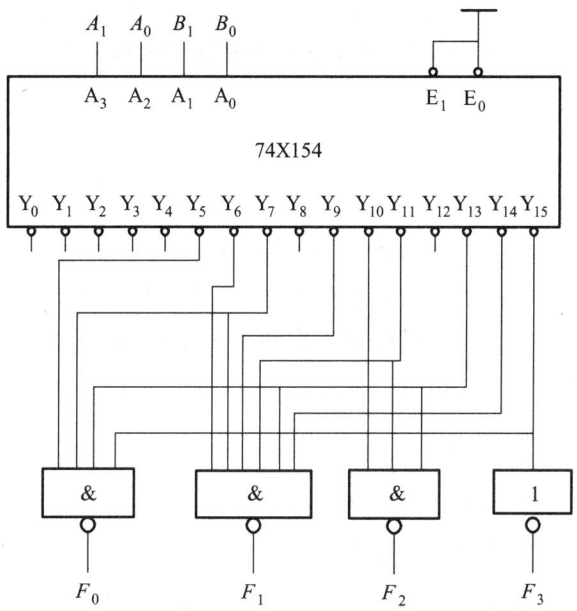

图 4-7-3　译码器和与非门等实现乘法器的原理图

3）BCD 七段显示译码器模块

译码器的输出端 $F_3\ F_2\ F_1\ F_0$ 接 BCD 七段显示译码器 74LS247 的译码地址输入端，其输出端 a～g 驱动 BS204 共阳极 LED 七段数码管，其电路原理如图 4-7-4 所示。

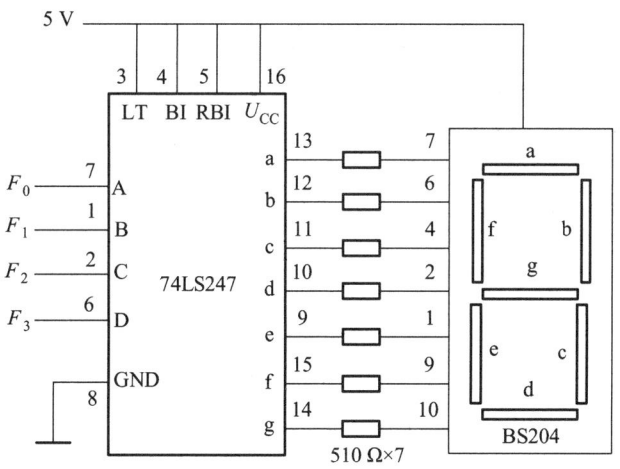

图 4-7-4　数码管显示模块原理图

4）直流稳压电源模块

直流稳压电源模块工作原理框图如图 4-7-5 所示。其电路原理图参考第二章的实验一"基本的单相桥式整流、滤波、稳压电路"和第四章的实验一"串联型稳压电源综合性实验"。

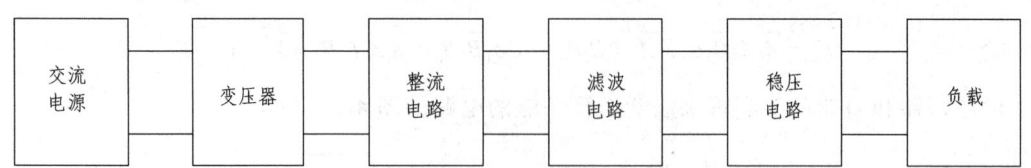

图 4-7-5　直流稳压电源模块原理框图

4.7.3　预习内容

（1）预习编码器、译码器、BCD 七段显示译码器的功能原理和直流稳压电源的工作原理。
（2）预习图 4-7-2、图 4-7-3、图 4-7-4 的逻辑功能及工作原理。
（3）预习实验设计内容及要求，根据图 4-7-1 所示原理，设计乘法器实验电路图。
（4）撰写实验步骤、实验调试过程和注意事项及自拟实验数据记录表。

4.7.4　实验仪器、仪表和装置

将实验中所使用的仿真仪器和设备情况记录在表 4-7-1 中（电子器件可根据设计电路的要求或指导老师给定的技术指标作调整）。

表 4-7-1　仿真实验仪器、仪表和装置记录表

设备名称	型号或规格	精度	数量	备注
函数发生器				
双踪示波器				
晶体管毫伏表				
万用表				
编码器				
译码器				
BCD 七段显示译码器				
与非门				
数码管				
电位器				
自耦变压器				
硅桥				
二极管				
晶体三极管				

4.7.5 实验任务及技术指标

1. 设计各功能模块电子电路

（1）根据图 4-7-2 原理电路，设计编码器模块实验电路图，即两个乘积数 A、B 的 4 线-2 线优先编码器的实验电路图。

（2）根据图 4-7-3 原理电路，设计乘法运算模块实验电路图，即 $A \times B$ 的实验电路。

（3）根据图 4-7-4 原理电路，设计数码管显示模块实验电路图，即 $A \times B$ 运算结果的显示实验电路。

（4）根据图 4-7-5 原理电路，设计直流稳压电源模块的实验电路图，即可参考前面"直流稳压电源"实验电路图。

2. 设计乘法器电子电路

根据图 4-7-1 原理框图，综合设计实现乘法器功能的实验电路。

3. 实　　验

（1）测试编码器的输入与输出数据，并将其输入、输出测试数据记录于真值表 4-7-2 中。

表 4-7-2　4 线-2 线优先编码器的真值表

输　入				输　出		
I_3	I_2	I_1	I_0	A_1	A_0	GS
0	0	0	0			
1	0	0	0			
×	1	0	0			
×	×	1	0			
×	×	×	1			

（2）测试乘法运算实验数据，并记录于自拟表中。

（3）记录直流稳压电源实验电路输出的直流电压值。

（4）完成乘法运算 $A \times B$ 的数字电路实验。

4.7.6 实验报告要求

设计的实验电路图及原理和实验测试数据、实验操作步骤、实验调试过程及实验中的感悟。

4.8　实验八　八路定时竞赛抢答电路的设计与仿真

4.8.1 实验目的

（1）掌握综合应用组合逻辑电路、时序逻辑电路和定时器等的应用。

（2）掌握分段设计，综合调试逻辑电路的方法。

（3）掌握编码器、译码器、计数器、单稳态触发器、定时器的工作原理。

（4）掌握数字逻辑电路的设计、调试方式与方法。

4.8.2 实验设计原理

1. 原理框图

定时竞赛抢答电路原理框图如图 4-8-1 所示，共分为竞赛抢答按钮模块、编码器模块、锁存器模块、BCD 七段显示译码器模块、主持人控制按钮模块、定时器控制模块、定时报警模块。

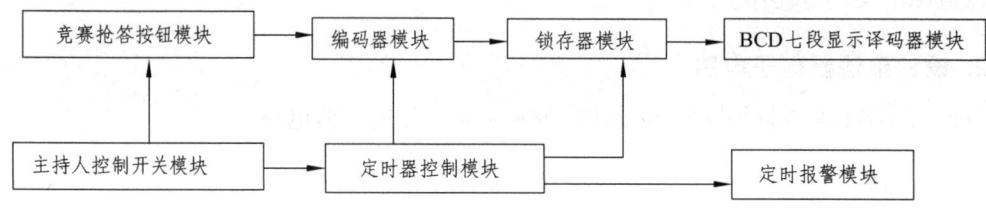

图 4-8-1 定时竞赛抢答电路原理框图

2. 功能模块设计原理

1）编码器模块

如图 4-8-2 所示为八路抢答编码电路原理图，即 74LS148 优先编码器输出抢答者的二进制编码 $A_2A_1A_0$。

74LS148 是一个 8 线-3 线优先编码器，在同时存在两个或两个以上输入编码信号时，优先编码器只按优先级高的输入信号编码，优先级低的信号则不起作用，如表 4-8-1 所示。

表 4-8-1 74LS148 优先编码器功能表

输入									输出				
EI	I_0	I_1	I_2	I_3	I_4	I_5	I_6	I_7	A_2	A_1	A_0	GS	EO
1	×	×	×	×	×	×	×	×	1	1	1	1	1
0	1	1	1	1	1	1	1	1	1	1	1	1	0
0	×	×	×	×	×	×	×	0	0	0	0	0	1
0	×	×	×	×	×	×	0	1	0	0	1	0	1
0	×	×	×	×	×	0	1	1	0	1	0	0	1
0	×	×	×	×	0	1	1	1	0	1	1	0	1
0	×	×	×	0	1	1	1	1	1	0	0	0	1
0	×	×	0	1	1	1	1	1	1	0	1	0	1
0	×	0	1	1	1	1	1	1	1	1	0	0	1
0	0	1	1	1	1	1	1	1	1	1	1	0	1

① $I_0 \sim I_7$ 为按等级排列的输入信号。I_7 优先级最高，I_0 最低；

② A_2、A_1、A_0 为三位二进制编码输出信号；

③ EI 是使能输入端。当使能输入 $EI = 1$ 时，禁止编码，A_2、A_1、A_0 为全 1；当使能输入 $EI = 0$ 时，允许编码；

④ EO 是使能输出端。当使能输入端 $EI = 0$ 时，允许编码 $EO = 1$，没有编码输入时 $EO = 0$；

⑤ GS 为片优先编码输出端。当使能输入端 $EI = 0$ 时，并且输入抢答信号时 $GS = 0$；否则，$GS = 1$。即 $EI = 1$ 时，输出编码 $A_2A_1A_0 = 111$，但 $GS = 1$，$GS = 1$ 说明此时 111 不是输入信号的输出编码；而 $EI = 1$ 时，如 $A_2A_1A_0 = 111$，而 $GS = 0$，则 $GS = 0$ 说明 111 是输入的输出编码。

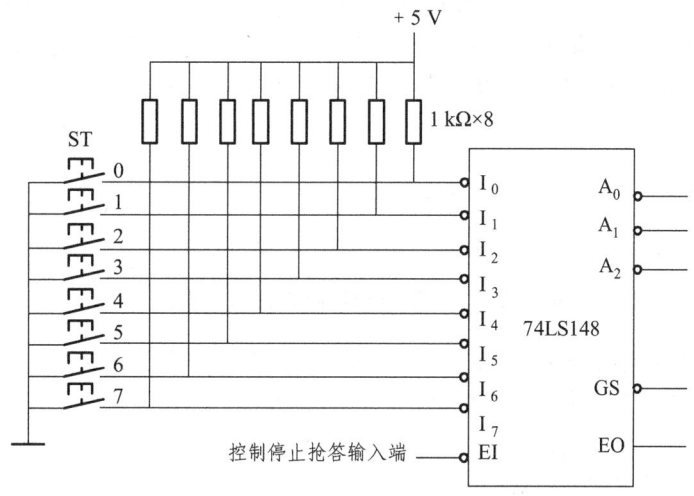

图 4-8-2　八路抢答编码电路原理图

2）锁存器模块与 BCD 七段显示译码器模块

锁存器主要是由基本的 SR 触发组成，其功能实现原理电路如图 4-8-3 所示。

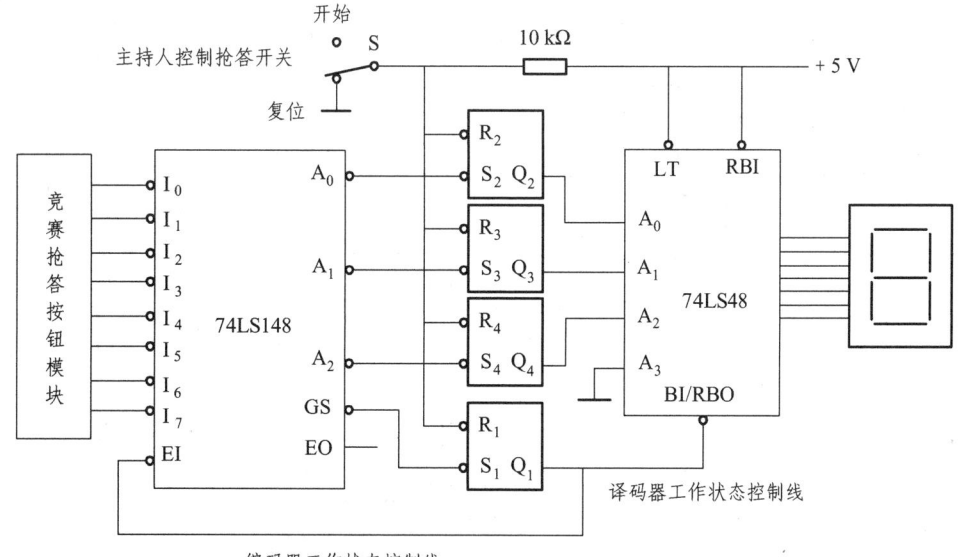

图 4-8-3　八路抢答数字电路的原理图

① 设编码器使能输入 $EI=1$、输出 $A_2A_1A_0=111$ 和 $GS=1$。当开关 S 为"复位"状态，触发器输入端 $R=0$，各个触发器输出状态为 0000，则 74LS148 优先编码器使能输入端信号变化为 $EI=0$，使 74LS148 优先编码器处于编码工作状态，但因触发器输入端 $R=0$，同时使 74LS48 译码器的 $BI=0$，显示器灭灯。

② 当主持人操作开关 S 为"开始"状态时，触发器输入端 $R=1$，电路进入抢答状态。如有抢答信号输入时，$GS=0$，$Q_1=1$，74LS48 译码器的 $BI=1$，BCD 七段显示译码器显示抢答信息。

③ $Q_1=1$，使能输入 $EI=1$，编码器为禁止编码状态，同时，使 GS 输出信号变化为 1，Q_1 状态保持不变（即 $Q_1=1$），维持使能输入 $EI=1$，封锁其他抢答信号的输入。

④ 当主持人操作开关 S 为"复位"状态时，74LS48 译码器显示器灭灯，74LS148 优先编码器处于编码工作状态（即 $EI=0$），即抢答电路已准备好进入下一轮抢答工作状态。

3）定时器控制模块

定时器控制模块的电路原理如框图 4-8-4 所示。

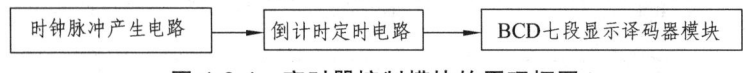

图 4-8-4　定时器控制模块的原理框图

① 时间脉冲产生电路如图 4-8-5 所示，它是利用 NE555 定时器的功能设计的一个秒脉冲产生电路，即多谐振荡器，振荡器频率为

$$f=\frac{1.43}{(R_1+2R_2)C_1}$$

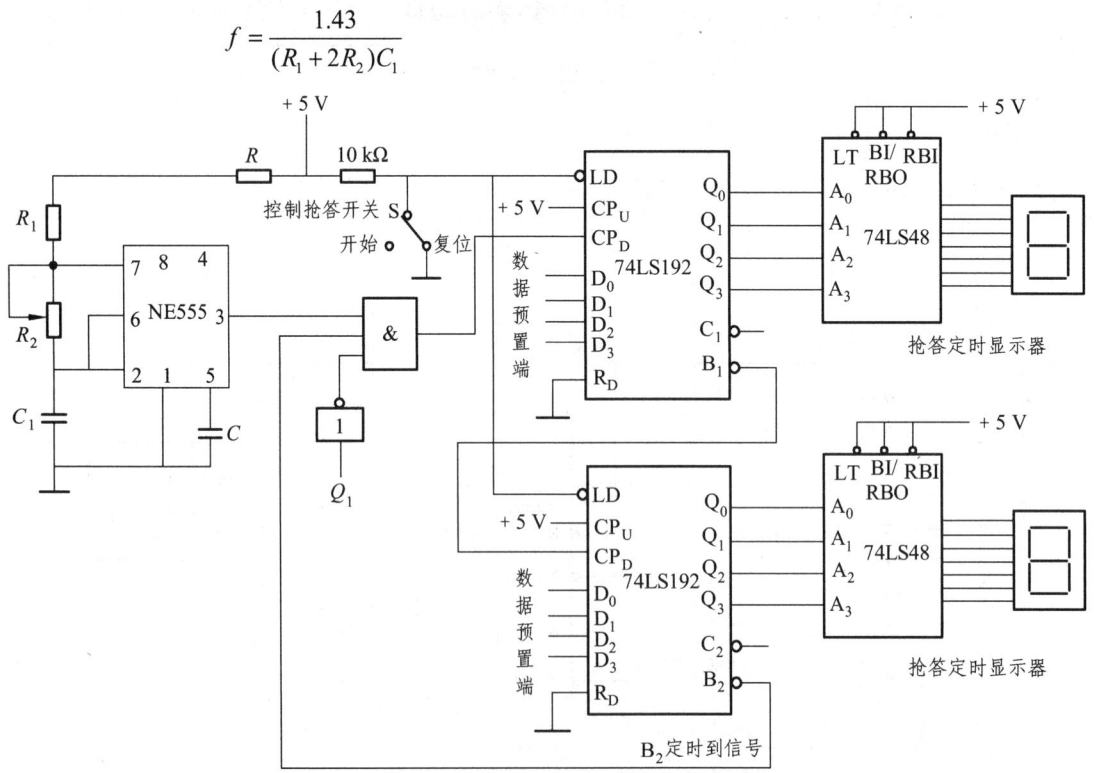

图 4-8-5　定时器控制模块的电路原理图

② 倒计时定时电路主要由十进制同步加/减计数器 74LS192 实现，电路如图 4-8-5 所示。74LS192 的功能如表 4-8-2 所示。

表 4-8-2 十进制同步加/减计数器 74LS192 功能表

			输		入					输	出	
LD	R_D	CP_U	CP_D	D_3	D_2	D_1	D_0	Q_3	Q_2	Q_1	Q_0
×	1	×	×	×	×	×	×	0	0	0	0
0	0	×	×	D_3	D_2	D_1	D_0	D_3	D_2	D_1	D_0
1	0	↑	1	×	×	×	×	加法计数			
1	0	1	↑	×	×	×	×	减法计数			
1	0	1	1	×	×	×	×	保持			

$D_0 \sim D_3$：并行数据输入端；
$Q_0 \sim Q_3$：数据输出端；
CP_U：加法计数脉冲输入端；
CP_D：减法计数脉冲输入端；
R_D：异步置 0 端（高电平有效）；
LD：置数控制端（低电平有效）；
C：加法计数时，进位输出端（低电平有效）；
B：减法计数时，借位输出端（低电平有效）；

4）定时报警模块

定时报警电路原理如图 4-8-6 所示。其中集成单稳态触发器 74LS121 电路模块的功能是控制报警电路，定时器 NE555 电路模块为报警电路。74LS121 功能如表 4-8-3 所示。

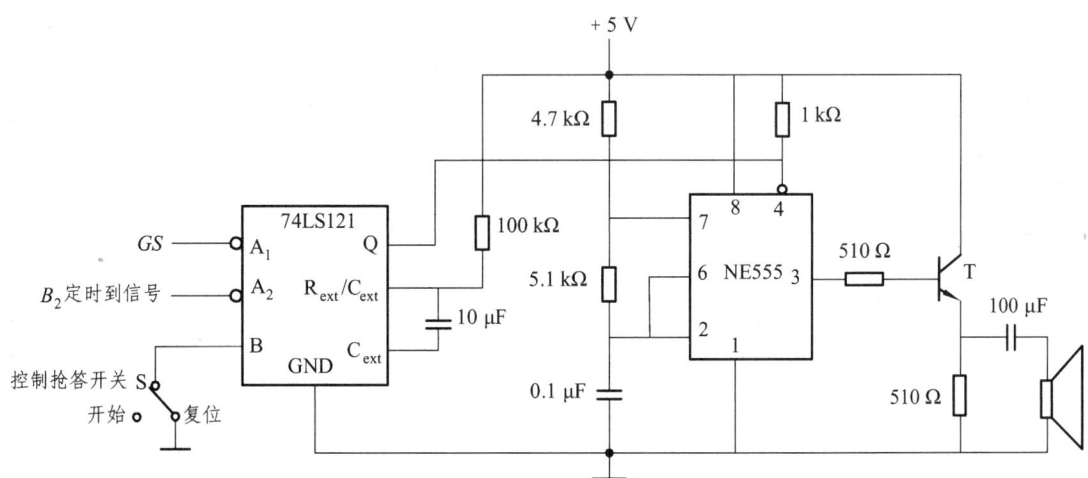

图 4-8-6 定时报警电路原理图

表 4-8-3　74LS121 集成单稳态触发器功能表

输入			输出	
A_2	A_1	B	Q	$\overline{Q}$
0	×	1	0	1
×	0	1	0	1
×	×	0	0	1
1	1	×	0	1
1	↓	1	⊓	⊔
↓	1	1	⊓	⊔
↓	↓	1	⊓	⊔
0	×	↑	⊓	⊔
×	0	↑	⊓	⊔

4.8.3　预习内容

（1）预习编码器、BCD 七段显示译码器、基本 SR 触发器、计数器、555 定时器、单稳态触发器等功能和工作原理。

（2）预习实验设计原理及相关的原理图，设计满足"实验设计内容"要求的逻辑电路图及器件参数。

（3）撰写实验操作、调试步骤。

4.8.4　实验仪器、仪表和装置

将实验中所使用的仿真仪器和器件情况记录在表 4-8-4 中。

表 4-8-4　仿真实验仪器、仪表和器件记录表

设备名称	型号或规格	精度	数量	备注
直流稳压电源				
双踪示波器				
74LS121				
74LS148				
74LS279				
74LS48				
74LS192				
74LS00				
NE555				
三极管				
共阴极显示器				
电阻				
电容				
其他电子元器件				

4.8.5 实验设计内容

1. 智力竞赛抢答器

设计一个 8 路智力竞赛抢答器，可同时供 8 名智力竞赛抢答者进行竞赛抢答，抢答者的编号分别为 0、1、2、3、4、5、6、7，并每位抢答者有一个与编号相对应的抢答按钮。

2. 主持人

设计一个主持人用的控制开关 S，其功能有两个，即控制竞赛抢答"开始"和竞赛抢答结束"复位"。要求：当控制开关 S 为"复位"状态时，竞赛抢答信息显示器为"灭灯"状态，即只显示抢答者的编号信息，同时扬声器发出短暂的音响提示。

3. 锁存与显示抢答信息

抢答开始后，若有人按动抢答按钮，抢答电路进入禁止抢答状态，即锁存抢答信息，并同时用 BCD 七段显示译码器显示抢答编号信息和扬声器发出短暂的音响提示。

4. 定时控制器

（1）抢答时间可由主持人直接设置。当主持人控制开关 S 为竞赛抢答"开始"状态时，定时器进入倒计时抢答工作状态，并同时用 BCD 七段显示译码器显示抢答倒计时时间。

（2）当在设置的抢答时间内，有竞赛抢答者抢答，即抢答有效，抢答电路和定时器停止工作，抢答者编号和抢答时刻同时显示，并控制显示的信息保持到主持人操作开关 S 为"复位"状态为止。

（3）当抢答的时间到时（定时器显示 00），若没有竞赛抢答者抢答，即抢答无效，控制扬声器发出短暂的音响报警，同时控制抢答电路为禁止抢答状态。

5. 报警提示

（1）抢答开始时，扬声器发出短暂的音响提示抢答开始。
（2）在有效抢答时间内有抢答时，扬声器发出短暂的音响提示有人抢答了。
（3）抢答时间内无人抢答，抢答时间到，扬声器发出短暂的音响报警抢答时间到。

4.8.6 实验数据分析及要求

（1）画出八路定时竞赛抢答电路图，并论述其工作原理和工作过程。
（2）撰写实验操作步骤。
（3）论述实验中的故障现象及处理方式。

4.9　实验九　双向移位寄存器

4.9.1　实验目的

（1）掌握寄存器及移位寄存器的电路设计方法。
（2）了解双向移位寄存器的工作原理。
（3）提高检查及排除电路故障的能力。
（4）提高对逻辑电路的综合分析和实验能力。

4.9.2　实验原理

在数字系统中，将一些数码暂时存放起来的逻辑部件称为寄存器。触发器是一种能够存储 1 位二进制输入数字信号的基本单元电路，它具有两个稳定状态（即逻辑 0 和 1）。在输入信号作用下，两个稳定状态可以相互转换，当输入信号消失后，寄存器中建立起来的状态能够继续保存（在不断电条件下）。

1. 74LS74 触发器及 74LS51 与或非门

1）74LS74 触发器

74LS74 触发器内含两个独立的 D 触发器，如图 4-9-1 所示。74LS74 触发器中，每个 D 触发器都有数据输入端 D、置位输入端 $\overline{S}_D$、复位输入端 $\overline{R}_D$、时钟输入端 CP 及两个数据输出端 Q 和 $\overline{Q}$。

当 $\overline{S}_D$ 输入为低电平时，将直接预置输出端 $Q=1$；当 $\overline{R}_D$ 输入为低电平时，将直接使输出端清零，即 $Q=0$。$\overline{S}_D$ 或 $\overline{R}_D$ 为低电平时，输出端的状态与其它输入端的电平无关。当 $\overline{S}_D$、$\overline{R}_D$ 均为高电平时，输出端 Q 的状态由输入端 D 数据和时钟输入端 CP 确定。

74LS74 触发器逻辑功能如表 4-9-1 所示。

表 4-9-1　74LS74 触发器逻辑功能表

CP	$\overline{R}_D$	$\overline{S}_D$	D	Q^n	Q^{n+1}	$\overline{Q^{n+1}}$
×	1	0	×	×	1	0
×	0	1	×	×	0	1
⎍	1	1	1	×	1	0
⎍	1	1	0	×	0	1
⎴	1	1	×	Q^n	Q^n	$\overline{Q}^n$

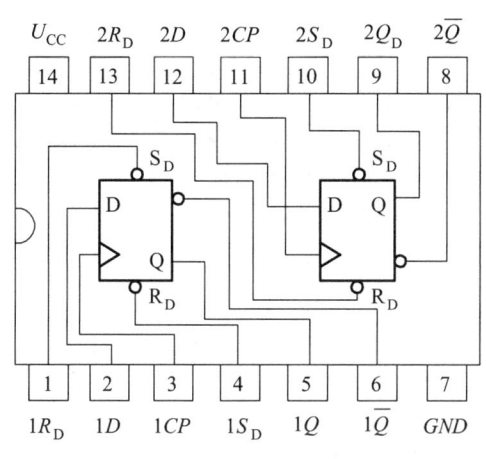
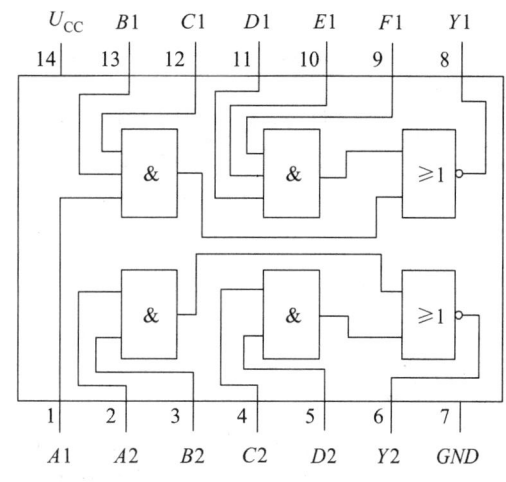

图 4-9-1　74LS74 触发器管引脚图　　　图 4-9-2　74LS51 与或非门引脚图

2）74LS51 与或非门

74LS51 与或非门逻辑电路如图 4-9-2 所示。一组是 3-3 输入端的与或非门，一组是 2-2 输入端的与或非门。即

$$Y_1 = \overline{A_1B_1C_1 + D_1E_1F_1}$$

$$Y_2 = \overline{A_2B_2 + C_2D_2}$$

2. 双向移位寄存器

移位寄存器除了具有寄存数码的功能外，还具有移位功能。双向移位寄存器的功能是在移位脉冲作用下，能够把移位寄存器中的数依次向左移或向右移，其原理电路如图 4-9-3 所示。

1）各模块功能

电路如图 4-9-3 所示，下面采用分模块的方式论述各模块的作用。

（1）开关模块。

开关模块由电路图 4-9-3 中的五个开关（即开关 X、R、L、R_D 和 S_D）组成。

开关 X：决定移动寄存器中信号移动的方向（即左移或右移）。当开关 X 向上接电源（即 $X=1$）时，电路功能为左移移位寄存器；当开关 X 向下接地（即 $X=0$）时，电路功能为右移移位寄存器。

开关 R：决定右移移位寄存器的输入信号状态。当开关 R 向上接电源（即 $R=1$）时，右移移位寄存器的输入信号状态为 $D_1=1$；当开关 R 向下接地（即 $R=0$）时，右移移位寄存器的输入信号状态为 $D_1=0$。

开关 L：决定左移移位寄存器的输入信号状态。当开关 L 向上接电源（即 $L=1$）时，左移移位寄存器的输入信号状态为 $D_4=1$；当开关 L 向下接地（即 $L=0$）时，左移移位寄存器的输入信号状态为 $D_4=0$。

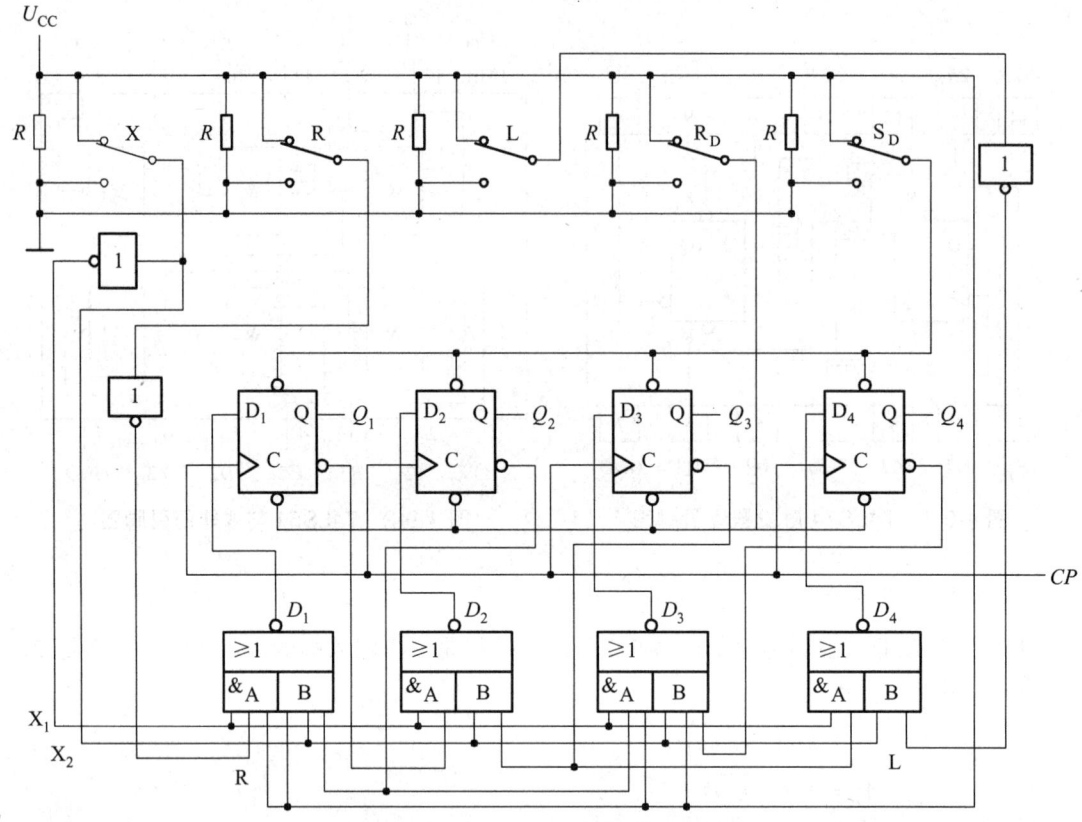

图 4-9-3 双向移位寄存器原理电路图

开关 R_D、S_D：R_D 为复位端，S_D 为置位端。当开关 R_D、S_D 同时向上接电源（即 $R_D=1$，$S_D=1$）时，D 触发器的输出 Q 状态由输入端 D 数据和时钟输入端 CP 确定；当开关 R_D 向下接地（即 $R_D=0$），开关 S_D 向上接电源时，所有的 D 触发器输出端清零，即输出状态 $Q_4Q_3Q_2Q_1=0$；当开关 S_D 向下接地（即 $S_D=0$），开关 R_D 向上接电源时，所有的 D 触发器输出端置"1"，即输出状态 $Q_4Q_3Q_2Q_1=1$

（2）信号输入模块。

信号输入模块由四个与或非门组成。当 $X=0$、$X_1=1$ 时，四个与或非门的与门 A 工作、与门 B 封锁，开关 R 的输入信号由 D_1 输入触发器，各 D 触发器的驱动方程为

$$D_1 = R$$
$$D_2 = Q_1^n$$
$$D_3 = Q_2^n$$
$$D_4 = Q_3^n$$

当 $X=1$、$X_2=1$ 时，四个与或非门的与门 B 工作、与门 A 封锁，开关 L 的输入信号由 D_4 输入触发器，各 D 触发器的驱动方程为

$$D_4 = L$$
$$D_3 = Q_4^n$$
$$D_2 = Q_3^n$$

$$D_1 = Q_2^n$$

（3）D 触发器模块。

四个 D 触发器组成的双向移位寄存器，其四个 D 触发器输出状态表达式为

$$\overline{Q_1^{n+1}} = \overline{\overline{XR} + X\overline{Q_2^n}}$$

$$\overline{Q_2^{n+1}} = \overline{\overline{XQ_1^n} + X\overline{Q_3^n}}$$

$$\overline{Q_3^{n+1}} = \overline{\overline{XQ_2^n} + X\overline{Q_4^n}}$$

$$\overline{Q_4^{n+1}} = \overline{\overline{XQ_3^n} + X\overline{L}}$$

2）工作原理

当开关 $X=1$、$R_D=1$、$S_D=1$ 时，在脉冲作用下，开关 L 的信号由 D_4 触发器输入，形成左移移位寄存器；当开关 $X=0$、$R_D=1$、$S_D=1$ 时，在脉冲作用下，开关 R 的信号由 D_1 触发器输入，形成右移移位寄存器；当开关 $R_D=0$ 时，所有的 D 触发器输出端状态为 $Q_4Q_3Q_2Q_1=0$；当开关 $S_D=0$ 时，所有的 D 触发器输出端状态为 $Q_4Q_3Q_2Q_1=1$。

4.9.3 预习内容

（1）预习双向移位寄存器概念；预习图 4-9-3 工作原理。

（2）预习实验电路图 4-9-4 的测试原理及实验要求。

4.9.4 实验仪器、仪表和装置

将实验中所使用的仪器和设备情况记录在表 4-9-1 中。

表 4-9-1 实验仪器、仪表和装置记录表

设备名称	型号或规格	精度	数量	备注
函数信号发生器				
数字万用表				
电子实验装置				
反相器				
与或非门				
D 触发器				
电阻				
LED				

4.9.5 实验内容

按图 4-9-4 实验电路接线，CP 信号由函数信号发生器输入方波（或手动脉冲信号输入）。根据表 4-9-2 已知数据进行实验操作，用 LED 显示测试 D 触发器的状态 Q^n 和 Q^{n+1}，并记录于表 4-9-2 中。

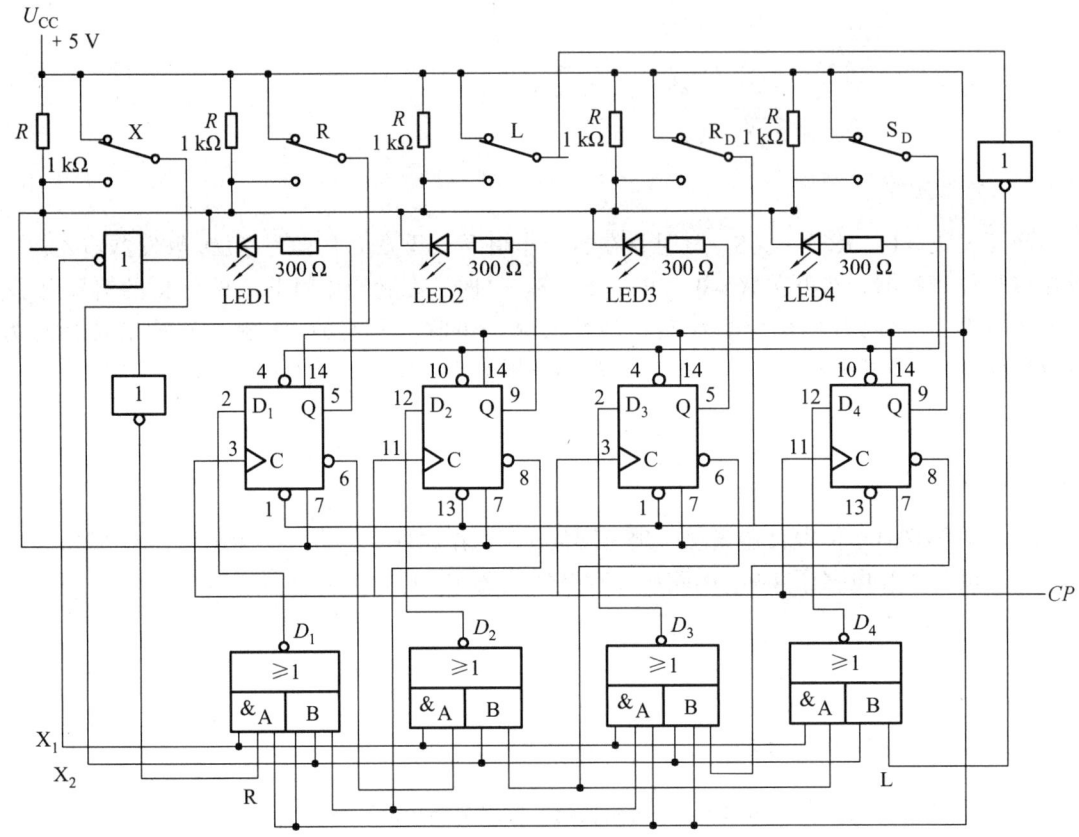

图 4-9-4 D 触发器组成双向移位寄存器实验电路

表 4-9-2 双向移位寄存器实验测试数据表

CP	$\overline{R_D}$	$\overline{S_D}$	X	L	R	Q_4^n	Q_3^n	Q_2^n	Q_1^n	Q_4^{n+1}	Q_3^{n+1}	Q_2^{n+1}	Q_1^{n+1}
×	0	1	×	×	×								
↑	1	1	1	1	×								
↑	1	1	1	0	×								
↑	1	1	1	1	×								
↑	1	1	1	1	×								
↑	1	1	1	1	×								
↑	1	1	1	1	×								
↑	1	1	1	1	×								

续表 4-9-2

CP	$\overline{R_\mathrm{D}}$	$\overline{S_\mathrm{D}}$	X	L	R	Q_4^n	Q_3^n	Q_2^n	Q_1^n	Q_4^{n+1}	Q_3^{n+1}	Q_2^{n+1}	Q_1^{n+1}
↑	1	1	1	0	×								
↑	1	1	1	1	×								
↑	1	1	1	1	×								
↑	1	1	1	0	×								
↑	1	1	1	0	×								
↑	1	1	0	×	1								
↑	1	1	0	×	1								
↑	1	1	0	×	0								
↑	1	1	0	×	1								
↑	1	1	0	×	0								
↑	1	1	0	×	0								
↑	1	1	0	×	1								
↑	1	1	0	×	1								
↑	1	1	0	×	1								
↑	1	1	0	×	0								
↑	1	1	0	×	1								
↑	1	1	0	×	1								

4.9.6 实验数据分析及要求

（1）说明实验电路图 4-9-4 的工作原理。

（2）根据实验测量表 4-9-2 数据，分别画出左移和右移时，寄存器中 D 触发器输出状态 Q_4、Q_3、Q_2、Q_1 的波形图。

（3）根据实验数据和实验电路图 4-9-4 工作原理，试说明由 D 触发器构成的双向移位寄存器是串行输入还是并行输入？是串行输出还是并行输出？并说明双向移位寄存器的输入端和输出端。

（4）在实验过程中，出现了什么问题？具体是怎么解决的？

4.10 实验十 电子表计时显示电路的设计

4.10.1 实验目的

（1）熟悉时序逻辑电路的特点及一般分析方法。

（2）掌握电子表计时显示电路的工作原理及测试。

(3) 掌握反相器、与非门等组合逻辑门电路的检测。
(4) 掌握 JK 触发器、异步计数器、译码器等时序逻辑集成电路的检测方法。
(5) 学习电路的调试方法,并验证所设计电路的功能。
(6) 提高综合设计数字实用电路的方法和能力。

4.10.2　实验原理

本实验主要是完成电子表计时显示电路中的"小时"功能的设计与实验任务。

1. 计时模块

1) 24 小时计时设计原理简介

24 小时计时原理框图如图 4-10-1 所示,其中各模块的功能如下:

译码显示电路:是用于显示时间功能的电路。24 时制电子表计时显示电路中"小时"计数器的特点是时钟 24 点过后,显示的是 1 点,即显示"1",十位的数不显示。

计数器电路:用 74LS290 实现 24 进制的计数功能。

校时电路:具有用手动方式完成调时的功能,即手动控制输出脉冲信号,达到调时作用。

脉冲发生器:作用是给计时电路提供脉冲信号。

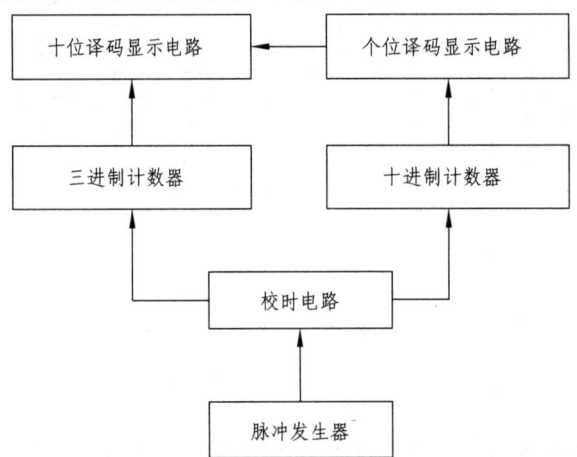

图 4-10-1　24 小时电子表计时显示电路原理框图

2) 12 小时计时设计原理

12 小时计时原理框图如图 4-10-2 所示,其中各模块的功能如下:

译码显示电路:是用分上、下午方式显示时间功能的电路。12 时制电子表计时显示电路中"小时"计数器的特点是时钟 12 点过后,显示的是 1 点,即显示"1",十位的数不显示。

计数器电路:12 进制计数器电路如图 4-10-2 所示,即主要由 74LS107 双 JK 触发器和 74LS290 二-五-十进制异步计数器组成 12 进制计数器电路。其中,双 JK 触发器 74LS107 中的一个 JK 触发器与 74LS290 中的五进制计数单元相串联,构成一个 8421BCD 码的十进制计数器,表示小时的个位。74LS290 输出的最高位 Q_3 为二进制计数单元的计数脉冲 $CP1$,二进制计数单元的输出 Q_0 表示小时的十位。

清零：74LS107 的清零端为低电平有效，而 74LS290 的清零端为高电平有效，所以 74LS20 与非门的输出端接 JK 触发器的清零端 $\overline{CLR}$，74LS04 反相器接 74LS290 的 $R_{0(1)}$、$R_{0(2)}$ 清零端。清零时，74LS107 输出端 $\overline{Q}$ 输出为高电平，从而达到清零时显示的是"1"而不是"0"的目的。

12 小时计时功能如表 4-10-1 所示。

表 4-10-1 12 小时电子表计时功能表

小时脉冲 CP		0	1	2	3	4	5	6	7	8	9	10	11	12
各 Q 端状态	Q_0	0	0	0	0	0	0	0	0	0	1	1	1	0
	Q_3	0	0	0	0	0	0	0	1	1	0	0	0	0
	Q_2	0	0	0	1	1	1	1	0	0	0	0	0	0
	Q_1	0	1	1	0	0	1	1	0	0	0	0	1	0
	$\overline{Q_1}$	1	0	1	0	1	0	1	0	1	0	1	0	1
显示结果		1	2	3	4	5	6	7	8	9	10	11	12	1

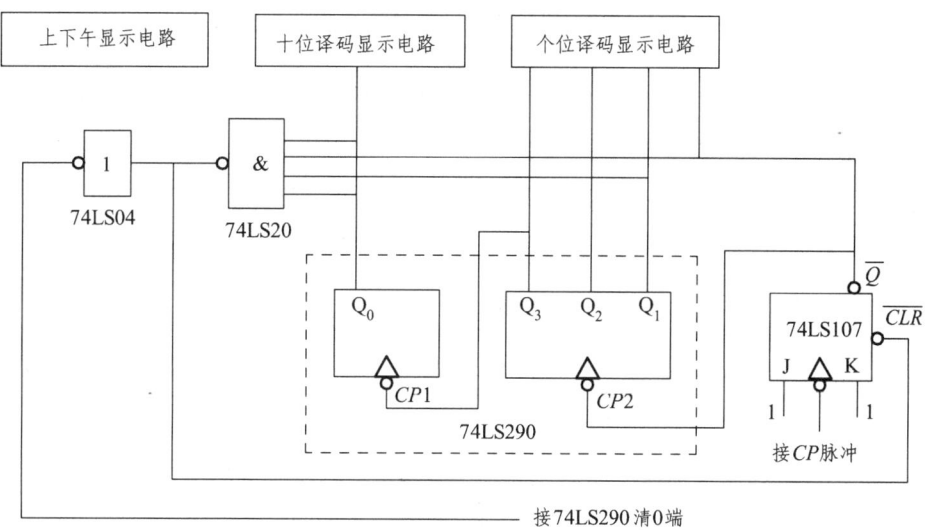

图 4-10-2 12 小时电子表计时原理框图

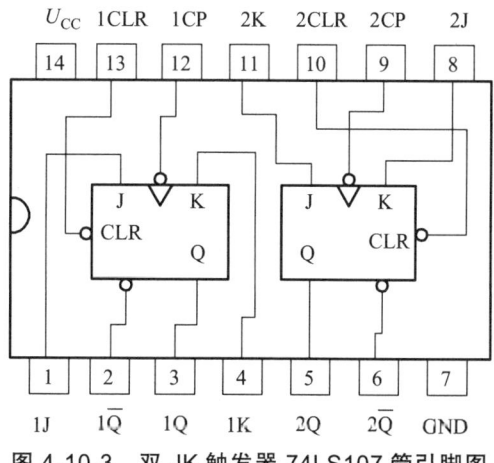

图 4-10-3 双 JK 触发器 74LS107 管引脚图

4.10.3 预习内容

（1）预习 24 小时计时设计原理，根据 24 小时电子表计时显示电路原理框图 4-10-1，设计实验电路图。

（2）预习 12 小时计时设计原理，根据 12 小时电子表计时原理框图 4-10-2，设计满足实验设计要求的实验电路图。

（3）预习 74LS107、74LS20、74LS04、74LS290 和 4 线-七段译码/驱动器及共阴七段数码显示管等器件的工作原理。

（4）根据实验设计要求，完成实验相关预习任务。

4.10.4 实验仪器、仪表和装置

将实验中所使用的仪器和设备情况记录在表 4-10-2 中。

表 4-10-2　实验仪器、仪表和装置记录表

设备名称	型号或规格	精度	数量	备注
函数信号发生器				
数字万用表				
电子实验装置				
十进制异步计数器	74LS290			
双下降沿 JK 触发器	74LS107			
4 输入端双与非门	74LS20			
2 输入四与门	74LS08			
六反相器	74LS04			
四 2 选 1 数据选择器	74LS157			
BCD 码输入带七段译码/驱动数码管				
共阴极七段数码管				

4.10.5 实验设计要求

1. 必须完成的设计要求

（1）电子表"小时"显示 12 点后不清 0，而接着显示 1 点钟。

（2）小时数不足 10 点钟时，只显示个位，而不显示十位，例如：8 点钟只显示"8"，而不显示"08"。

（3）用 74LS107 中的一个 JK 触发器与 74LS290 中的五进制单元相串联构成 8421 码十进制计数器，以显示小时的"个位"。

（4）用74LS290中的二进制计数单元驱动小时的十位数显示。
（5）正常的时、分、秒计时显示。
（6）具备手动时、分的校时功能。
（7）根据提供的元器件清单，画出完整的实验电路图。
（8）详细分析电路工作原理。
（9）简述实验及调试步骤。
（10）画出电路时序图。

2. 发挥部分

利用已有的芯片，实现用"A"表示"上午"，用"P"表示"下午"；试设计电路图，并计算确认电路中相关元件的参数。

4.10.6 实验数据思考题

（1）试论述实验电路图的设计原理及实验操作步骤。
（2）实验过程中出现了什么问题？是怎样解决的？
（3）在图 4-10-1 中，当计数不足 10 时，十位数显示的"0"消隐是通过将 Q_0 直接与显示器的有关字段相连而实现的。如果在 Q_0 与显示器之间再加一个组件 74LS48，利用 74LS48 的零消隐输入控制端（第 4 脚）也可以达到同样目的，如图 4-10-4 所示。试分析其工作原理。

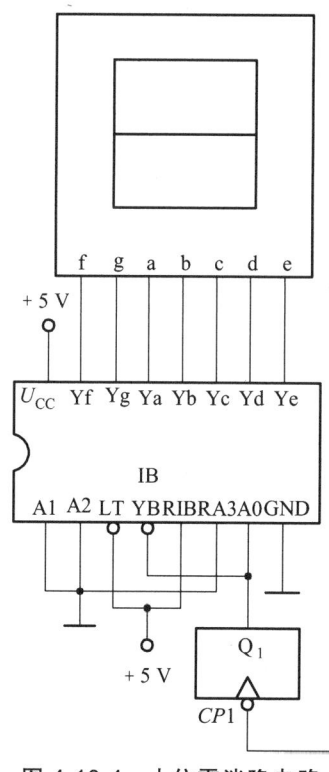

图 4-10-4 十位零消隐电路

4.11 实验十一 照明灯自动亮灭控制电路的设计

4.11.1 实验目的

（1）能综合电子技术理论知识，设计一个受声光控制的照明灯自动亮灭控制电路。
（2）掌握电子电路的故障判断与调试方法，并逐步完善所设计的电子电路功能。
（3）根据个人的能力，能拓展其设计方案。

4.11.2 实验设计原理

1. 原理框图

声光控制的照明灯自动亮灭控制电路框图如图 4-11-1 所示，主要由五个模块组成，即稳压电源模块、声光控制信号模块、模数转换模块、定时器控制模块、电源开关控制模块等电路。灯利用声和光变化的特性，控制照明灯的亮，并用定时器控制亮灭的时间。

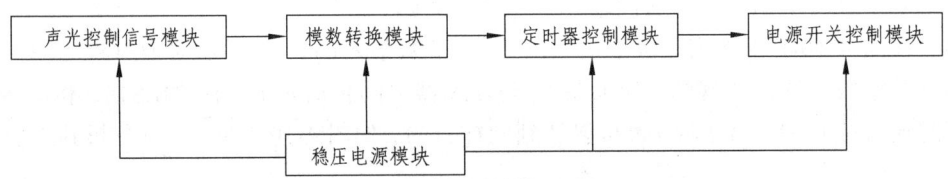

图 4-11-1 照明灯自动亮灭控制电路框图

2. 各功能模块电路的简介

1）稳压电源模块

在图 4-11-2 中，220 V 交流电经桥式整流、滤波电路（即滤波电容 C_1）和稳压电路（即限流电阻 R_2 和稳压管 D_Z）等组成整流滤波稳压电路，为后续电路提供合适的直流电压。

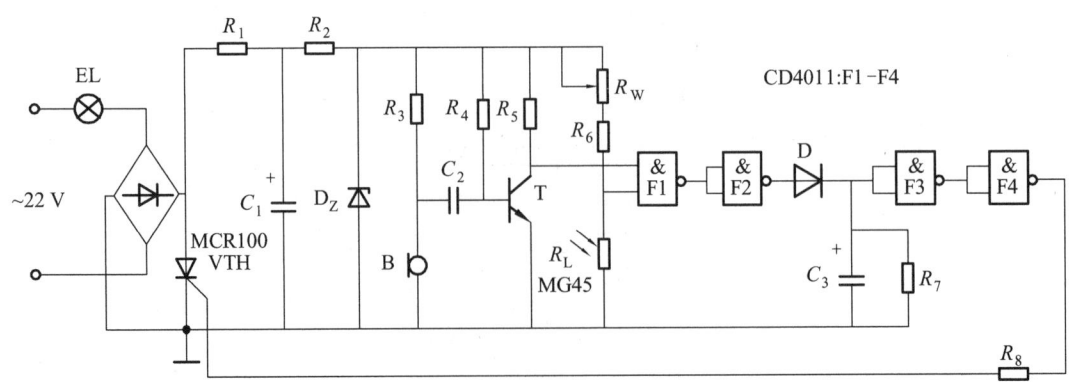

图 4-11-2 声光控照明灯自动亮灭原理图

2）声光控制信号模块

（1）"光控"功能由光敏电阻器又称光导管（即图 4-11-2 中 R_L 元件为光敏电阻器），是一种用半导体材料制成的光电器件，其阻值的大小受光照强度的控制，即光照强时，光敏电阻值很小，而光照暗时，光敏电阻值很大。当光照暗时，使与非门 F1 输入电压为高电平信号。

（2）"声控"功能由驻极体话筒 B 和晶体三极管 T 组成。其中，驻极体话筒 B 将声波信号转换成电压信号，这个电压信号经晶体管三极管 T 放大输出到与非门 F1 的输入端，即与非门 F1 输入波动的高电平信号。

3）模数转换模块

模数转换模块又称为"整形电路"。主要由 COS 数字集成电路 CD4011 的与非门 F1、F2 组成，将晶体管三极管 T 放大输出的模拟电压信号，整形输出为"脉冲信号"，即数字信号。

4）定时器控制模块

定时器电路主要由电容 C_3 和电阻 R_7 组成。当与非门 F2 输出高电平时，照明灯 EL 自动点亮，这时电路中的二极管 D 为导通状态，电路对电容 C_3 快速充电；当与非门 F2 输出低电平时，二极管 D 工作状态为截止，电容 C_3 与电阻 R_7 组成放电回路，而 C_3 通过 R_7 缓慢放电，其放电时间常数 $\tau = R_7 C_3$，维持与非门 F4 继续输出高电平，维持照明灯 EL 自动亮；当放电使电容 C_3 电压降低到一定值时，与非门 F4 输出低电平，照明灯 EL 自动熄灭。即 $R_7 C_3$ 电路是维持照明灯 EL 亮的主要电路，称为定时器电路。

5）电源开关控制模块

电源开关控制模块主要由单向晶闸管 VTH 和桥式整流电路组成开关主回路，用以完成对照明灯 EL 的自动控制。当与非门 F4 输出高电平时，单向晶闸管 VTH 被触发导通，VTH 导通后，桥式整流电路接通，照明灯 EL 中流过较大电流而被点亮；当与非门 F4 输出低电平时（即电平低于晶闸管 VTH 触发电压），晶闸管自动关断（截止），照明灯 EL 自动熄灭。

4.11.3 预习内容

（1）预习直流稳压电源电路工作原理。
（2）预习图 4-11-2 的控制原理。
（3）预习 555 定时器电路工作原理，并设计延时电路图。
（4）自拟实验调试步骤。

4.11.4 实验仪器、仪表和装置

将实验中所使用的器件记录在表 4-11-1 中。

表 4-11-1 实验中部分元器件清单记录表

器件名称	型号或规格	数量
硅桥		
光敏电阻		
驻极体话筒		
三极管		
稳压管		
单向晶闸管		
集成定时器		
电位器		
电解电容		
与非门		
电阻		

4.11.5 实验设计要求

（1）根据图 4-11-2 所示工作原理，将图 4-11-2 电路中的延时电路用 555 定时器设计。
（2）照明灯自动熄灭的延时时间为 10 s。
（3）直流稳压电源输出电压为 +5 V。

4.11.6 实验数据思考题

（1）画出整个实验电路图，并在图上标明器件型号或参数。
（2）写出实验操作过程及调试步骤，并简述分析、排除故障的过程。
（3）总结分析产生亮灭信号的电路中电阻参数的计算与选择，并与实验结果进行比较。
（4）555 延时电路参数的计算。

4.12 实验十二 数字钟的综合性设计实验

4.12.1 实验目的

（1）熟悉时序逻辑电路的特点及一般分析方法。
（2）了解数字钟的基本原理。
（3）掌握设计数字钟电路的方式方法。
（4）学习调试较复杂数字电路的方法和验证所设计电路功能的技能。
（5）提高学生动手操作能力。
（6）提高学生检查及排除电路故障的能力。
（7）提高学生综合设计数字实用电路的方法和能力。

4.12.2 实验设计原理

数字钟电路是一个实用性很强且带有趣味性的电路,通过各种计数器及外围电路的设计能引起学生的极大兴趣,并且在很短的时间内使学生增加一些科学知识,激发对数字电子技术课程的学习兴趣。

1. 数字钟的原理框图

数字钟的原理框图如图 4-12-1 所示,其数字时钟组成部分主要包括:100 Hz 基准信号源、两级十进制计数器、两级 60 进制计数器、"12 翻 1"的 12 进制计数器、数码显示器(有 h、m、s 和 m、s、0.01 s 两种显示方式)、显示转换电路、校准电路等七个模块电路组成。

其工作原理:首先由 100 Hz 基准信号源产生的脉冲信号,该脉冲信号驱动 100 进制计数器→60 进制的计秒电路→60 进制的计分电路→"12 翻 1"的 12 进制计数器电路。如果需要,也可进行手动校时、校分,也可定点报时。

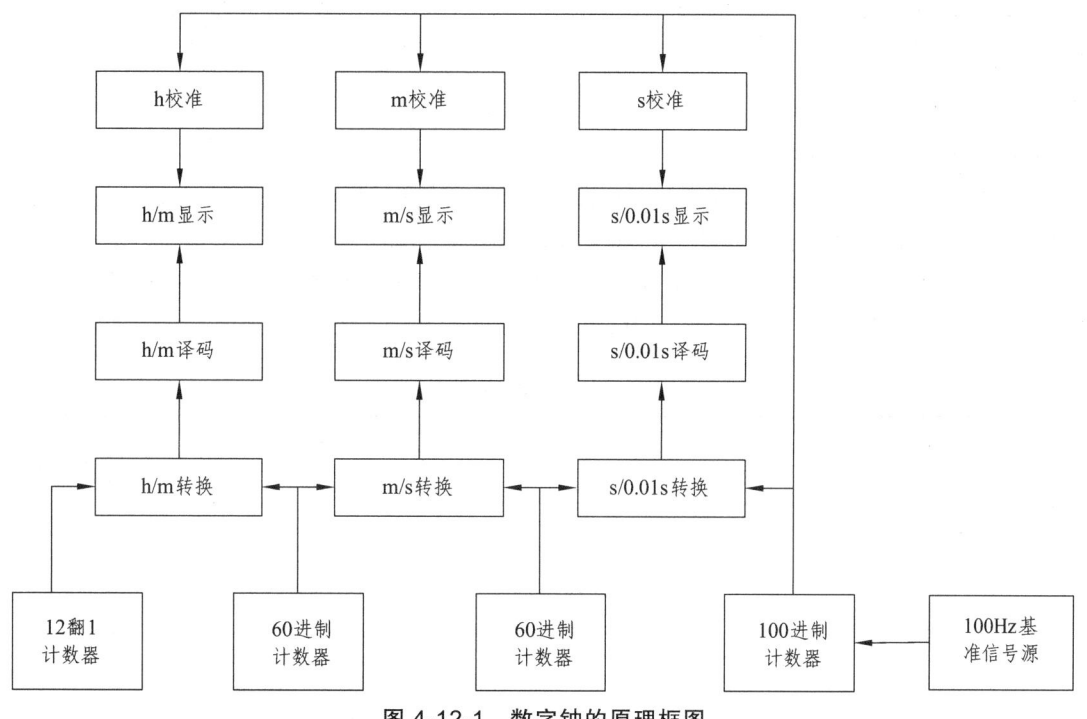

图 4-12-1 数字钟的原理框图

2. 数字钟模块电路功能的简述

1) 100 Hz 基准信号源

一般 100 Hz 基准信号源由振荡器和分频器两部电路分组成。其中振荡器的组成可以有多种方式,例如:石英晶体振荡器、555 构成的多谐振荡器。而振荡器所产生频率还不能直接用作时钟脉冲,必须通过分频器的处理,得到所需的脉冲频率,即 100 Hz 基准信号源。下面以石英晶体振荡器为例,讨论分频器的概念。

（1）用石英晶体振荡器来产生基准频率时，选择 1.5 MHz 为振荡基准频率，即石英晶体振荡器的固有频率有 1.5 MHz、3 MHz、5 MHz、7 MHz、11 MHz、15 MHz、25 MHz、40 MHz 等多种频率。

（2）1.5 MHz 振荡频率通过分频器则可产生 100 Hz 基准信号。

所谓"分频"，就是把输入信号的频率变成成倍数地低于输入频率的输出信号。其实现的方式有多种，本实验中重点讨论用计数器做"分频器"的方法。它的原理是：把频率高的信号作为时钟脉冲信号 CP，当计满 N 个 CP 脉冲后，计数器的输出端口产生一个输出信号 Z，则 Z 的频率等于时钟 CP 频率的 $1/N$，从而可以降低信号的频率。至于分频频率如何，由选用的计数器所决定。如果是十进制的计数器，那就是十分频，所以，1.5 MHz 石英晶体振荡器频率除以 15 000 可得到 100 Hz 基准信号。

实现 100 Hz 基准信号的分频器的组成可以有多种选择：例如，可以用 1 级三进制计数器加 3 级二进制计数器再加 4 级五进制计数器；也可以用 1 级 15 进制计数器加三级十进制计数器；还可以用 1 级 24 进制计数器加 2 级 25 进制计数器等多种分频方式。选择不同的分频器方案，其电路成本有所不同，上述 3 种分频方式所用的触发器数分别是 17、16、15 个。如果采用 1 级 125 进制计数器加 1 级 120 进制计数器作为分频器，则只需 14 个触发器就可以了。是不是还有更好的分频器方案呢？

2）计数器

（1）对于十进制计数器和 60 进制计数器，理论上既可以用同步计数器，也可以用异步计数器，然而，考虑到精确度和稳定性，本实验设计中使用同步计数器。

（2）12 h 制时钟计数器设计。根据计时显示规律，十二进制计数器（即 12 h 制时钟的小时数）设计状态是按照"01，02，…，11，12，01，02…"规律计数，称为"12 翻 1"，如表 4-12-1 所示。

表 4-12-1　计数器的状态转换表

时钟	显示数字		个位计数器输出			
CP	十位	个位	Q_3	Q_2	Q_1	Q_0
1	0	1	0	0	0	1
2	0	2	0	0	1	0
3	0	3	0	0	1	1
4	0	4	0	1	0	0
5	0	5	0	1	0	1
6	0	6	0	1	1	0
7	0	7	0	1	1	1
8	0	8	1	0	0	0
9	0	9	1	0	0	1
10	1	0	0	0	0	0
11	1	1	0	0	0	1
12	1	2	0	0	1	0
13	0	1	0	0	0	0

分析表 4-12-1 可以看出，在一个计数循环中，计数器的状态发生两次异常转换，第一次是由 1001 变为 0000，第二次是由 0010 变为 0001。第一次转换可以用清零功能实现，也可以用预置数功能实现；第二次转换可以用预置数功能实现，也可以通过减计数实现。

不同型号的计数器，其控制端的个数和功能是不同的，因而要实现"12 翻 1"的功能，需要选择功能合适的计数器。我们可以采用两片具有同步预置数和同步清零功能的 4 位二进制计数器 74LS163 级联组成"12 翻 1"小时计数器。也可以采用两片 4 位二进制加/减计数器 74LS191 级联组成"12 翻 1"小时计数器。电路连接的关键是确定控制端和反馈信号。因为"12 翻 1"计数器的十位公用 0 和 1 两个数码，所以为降低成本，其十位数也可以用 D 触发器或 JK 触发器构成。

4.12.3 预习内容

（1）预习计数器、分频器、译码显示器、数据选择器和数值比较器等基本应用电路原理；熟悉数字集成电路 74LS163、74LS191、74LS290、74LS90N、74LS157、74LS107、74LS85、74LS21、74LS08 的功能及外引线排列。

（2）预习石英晶体振荡器和 555 集成定时器构成的多谐振荡器的工作原理。

（3）了解用反馈置零法构成一～十二进制计数器的设计方法。

（4）根据实验任务，自拟实验调试步骤。

4.12.4 实验仪器仪表和装置

将实验中所使用的器件记录在表 4-12-1 中。

表 4-12-1 实验中部分元器件清单记录表

设备名称	型号或规格	精度	数量	备注
计算机				
Electronics Workbench Multisim 8 电子线路仿真软件				
数字万用表				
直流电源 V_{CC}				
电子实验装置				
芯片				
其他器件				

4.12.5　实验设计要求

数字钟系统电路的设计是一个综合设计型数字实用电路的设计。其设计的数字钟系统电路应具备以下功能：
（1）正常的时、分、秒计时显示；
（2）该数字钟为 12 小时制的数字钟，也可当作秒表用；
（3）该数字钟在清零时显示的是"01"，而不为"00"；
（4）该数字钟的显示用的是共阴极七段数码管；
（5）该数字钟应具有校时电路及定点报时功能（12 点报时）。

4.12.6　实验数据思考题

（1）画出数字钟系统仿真电路图。
图中各器件的型号/参数明确，元器件布局合理，疏密适当，输入输出关系清楚，而且电路图应比较美观。
（2）数字钟系统电路仿真过程
论述仿真验证数字钟功能的操作过程，分析观察计数器各输出端的输出波形是否符合要求和记录的结果。
（3）在仿真实验过程中出现了什么问题？是怎样解决的？有何收获或体会？

4.13　实验十三　交通灯控制系统的设计

4.13.1　实验目的

（1）理解交通灯控制系统中的红灯、绿灯、黄灯三种灯的状态转换流程。
（2）掌握用数字电路及其器件设计简单控制系统的方法。
（3）学习较复杂电子电路的设计、安装及调试方法，提高综合应用知识的能力。
（4）了解中规模集成电路（计数器、定时器及数据比较器等）的逻辑功能及使用方法。
（5）提高学生的动手操作能力。
（6）提高学生检查及排除电路故障的能力。
（7）提高学生综合设计数字实用电路的方法和能力。

4.13.2　实验设计原理

1. 交通灯控制系统的框图

交通灯控制系统的设计方案如框图 4-13-1 所示，主要由秒脉冲发生器、状态控制器、状态译码器、减法计数器、译码显示和信号灯六个模块电路组成。秒脉冲发生器模块为减法计数器提供基准 CP 脉冲信号,减法计数器的工作状态通过译码器显示干道信号灯的时间。当减法计数器为零时,用减法计数器的回零脉冲触发状态控制器完成干道信号灯的状态转换,同时,状态译码器驱动干道信号灯和预置减法计数器的下一个工作状态的初始值。

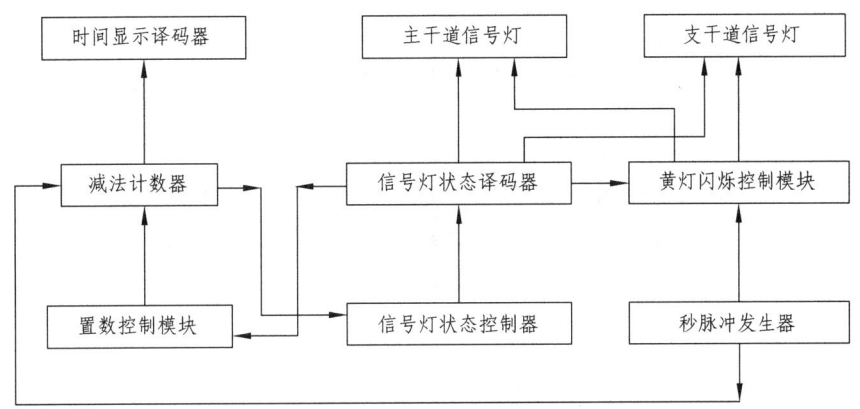

图 4-13-1 交通控制系统的框图

2. 各电路模块的设计原理

1)信号灯状态控制器的设计

信号灯的工作顺序如流程图 4-13-2 所示,用 S_0、S_1、S_2、S_3 表示信号灯的四种不同状态,其状态编码及状态转换图如图 4-13-3 所示。

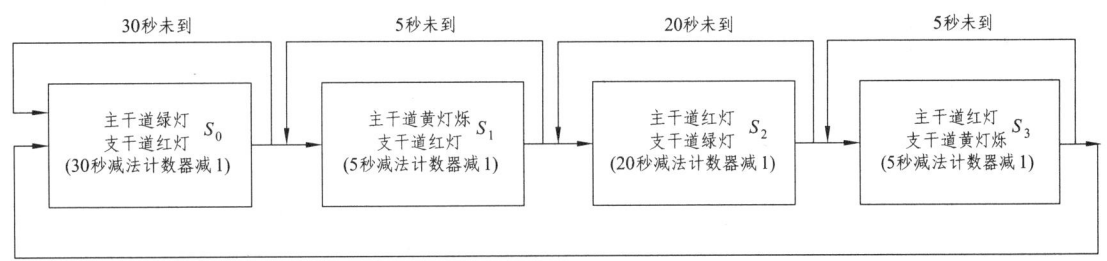

图 4-13-2 交通灯工作顺序流程图

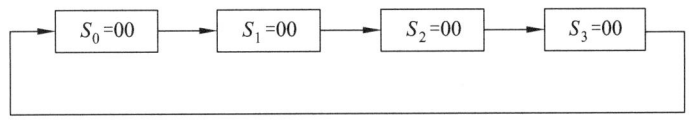

图 4-13-3 状态编码及状态转换图

根据状态转换图 4-13-3 设计信号灯状态转换电路,如选用十进制同步加减计数器 74LS190 设计,则状态控制电路如图 4-13-4 所示。其中,十进制同步加减计数器 74LS190 功能如表 4-13-1 所示;管脚图如图 4-13-5 所示;功能时序图如图 4-13-6 所示。

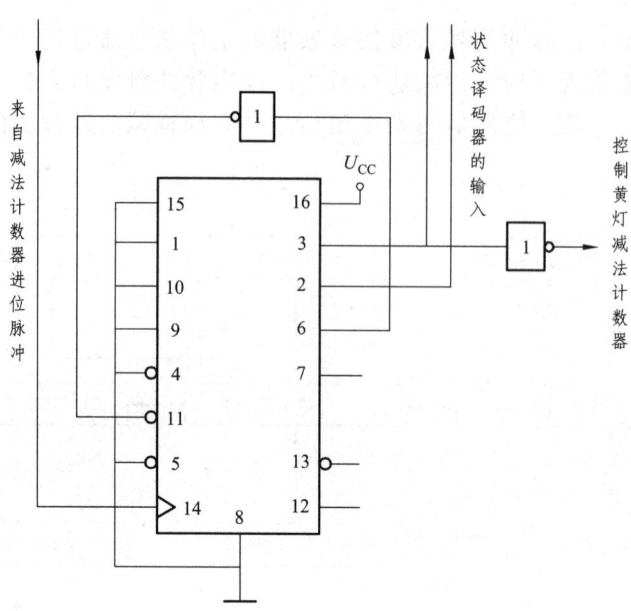

图 4-13-4　状态控制电路图

表 4-13-1　十进制同步加减计数器 74LS190 功能表

$\overline{LD}$	$\overline{CT}$	$\overline{U}/D$	CP	$D_0 D_1 D_2 D_3$	$Q_0 Q_1 Q_2 Q_3$
		输　　入			输　　出
0	×	×	×	$d_0 d_1 d_2 d_3$	$d_0 d_1 d_2 d_3$
1	0	0	↑	××××	加法计数
1	0	1	↑	××××	减法计数
1	1	×	×	××××	保持

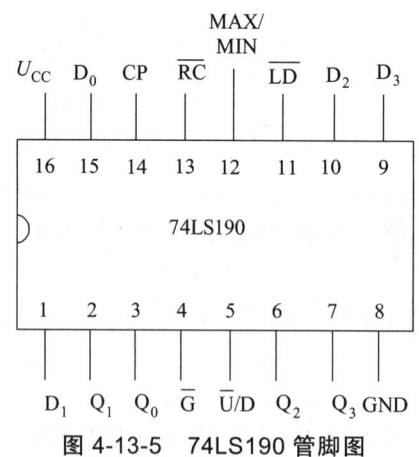

图 4-13-5　74LS190 管脚图

$\overline{LD}$ 为异步置数控制端。

$\overline{CT}$ 为计数控制端。

$D_0 \sim D_3$ 为并行数据输入端。

$Q_0 \sim Q_3$ 为输出端。

$\overline{U}/D$ 为加/减计数方式控制端。

$\overline{G}$ 为使能端。当 $\overline{G}=0$ 时，计数工作；当 $\overline{G}=1$ 时，计数 $Q_0 \sim Q_3$ 保持不变。

$\overline{RC}$ 为行波时钟输出端。当 $Q_3Q_2Q_1Q_0=1001$ 或 $Q_3Q_2Q_1Q_0=0000$ 时，CP 下降触发 $\overline{RC}=0$。

MAX/MIN 最大值/最小值输出端。当 $Q_3Q_2Q_1Q_0=1001$ 或 $Q_3Q_2Q_1Q_0=0000$ 时，MAX/MIN 端输出"1"，即进位输出/借位输出端。

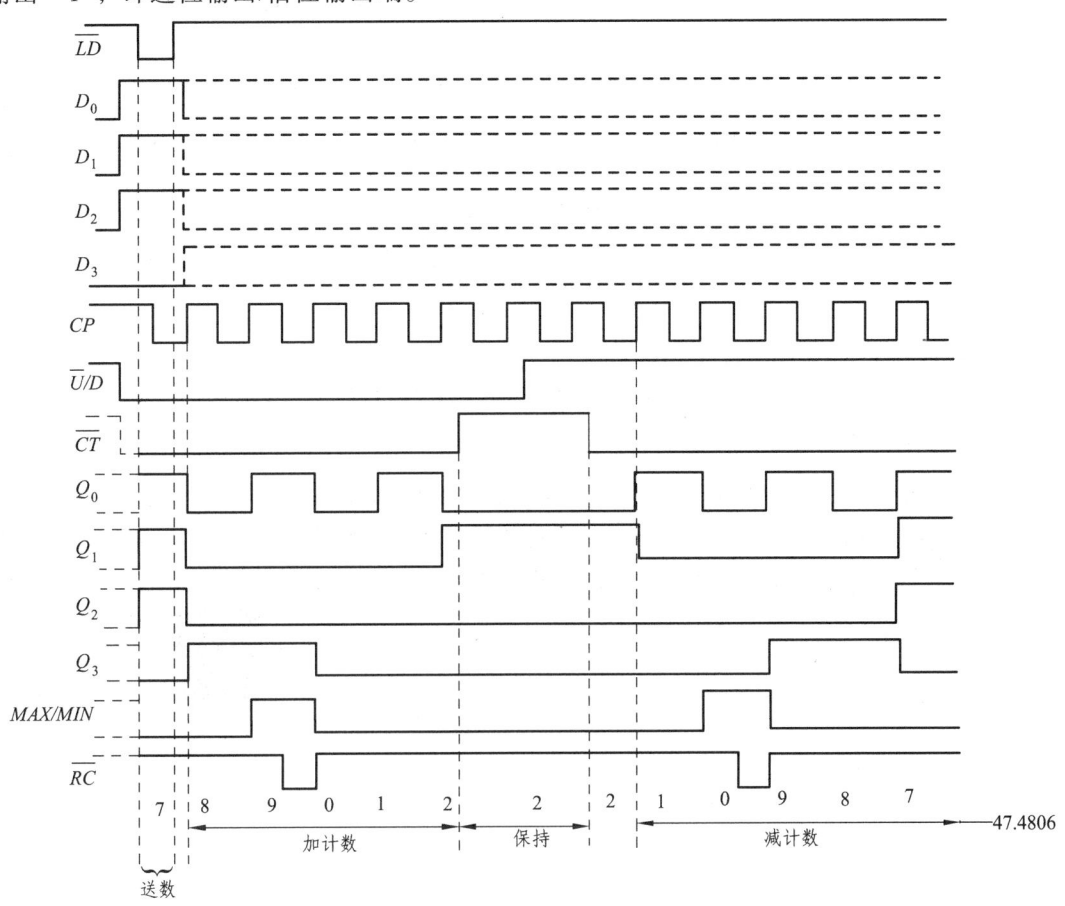

图 4-13-6　74LS190 功能时序图

2）状态译码器的设计

主、支干道上红、黄、绿信号灯的状态主要取决于状态控制器的输出状态 Q_1Q_0，它们之间的关系如表 4-13-2 所示，其中"1"表示信号灯亮，"0"表示信号灯灭。

表 4-13-2　信号灯信号的状态表

状态控制器输出		主干道信号灯			支干道信号灯		
Q_1	Q_0	AR（红）	AY（黄）	AG（绿）	BR（红）	BY（黄）	BG（绿）
0	0	0	0	1	1	0	0
0	1	0	1	0	1	0	0
1	0	1	0	0	0	0	1
1	1	1	0	0	0	1	0

根据表 4-13-2 中状态控制输出与主干道信号灯之间的状态关系，写出逻辑表达式。当状态

编码 $Q_1Q_0 = 00$ 时，绿灯触发信号 $AG = \overline{\overline{Y_0}} = 1$，绿灯亮；状态编码 $Q_1Q_0 = 01$ 时，黄灯触发信号 $AY = \overline{\overline{Y_1}} = 1$，黄灯亮；状态编码 $Q_1Q_0 = 10$ 或 $Q_1Q_0 = 11$ 时，红灯触发信号 $AR = \overline{\overline{Y_2}} + \overline{\overline{Y_3}} = 1$，红灯亮，则得主干道状态译码电路（见图 4-13-7）。同理，可以设计出支干道信号灯的译码电路。

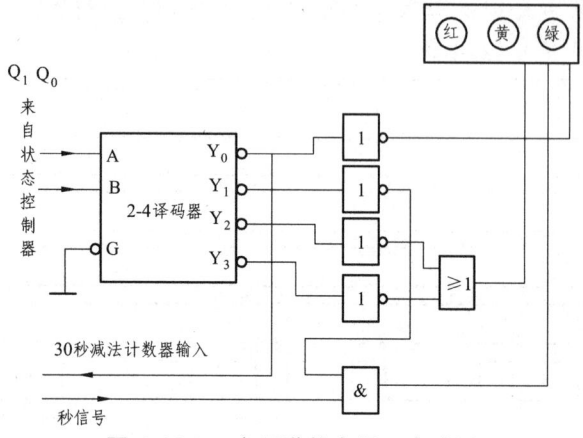

图 4-13-7　主干道状态译码电路图

3）减法计数器的设计

设计一个能自动装入不同定时时间的定时器，以完成 30 s、20 s、5 s 的定时任务。

由两片 74190 构成的二位十进制可预置减法计数器完成，时间状态由两只 BCD 码输入带译码驱动的 LED 数码管进行显示，预置到减法计数器的时间常数通过三片 8 路双向三态门 74LS245 来完成。

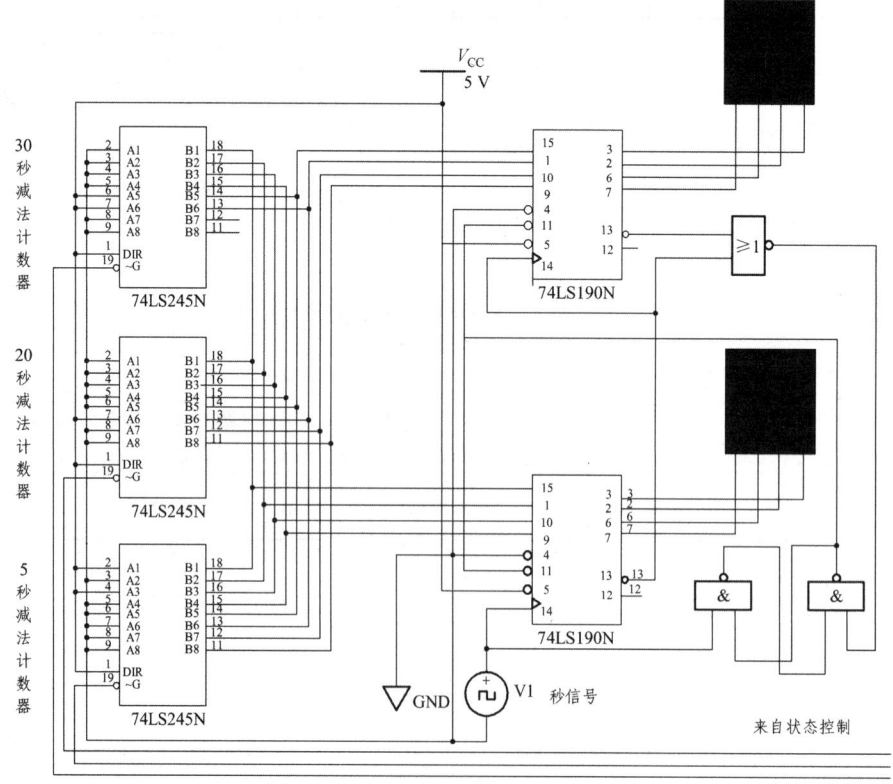

图 4-13-8　交通灯定时显示电路图

4）秒信号发生器的设计

本实验利用 555 定时器组成的秒信号发生器，如图 4-13-9 所示。该电路输出脉冲的周期为

$$T = 0.7(R_1 + 2R_2)C$$

若 $T = 1s$，令 $C = 10\mu F$，$R_1 = 39K\Omega$，取一固定电阻 $47K\Omega$ 与一个 $5K\Omega$ 的电位器相串联代替电阻 R_2，在调试电路时调节电位器 R_P，使输出脉冲周期为 1 s。

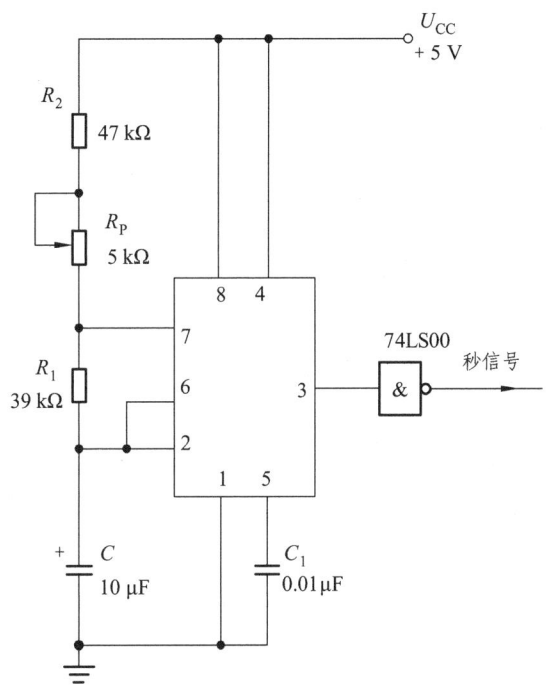

图 4-13-9　秒信号发生器电路图

4.13.3　预习内容

（1）预习交通灯控制系统的控制逻辑及图 4-13-1。

（2）预习信号灯状态控制器、状态译码器、减法计数器、秒信号发生器等电路的设计原理；思考交通灯定时控制系统的控制逻辑是怎样的？交通灯中红灯、绿灯、黄灯三种灯的状态转换流程是怎样的？完成不同定时时间的定时器定时任务的设计要点是什么？

（3）根据图 4-13-1 所示逻辑框图，完成交通灯控制系统的设计。

（4）根据实验任务，自拟实验调试步骤。

4.13.4　实验仪器、仪表和装置

将实验中所使用的仪器仪表和器件记录在表 4-13-3 中。

表 4-13-3　实验中仪器、仪表和元器件清单记录表

设备名称	型号或规格	精度	数量	备注
计算机				
Electronics Workbench Multisim 8 电子线路仿真软件				
电子实验装置				
数字万用表				
直流电源 V_{CC}				
函数信号发生器				
电阻（300 Ω，1/4 W）				
电阻（39 kΩ，1/4 W）				
电阻（47 kΩ，1/4 W）				
电位器（5 kΩ）				
BCD 七段译码器/驱动器 74LS48				
四位二进制/十进制加/减计数器 CD4029（有预置端）				
八位同相三态收发器 74LS245				
二输入端四与非门 74LS00				
555 集成定时器 NE555				
电容 0.01 μF				
电容 0.1 μF				
共阴数码管				
芯　片				
其他器件				

4.13.5　实验设计要求

1. 信号灯的译码电路的设计

设主干道方向的红、黄、绿灯分别为 AR，AY，AG；支干道方向的红、黄、绿灯分别为 BR，BY，BG。根据图 4-13-7，完成支干道信号灯的译码电路设计。

2. 交通灯工作顺序流程要求

设计方案应满足交通灯工作顺序流程图 4-13-2。即主干道方向红灯亮的时间应等于支干道方向黄、绿灯亮的时间之和；支干道方向红灯亮的时间应等于主干道方向黄、绿灯亮的时间之和；黄灯闪烁用于提示绿灯变为红灯。

例如：主干道方向的绿、黄、红灯亮的时间分别为 30 秒、5 秒、25 秒；支干道方向的绿、

黄、红灯亮的时间分别为 20 秒、5 秒、35 秒。其中红灯亮的时间为绿灯、黄灯亮的时间之和，黄灯是间歇闪耀，要求每秒闪亮一次。

3. 十字路口有时间显示提示

十字路口要有数字显示装置，作为时间提示。具体要求如下：

当某方向绿灯亮时，置计数器为某一个数值，然后以每秒减 1 的计数方式工作，直至减到数为 "0"，十字路口红、绿灯交换，一次工作循环结束，进入另一个方向的工作循环。

例如：当主干道方向从红灯转换成绿灯时，置主干道方向数字显示为 30，并使数显计数器开始减 "1" 计数，当减法计数到绿灯灭而黄灯亮（闪耀频率 1 Hz）时，数码管显示的数值应为 5，当减法计数到 "0" 时，黄灯灭，而主干道方向的红灯亮；同时，使得支干道方向的绿灯亮，并置支干道方向的数码管的显示为 20。

4.13.6 实验数据思考题

（1）分析系统的逻辑功能，画出完整的实验电路原理图。
（2）绘出实验中的时序波形，并加以说明。
（3）如何实现状态控制器的上电复位。
（4）写出设计心得及体会。

4.14 实验十四 简易电子琴的设计

4.14.1 实验目的

（1）了解由 555 定时器构成的简易电子琴工作原理。
（2）学习调试简单系统电路的方法，提高综合实验能力。

4.14.2 实验设计原理

1. 音阶按键模块

音阶按键模块由七个琴键按钮开关和电阻组成，如图 4-14-1 所示。通过七个琴键按钮开关实现对振荡频率的控制，从而得到所需的频率。

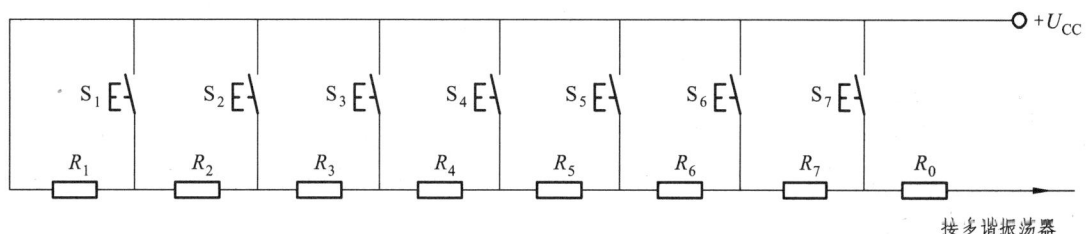

图 4-14-1 音阶按键模块电路图

2. 音阶发音模块

主要由 555 定时器组成音阶发音模块电路，如图 4-14-2 所示。其中器件参数为：$R = 5.1\,\text{k}\Omega$，$R_1 = 500\,\Omega$，$R_2 = 1\,\text{k}\Omega$，$R_W = 10\,\text{k}\Omega$，$C = 0.033\,\mu\text{F}$。

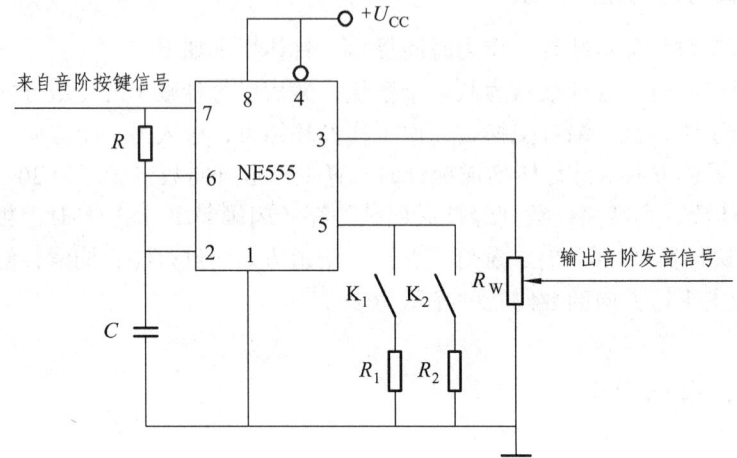

图 4-14-2 音阶发音模块电路图

3. 功率放大模块

功率放大模块电路主要以 LM386 为主，如图 4-14-3 所示。

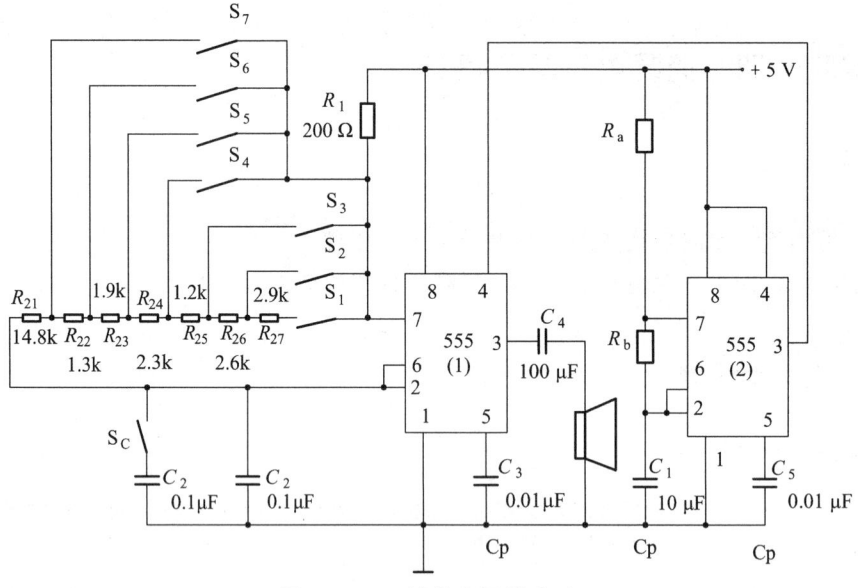

图 4-14-3 简易电子琴电路

管脚⑦：所接电容 C_7 作用为去耦滤波电容。

管脚①与管脚⑧：所接电容 C_1、电阻 R_1 是用于调节电路的闭环电压增益。

管脚⑤：所接电阻 R_5 与电容 C_5 串联组成阻抗校正网络，抵消负载中的感抗分量，防止电路产生自激。

管脚③：接多谐振荡模块输出，接收振荡频率信号。

本实验采用两个 555 定时器组成简易电子琴电路,如图 4-14-3 所示。全电路由主振荡器、颤音振荡器和扬声器三个部分组成。

主振荡器由 555 定时器(1),七个琴键按钮($S_1 \sim S_7$),外接电容 C_1、C_2,外接电阻 R_1 以及 $R_{21} \sim R_{27}$ 等元器件组成。颤音振荡器由 555 定时器(2),电容 C_L 及电阻 R_A、R_B 等元器件组成。颤音振荡器振荡频率较低,为 6 Hz。若将其输出 u_{o2} 连接到 555 定时器(1)的复位端 4,则主振荡器输出 u_{o1} 出现颤音。

根据 555 定时器的振荡周期 $T = 0.7(R_1 + 2R_2)C$ 关系式,在主振荡器中,取 $C = C_1 = 0.1\ \mu F$,$R_1 = 200\ \Omega$,可计算得出不同音阶频率时的 R_2。

本实验采用 C 调,其音阶频率对应的电阻 R_2 阻值如表 4-14-1 所示。如采用电容量 $C = C_1 + C_2 = 0.2\ \mu F$,保持其他外接电阻阻值不变,则振荡频率减半,$u_{o1}$ 变为低 8 度音阶输出。

表 4-14-1

音 阶	频率(Hz)	电阻 R_2(kΩ)
1	263	27.0
2	295	24.1
3	330	21.5
4	350	20.3
5	395	18.0
6	440	16.1
7	480	14.8

4.14.3 预习内容

(1)预习电子琴音阶电路、功率放大电路和多谐振荡电路的工作原理。
(2)预习 555 定时器工作原理和集成功率放大器 LM386 功能及外形与管脚。
(3)预习实验设计内容,设计简易电子琴实验电路。
(4)根据设计方案,自拟实验调试步骤。

4.14.4 实验仪器、仪表和装置

将实验中所使用的仪器仪表和器件记录在表 4-14-2 中。

表 4-14-2　实验中仪器、仪表和元器件清单记录表

设备名称	型号或规格	精度	数量	备注
计算机				
Electronics Workbench Multisim 8 电子线路仿真软件				
直流稳压电源				
双踪示波器				

续表 4-14-2

设备名称	型号或规格	精度	数量	备注
电子实验装置				
数字万用表				
555 定时器				
集成功率放大器				
电阻				
电位器				
电容				
扬声器				

4.14.5 实验设计要求

设计一个简易电子琴，基本要求如下：

1. 电子琴音阶电路的设计

（1）产生 e 调 8 个音阶，即分别由 S_1、S_2、S_3、S_4、S_5、S_6、S_7、S_0 琴键按钮控制，其每个按键对应的频率如表 4-14-3 所示。

表 4-14-3 琴键按钮所对应的振荡频率参考表

琴键按钮	S_1	S_2	S_3	S_4	S_5	S_6	S_7	S_0
振荡频率（Hz）	262	294	330	349	392	440	494	523

（2）音阶调节电路。通过改变电阻大小，调节造成不同的频率声音，并具有调节音阶的功能。其各音阶的电阻参考值如表 4-14-4 所示。

表 4-14-4 音阶频率所对应的电阻值参考表

琴键按钮	S_1	S_2	S_3	S_4	S_5	S_6	S_7	S_0
电阻（kΩ）	34	29	23	21	16	13	9	7

2. 多谐振荡电路的设计

利用 555 定时器设计一个多谐振荡电路。

3. 扬声器电路的设计

利用集成功放放大音阶信号，驱动扬声器。

4.14.6 实验报告及讨论

（1）写出预习内容（2）中外接电阻 R_A、R_B 的计算公式与计算结果。并选择合适的标称电阻。

（2）总结本实验中出现过何种异常情况，说明是用什么仪器如何排除故障的。

第 5 章 附 录

5.1 常用半导体分立器件的命名

5.1.1 国产半导体分立器件型号命名方法

1. 型号的组成

半导体分立器件型号由五个部分组成,其基本组成部分的含义如图 5-1-1 所示。

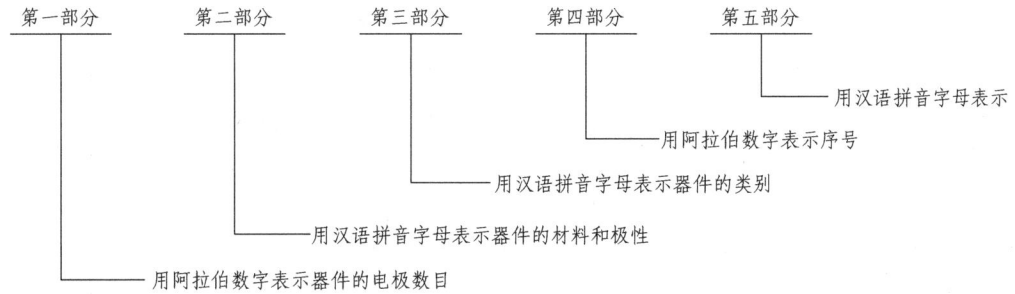

图 5-1-1 半导体分立器件型号的组成说明图

有些半导体分立器件的型号是由五个部分组成,而有些半导体分立器件的型号仅由三~五部分组成。

2. 型号命名方法

国产半导体分立器件型号命名方法如表 5-1-1 所示。

表 5-1-1 国产半导体分立器件型号命名方法

第一部分		第二部分		第三部分		第四部分	第五部分
用阿拉伯数字表示器件的电极数目		用汉语拼音字母表示器件的材料和极性		用汉语拼音字母表示器件的类别		用阿拉伯数字表示序号	用汉语拼音字母表示规格号
符号	意义	符号	意义	符号	意义		
2	二极管	A	N 型,锗材料	P	普通管		
		B	P 型,锗材料	V	微波管		
		C	N 型,硅材料	W	稳压管		
		D	P 型,硅材料	C	变容管		

续表 5-1-1

第一部分		第二部分		第三部分		第四部分	第五部分
3	三极管	A	PNP型，锗材料	Z	整流管		
		B	NPN型，锗材料	L	整流堆		
		C	PNP型，硅材料	S	隧道管		
		D	NPN型，硅材料	N	阻尼管		
		E	化合物材料	K	开关管		
				U	光电器件		
				X	低频小功率晶体管（$f_a<3$ MHz，$P_c<1$ W）		
				G	高频小功率晶体管（$f_a\geq 3$ MHz，$P_c<1$ W）		
				D	低频大功率晶体管（$f_a<3$ MHz，$P_c\geq 1$ W）		
				A	高频大功率晶体管（$f_a\geq 3$ MHz，$P_c\geq 1$ W）		
				T	闸流管（可控硅整流管）		
				Y	体效应管		
				B	雪崩管		
				J	阶跃恢复管		
\	\	\	\	CS	场效应器件		
				BT	半导体特殊器件		
				FH	复合管		
				PIN	PIN型管		
				ZL	整流管阵列		
				QL	硅桥式整流器		
				SX	双向三极管		
				JG	激光器件		
				DH	电流调整管		
				SY	瞬态抑制二极管		
				GS	光电子显示器		
				GF	发光二极管		
				GR	红外发射二极管		
				GJ	激光二极管		
				GD	光敏晶二极管		
				GT	光敏晶体管		
				GH	光耦合器		
				GK	光开关管		
				GL	摄像线阵器件		
				GM	摄像面阵器件		

例 1：锗 PNP 型高频小功率三极管 3AG11C 的型号命名方法如图 5-1-2 所示。CS2B 的型号命名方法如图 5-1-3 所示。

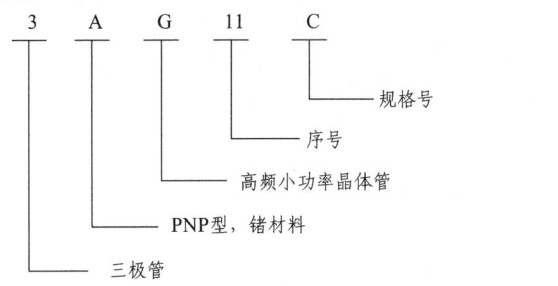

图 5-1-2　3AG11C 的型号命名说明图

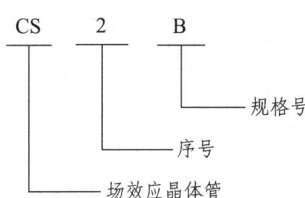

图 5-1-3　CS2B 的型号命名说明

5.1.2　国际电子联合会半导体分立器件型号命名方法

国际电子联合会半导体分立器件型号命名方法如表 5-1-2 所示。

表 5-1-2　国际电子联合会半导体分立器件型号命名方法

第一部分		第二部分				第三部分		第四部分	
用字母表示器件材料		用字母表示器件的类型和主要特性				用数字或字母加数字表示登记号		用字母对同一型号者分档	
符号	意义	符号	意义	符号	意义	符号	意义	符号	意义
A	锗材料	A	检波、开关和混频二极管	M	封闭磁路中的霍尔元件	三位数字	通用半导体器件的登记序号（同一类型器件使用同一登记号）	A B C D E ⋯	同一型号的器件按某一参数进行分档的标志
		B	变容二极管	P	光敏元件				
B	硅材料	C	低频小功率三极管	Q	发光器件				
		D	低频大功率三极管	R	小功率可控硅				
C	砷化镓	E	隧道二极管	S	小功率开关管	一个字母加两个数字	专用半导体器件的登记序号（同一类型器件使用同一登记号）		
		F	高频小功率三极管	T	大功率可控硅				
D	锑化铟	G	复合器件及其他器件	U	大功率开关管				
		H	磁敏二极管	X	倍增二极管				
R	复合材料	K	开放磁路中的霍尔元件	Y	整流二极管				
		L	高频大功率三极管	Z	稳压二极管即齐纳二极管				

5.1.3　半导体分立器件管脚的识别与简单测试

1. 二极管的识别与测试

1）二极管的极性识别

通过外形来识别二极管的正极与负极。

① 从外壳上的符号标记进行识别。

通常在器件的外壳上标有二极管的图形符号，根据图形符号识别其二极管的正极与负极。如图 5-1-4（a）所示。

② 从外壳上的色点标记进行识别。

在点式接触二极管的外壳上，通常标有极性色点（白色或红色）。一般标有色点的一端即为正极。

③ 从外壳上的色环标记进行识别。

在二极管的外壳上标有色环（即普通二极管的色标颜色一般为黑色，而高频变阻二极管的色标颜色则为浅色），带色环的一端则为负极。如图5-1-4（b）所示。

④ 发光二极管可从管脚的长短进行识别。

发光二极管管脚长的为正极，管脚短的为负极。如图5-1-4（c）所示。

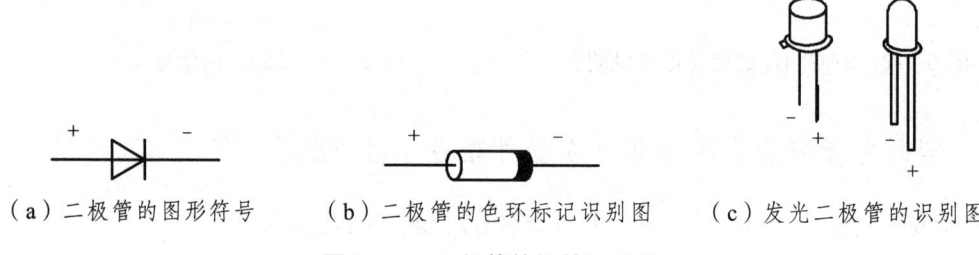

（a）二极管的图形符号　　（b）二极管的色环标记识别图　　（c）发光二极管的识别图

图 5-1-4　二极管的极性识别图

⑤ 用万用表测试法进行识别。

以万用表测试出的阻值较小为准，黑表笔（由万用表的负极端引出）所接二极管的一端为正极，红表笔（由万用表的正极端引出）所接二极管的一端则为负极。其测试原理电路如图5-1-5所示。

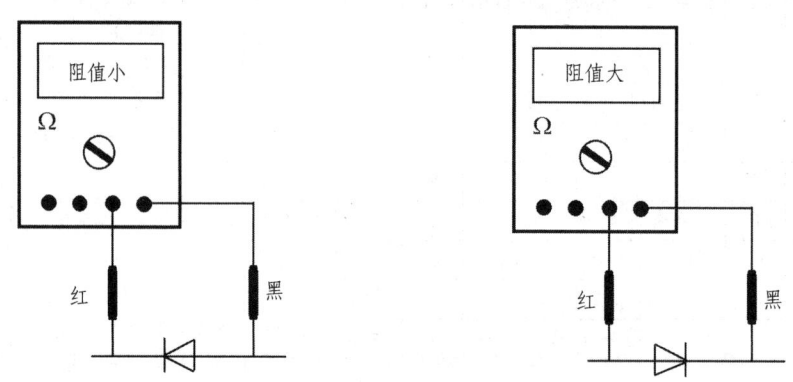

图 5-1-5　用万用表测试法二极管极性图

注：万用表正端（+）红表笔接表内电池的负极，而万用表负端（−）黑表笔接表内电池的正极。根据 PN 结的单向导电性，即正向导通电阻值小，反向截止电阻值大的原理，测试判定二极管的好坏和极性。

2）二极管的好坏测试

性能好的二极管，一般反向电阻比正向电阻大几百倍。

① 用万用表测试出二极管的正、反向电阻均很小或等于零，则说明二极管已被击穿或短路。

② 用万用表测试出二极管的正、反向电阻均很大或接近无穷大，则说明二极管已开路。

③ 用万用表测试出二极管的正、反向电阻值相差不大，则说明二极管的性能很差。

2. 三极管管型和管脚的判断

1）三极管的极性识别

（1）从外壳上的符号标记进行识别，如图 5-1-6 所示。

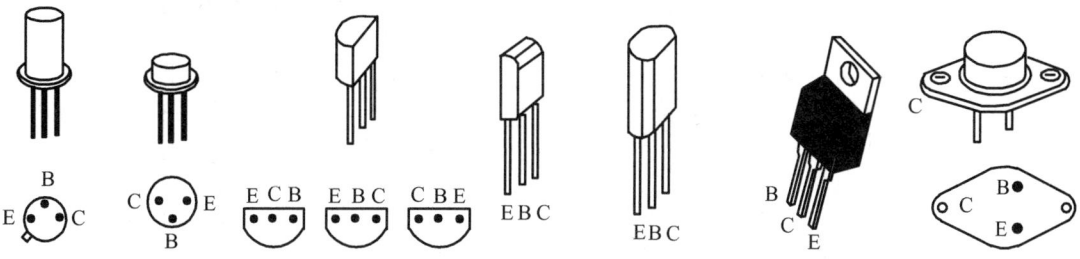

图 5-1-6　三极管外形与管脚关系图

（2）根据器件型号。

对于型号标志清楚的三极管，可查找产品目录，找出三个脚及其相应的各个电极。

（3）测试方法。

对于型号标志不清的三极管，可以利用三极管的两个 PN 结和放大特性，即 PN 结的正向电阻小、反向电阻大及三极管在合适的电压下具有放大能力的特点，判别三极管是 PNP 型还是 NPN 型及其相应的各个管脚。

① 基极的测定。

首先是找基极，用万用表 $R×100$ 或 $R×1\,000\,\Omega$ 挡，将红表棒接假定的"基极"，黑表棒分别接触另外两个极。如果测得的均是低阻值，则红表棒接的是 PNP 型管的基极。如果测得的均是高阻值，则红表棒接的是 NPN 型管的基极。如图 5-1-7 所示。如果用上述方法测得的结果一个是低阻值，一个是高阻值，则原假定的"基极"是错的，这就需要另换一个脚假定为"基极"再测试，直到满足上述要求为止。

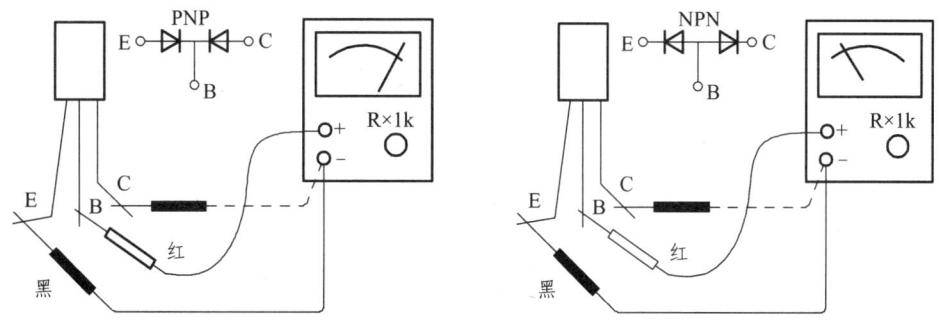

图 5-1-7　万用表测定基极管脚图

注意：不要用 $R×1$ 挡及高压电阻挡进行这项测试，因为该两个电阻挡的测试电流大（几十毫安）或测试电压高（9～22.5 V），对被测管不利，容易损坏管子。

② 集电极和发射极的测定。

接下来判别发射极与集电极。对于 PNP 型管子，先假定黑表棒接的是"集电极"，红表棒接的是"发射极"。用湿润的手捏住集电极、基极两个极，但不能使两极短路，读出阻值（见图 5-1-8）；然后调换红、黑表棒作第二次测试，也读出阻值，比较两次读数的大小，读数小的则红表棒接的是集电极,另一个脚即为发射极;对于 NPN 型管,则黑表棒接假定的"集电极",红表棒接假定的"发射极",照上述方法测试,比较两次读数大小,小的那次,黑表棒接的为集电极,另一个脚为发射极。

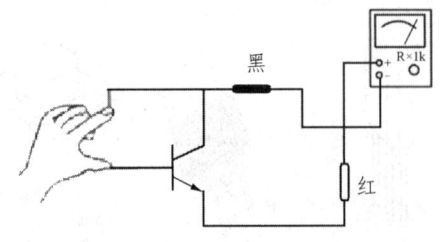 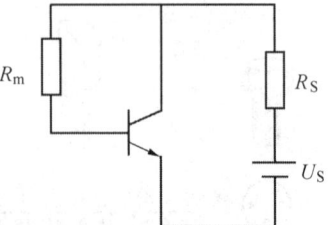

(a)集电极和发射极测试图　　　　(b)集电极和发射极测试图的等效电路图

图 5-1-8　万用表测定集电极和发射极管脚图

3. 三极管的质量好坏的测试

用万用表可粗略地判断管子的质量。对于 PNP 型管,第一步,红表棒接集电极,黑表棒接基极,阻值越大越好,应在数百千欧以上,实际上该步是估测 I_{CBO} 的大小。第二步,估测穿测电流 I_{CEO} 的大小,将红表棒接集电极,黑表棒接发射极,电阻值大的好,一般应在数十千欧以上,如果阻值很小,且不稳定说明该管穿透电流大,温度稳定性差。对于 NPN 型管,则只要表棒反一下,重复上述步骤判别即可。

5.2　集成器件型号的命名

5.2.1　模拟集成器件的型号命名方法

常用的国产模拟集成器件的型号命名方法如表 5-2-1 所示。国外部分公司及产品的代号如表 5-2-2 所示。

表 5-2-1　模拟集成器件的型号命名方法

第 0 部分		第一部分		第二部分		第三部分		第四部分	
用字母表示器件符合国家标准		字母表示器件的类型		用阿拉伯数字表示器件的系列和品种代号		用字母表示器件的工作温度范围		用字母表示器件的封装	
符号	意义	符号	意义	符号	意义	符号	意义	符号	意义
C	中国制造	T	TTL 电路			C	0～+70 ℃	W	陶瓷扁平
		H	HTL			E	−40～+85 ℃	B	塑料扁平
		E	ECL			R	−55～+85 ℃	F	全封闭扁平
		C	CMOS 电路			M	−55～+125 ℃	D	陶瓷直插
		F	线性放大器					P	塑料直插
		D	音响、电视电路					J	黑陶瓷直插
		W	稳压器					K	金属菱形
		J	接口电路					T	金属圆形

表 5-2-2 国外部分公司及产品代号

公司名称	代号	公司名称	代号
美国无线电公司（BCA）	CA	美国悉克尼特公司（SIC）	NE
美国国家半导体公司（NSC）	LM	日本电气工业公司（NEC）	mPC
美国莫托洛拉公司（MOTA）	MC	日本日立公司（HIT）	RA
美国仙童公司（PSC）	mA	日本东芝公司（TOS）	TA
美国德克萨斯公司（TII）	TL	日本三洋公司（SANYO）	LA, LB
美国模拟器件公司（ANA）	AD	日本松下公司	AN
美国英特西尔公司（INL）	IC	日本三菱公司	M

例如：集成运算放大器 CF0741CT 的型号命名如图 5-2-1 所示。

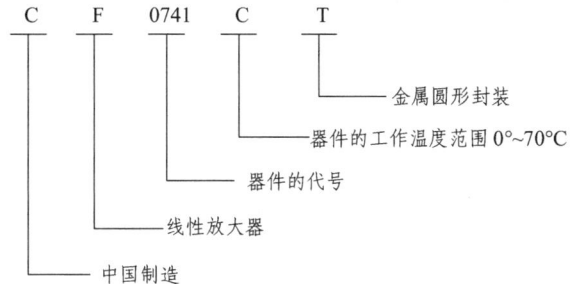

图 5-2-1 CF0741CT 模拟集成器件的型号命名说明图

5.2.2 数字集成电路的命名方法

1. TTL 器件型号组成及命名方法

1）TTL 器件型号组成

TTL 器件型号由五部分组成，其型号组成的意义如图 5-2-2 所示。

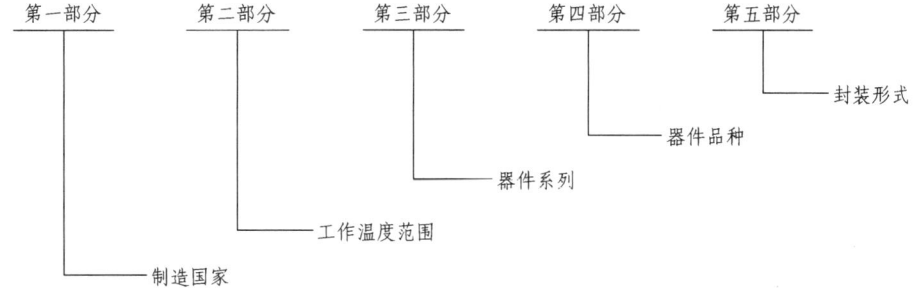

图 5-2-2 TTL 器件型号组成的意义图

2）TTL 器件型号及命名方法

TTL 器件型号及命名方法如表 5-2-3 所示。

表 5-2-3　TTL 器件型号及命名方法表

第一部分		第二部分		第三部分		第四部分		第五部分	
制造国家		工作温度范围		器件系列		器件品种		封装形式	
符号	意义	符号	意义	符号	意义	符号	意义	符号	意义
C	中国制造 TTL 类	54	−55~+125 ℃	H	标准高速	阿拉伯数字	器件功能	W	陶瓷扁平
				S	肖特基			B	塑封扁平
				LS	低功能肖特基			F	金属封扁平
SN	美国 TEXAS 公司	74	0~+70 ℃					D	陶瓷双列直插
								P	塑料双列直插

例如：四 2 输入与非门 CT74LS00P 和双四输入与非门 SN74LS20W 型号的意义如图 5-2-3 所示。

（a）CT74LS00P 器件型号及命名的意义图　　（b）SN74LS20W 器件型号及命名的意义图

图 5-2-3　TTL 器件型号及命名的意义图

2. CMOS 器件型号组成及命名方法

1）CMOS 器件型号组成

CMOS 器件型号组成由四部分组成，其型号组成的意义如图 5-2-4 所示。

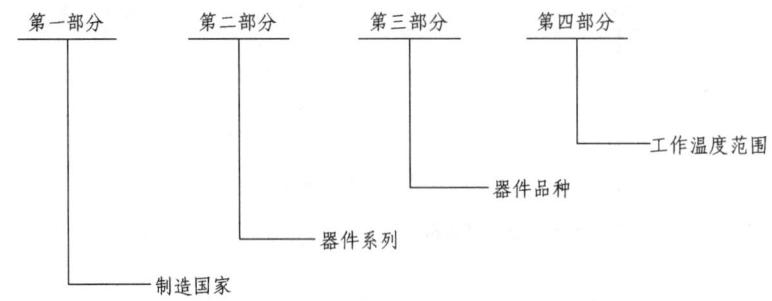

图 5-2-4　CMOS 器件型号组成的意义图

2）CMOS 器件型号及命名方法

CMOS 器件型号及命名方法如表 5-2-4 所示。

表 5-2-4 CMOS 器件型号及命名方法表

第一部分		第二部分		第三部分		第四部分	
制造国家		器件系列		器件品种		工作温度范围	
符号	意义	符号	意义	符号	意义	符号	意义
CC	中国制造 CMOS 类	40	系列符号	阿拉伯数字	器件功能	C	0～+70 ℃
CD	美国无线电公司产品	45				E	-40～+85 ℃
						R	-55～+85 ℃
TC	日本东芝公司产品	145				M	-55～+125 ℃

例如：三 3 输入与非门 CC4025C 型号的意义如图 5-2-5 所示。

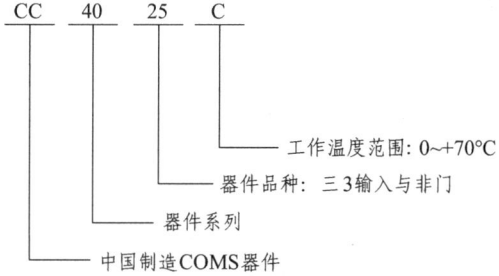

图 5-2-5 CC4025C 器件型号及命名的意义图

3. 常用数字集成电路器件型号及命名

常用数字集成电路器件型号由五个部分组成，其型号的意义如图 5-2-6 所示；型号及命名方法如表 5-2-5 所示。

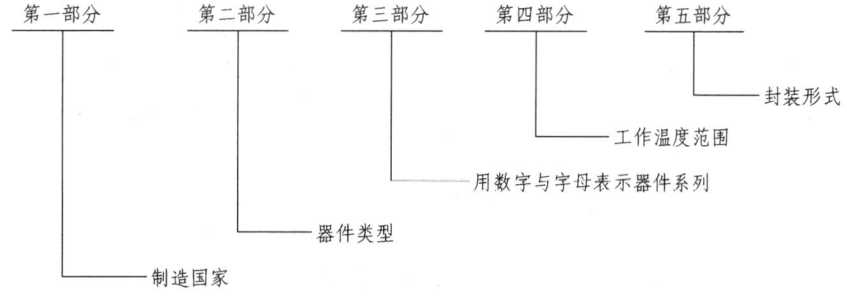

图 5-2-6 常用数字集成器件型号的意义图

表 5-2-5　常用数字集成器件的型号及命名方法表

第一部分		第二部分		第三部分		第四部分		第五部分	
制造国家		器件类型		用数字与字母表示器件系列		工作温度范围		封装形式	
符号	意义	符号	意义	符号	意义	符号	意义	符号	意义
C	中国制造	C	CMOS 电路	54/74	54/74 系列	C	0~70 ℃	B	塑料扁平
SN	美国制造	M	存储器	54/74H	54/74H 系列	G	-25~70 ℃	C	陶瓷芯片载体
		T	TTL 电路	54/74L	54/74L 系列	L	-25~85 ℃	D	多层陶瓷双列直插
		H	HTL 电路	54/74LS	54/74LS 系列	E	-40~85 ℃	G	网格阵列
		AD	A/D 转换器	54/74AS	54/74AS 系列	R	-55~85 ℃	H	黑瓷扁平
		DA	D/A 转换器	54/74ALS	54/74ALS 系列	M	-55~125 ℃	J	黑色双列直插
				54/74F	54/74F 系列			P	塑料双列直插
				4000	4000 系列				
				54/74HC	54/74HC 系列				
				54/74HCT	54/74HCT 系列				

5.3　集成电路使用规则

5.3.1　TTL 集成电路使用规则

1. 电　源

　　TTL 电路对电源要求较严。54 系列的电源电压 V_{CC} 应在 4.5~5.5 V 选择，74 系列的电源电压 V_{CC} 应在 4.75~5.25 V 选择，通常取 V_{CC} = +5（1±10%）V，超过这个范围将损坏器件或功能不正常。另外 TTL 电路存在电源尖峰电流，为了防止外来干扰电压通过电源串入电路，有必要在电源输入端接入 10~100 μF 电容，以作低频滤波。每隔 6~8 个门应加接一个 0.01~0.1 μF 的电容作为高频滤波电容。在使用中规模和高速器件时，还应适当增加高频滤波电容。

2. 多余输入端的处理

　　（1）对于 TTL 或门和或非门，多余输入端不允许悬空，必须接地或低电平。

　　（2）对于 TTL 与门和与非门，或 V_{CC} ≤ 5.5 V，多余输入端则可直接接 V_{CC}，也可以串入一只 1~10 kΩ 的电阻，或者接 2.4~4.5 V 的固定电压，也可以接在输入端接地的多余门或反相器的输出端。

　　（3）悬空处理。当 TTL 器件接入带电系统时，其悬空输入端相当于高电平。对于一般小规模电路的数据输入端，实验时允许悬空处理。JK 触发器、D 触发器，其输入端是"与"的关系，可用上述与非门多余输入端处理方法来处理。对于或非门、或门，按其逻辑要求，多余输入端不能悬空，只能接地。对于与或非门中不使用的与门，至少应有一个输入端接地。

（4）若前级驱动能力强，可以与使用的输入端并联使用。对 LS 系列器件应避免这样使用。

3. 对输入端的接地电阻的要求

当 $R \leqslant 680\ \Omega$ 时，输入端相当于逻辑 0；当 $R \geqslant 4.7\ \mathrm{k}\Omega$ 时，则输入端相当于逻辑 1。当然，对于不同系列的器件，要求的电阻值不同。

4. 输出端的连接

TTL 器件的输出端不允许直接接地或直接接电源 V_{CC}。对于 1 000 pF 以上的容性负载，应串接几百欧的限流电阻，否则将导致器件损坏。有时为了使后级电路能获得较高的输出高电平（例如驱动 CMOS 电路），允许输出端通过 R（称为提长升电阻）接至 V_{CC}。一般取 R 为 3～5.1 kΩ。

除集电极开路输出电路和三态输出电路外，TTL 电路的输出端不允许并联使用，否则，不仅会使电路逻辑混乱，而且会导致器件损坏。

5.3.2 CMOS 集成电路使用规则

1. 电　源

（1）CMOS 集成电路的电源端 V_{DD} 接电源正极，接地端 V_{SS} 接电源负极（通常接地）。电源绝对不允许反接，否则器件（包括保护电路）会因电流过大而永久性的损坏。

（2）对于 CC4000 系列的集成电路，电源电压 V_{DD} 可在＋3～＋18 V 范围内选择，但最大不得超过＋18 V，V_{DD} 选择越高，其抗干扰能力越强。实验中一般要求使用＋5 V 电源，这样便于和 TTL 的电源一致。

（3）工作在不同电源电压下的器件，其输出阻抗、工作速度和功耗等参数也会不同，在设计使用中应引起注意。

2. 多余输入端的处理

所有 CMOS 集成电路的输入端一律不准悬空，应按逻辑要求接 V_{DD} 或 V_{SS}，以免受干扰造成逻辑混乱，甚至损坏器件。在工作速度不高的电路中，允许输入端并联使用。

3. 输入端的连接

输入信号 V_{i} 的电压变化范围应为 $V_{\mathrm{SS}} \leqslant V_{\mathrm{i}} \leqslant V_{\mathrm{DD}}$，如果 V_{i} 超出此范围，可能会使用器件损坏，为防止这种情况出现，可在输入端串接一个限流电阻，阻值在 10～100 kΩ 的范围内选取。

4. 输出端的连接

输出端不允许直接接 V_{DD} 或 V_{SS}，否则将导致器件损坏。除三态（TS）器件外，不允许两个不同芯片器件的输出端并联使用。

5. 芯片间的并联

为了增加驱动能力，允许把同一芯片上的电路并联使用。此时器件的输入端与输出端均对应连接。

6. 注意事项

（1）电路应放在导电的容器内。
（2）在装接电路、改变电路连线或插拔电路器件时，必须切断电源，不可以带电操作。
（3）焊接时必须将板的电源切断；电烙铁外壳必须良好接地，必要时可以拔下烙铁电源，利用烙铁的余热进行焊接。
（4）所有测试仪器外壳必须良好接地。
（5）若信号与电路板使用两组电源供电，开机时，先接通电路板电源，再接通信号源电源；关机时，先断开信号源电源，再断开电路板电源。

5.4 集成器件的外引线排列次序

5.4.1 集成器件的外引线排列次序俯视图

集成器件有双列直插式和扁平式两种封装形式。使用时必须认定器件的正方向。

如图 5-4-1 所示是双列直插式结构器件的俯视图。它是以一个凹口（或一个小圆孔）放在使用者左侧时为正方向（扁平结构的上表面印有器件型号字样，使用者观察字符为正时是正方向）。正方向确定后，器件的左下角为第一外引线。按逆时针方向依次读数。

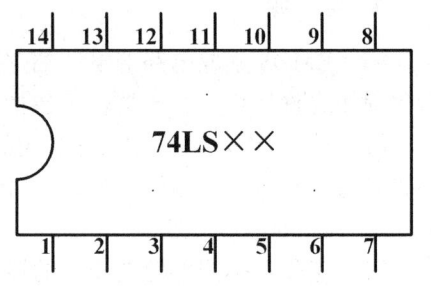

图 5-4-1 双列直插式结构器件的俯视图

5.4.2 常用集成器件的外引线排列图

常用集成器件的外引线排列如表 5-4-1 所示。

表 5-4-1 常用集成器件的外引线排列

名称	图片	名称	图片
74LS00 四 2 输入与非门	逻辑门 74LS00	74LS01 四 2 输入与非门	逻辑门 74LS01

续表 5-4-1

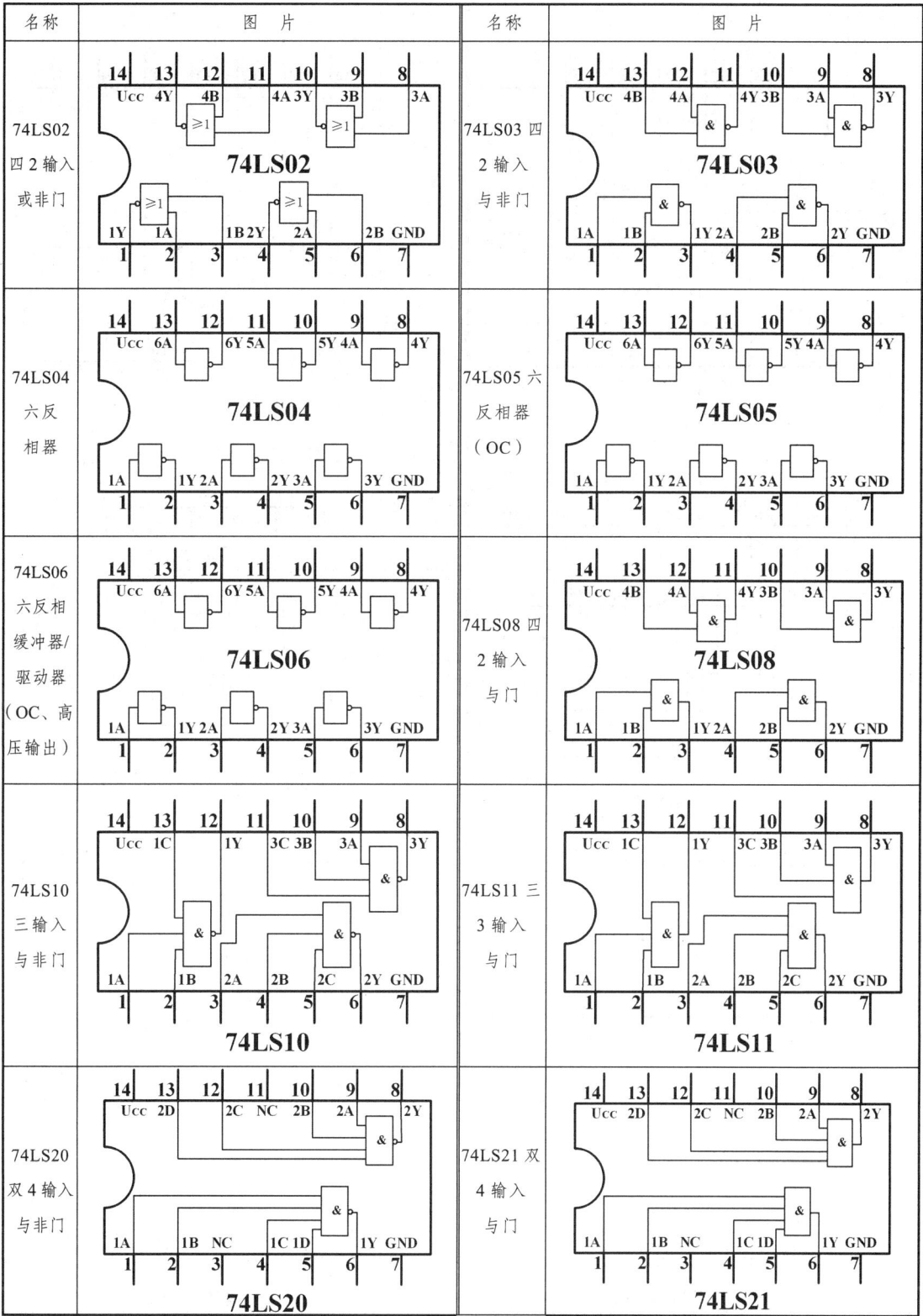

续表 5-4-1

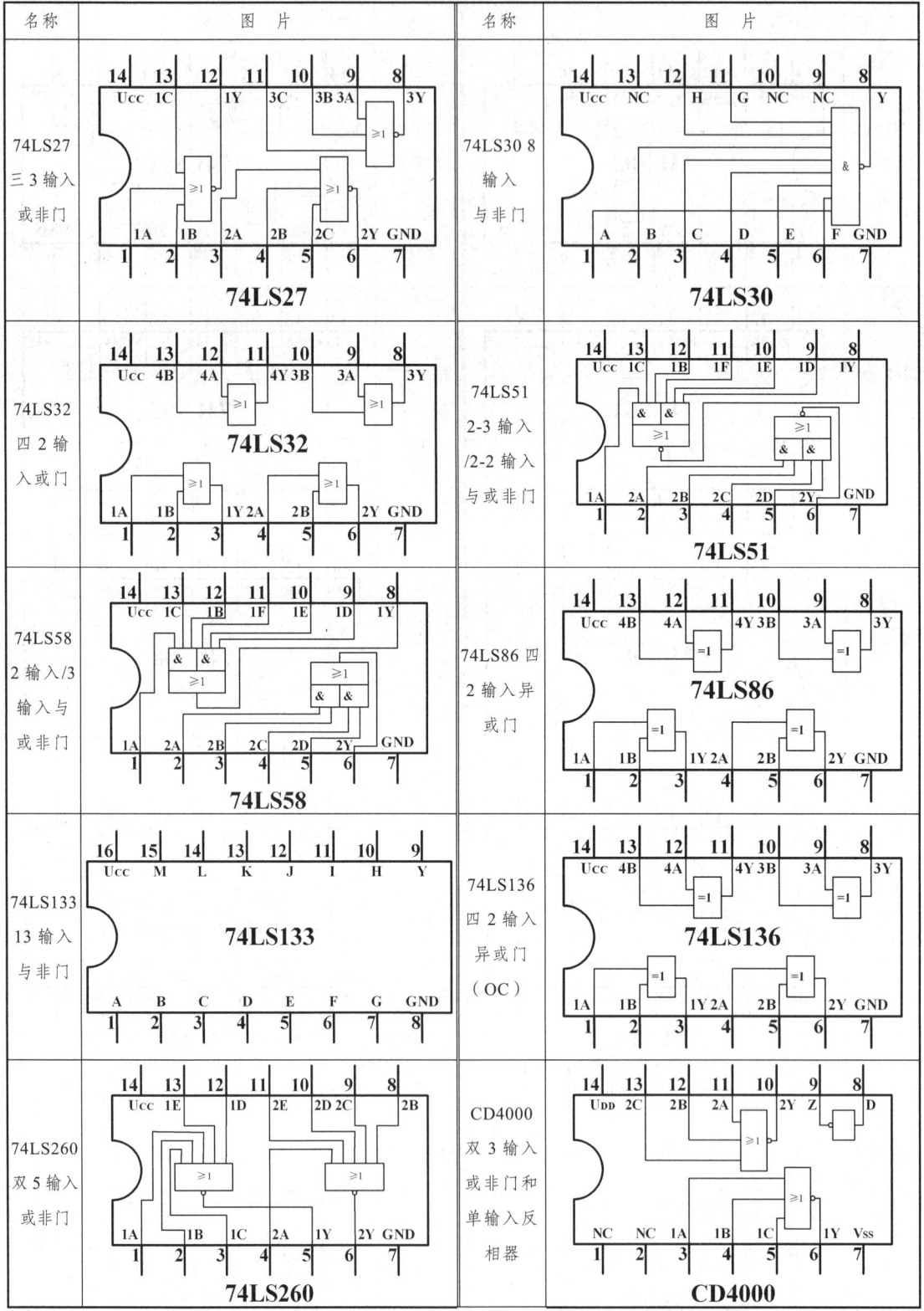

续表 5-4-1

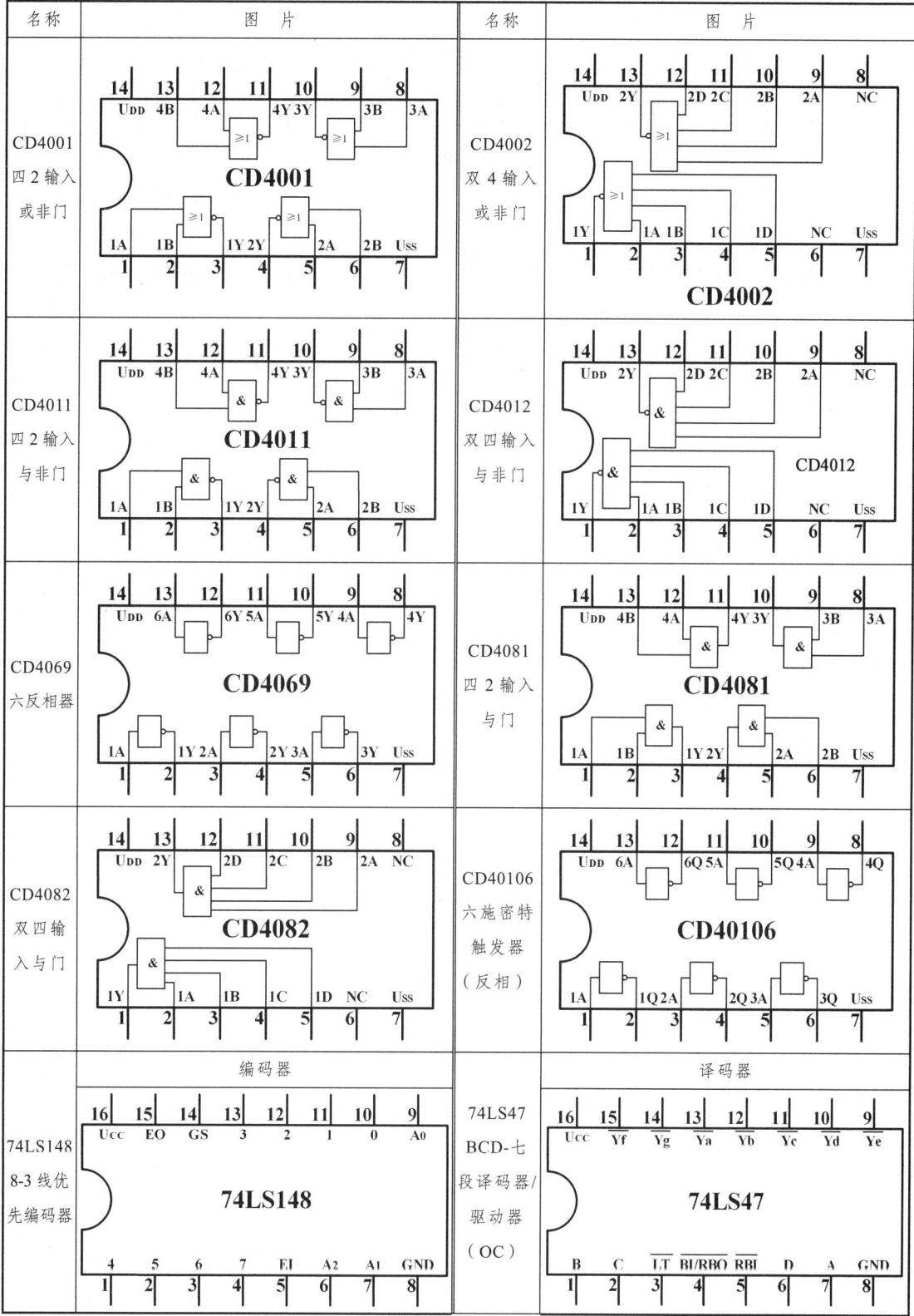

续表 5-4-1

名称	图片	名称	图片
	译码器		译码器
74LS48 BCD-七段译码器/驱动器	74LS48 16 Ucc, 15 Yf, 14 Yg, 13 Ya, 12 Yb, 11 Yc, 10 Yd, 9 Ye 1 B, 2 C, 3 $\overline{LT}$, 4 $\overline{BI/RBO}$, 5 $\overline{RBI}$, 6 D, 7 A, 8 GND	74LS49 BCD-七段译码器/驱动器	74LS49 14 Ucc, 13 Yf, 12 Yg, 11 Ya, 10 Yb, 9 Yc, 8 Yd 1 B, 2 C, 3 $\overline{BI}$, 4 D, 5 A, 6 e, 7 GND
74LS138 3-8线译码器/多路转换器	74LS138 16 Ucc, 15 Y0, 14 Y1, 13 Y2, 12 Y3, 11 Y4, 10 Y5, 9 Y6 1 A, 2 B, 3 C, 4 $\overline{G_{2A}}$, 5 $\overline{G_{2B}}$, 6 G1, 7 Y7, 8 GND	74LS139 双2-4线译码器/多路转换器	74LS139 16 Ucc, 15 2G, 14 2A, 13 2B, 12 2Y0, 11 2Y1, 10 2Y2, 9 2Y3 1 $\overline{1G}$, 2 1A, 3 1B, 4 1Y0, 5 1Y1, 6 1Y2, 7 1Y3, 8 GND
74LS247 BCD-七段译码器/驱动器	74LS247 16 Ucc, 15 Yf, 14 Yg, 13 Ya, 12 Yb, 11 Yc, 10 Yd, 9 Ye 1 B, 2 C, 3 $\overline{LT}$, 4 $\overline{BI/RBO}$, 5 $\overline{RBI}$, 6 D, 7 A, 8 GND	74LS248 BCD-七段译码器/驱动器	74LS248 16 VCC, 15 f, 14 g, 13 a, 12 b, 11 c, 10 d, 9 e 1 B, 2 C, 3 $\overline{LT}$, 4 $\overline{BI/RBO}$, 5 $\overline{RBI}$, 6 D, 7 A, 8 GND
CD4028 BCD-十进制译码器	CD4028 16 UDD, 15 Q3, 14 Q1, 13 B, 12 C, 11 D, 10 A, 9 Q8 1 Q4, 2 Q2, 3 Q0, 4 Q7, 5 Q9, 6 Q5, 7 Q6, 8 Uss	CD4055 BCD-七段译码器/液晶显示驱动器	CD4055 16 UDD, 15 Yg, 14 Yf, 13 Ye, 12 Yd, 11 Yc, 10 Yb, 9 Ya 1 FD0, 2 C, 3 B, 4 D, 5 A, 6 FD1, 7 UEE, 8 Uss
CD40110 十进制可逆计数/锁存/七段译码/驱动器	CD40110 16 UDD, 15 Yb, 14 Yc, 13 Yd, 12 Ye, 11 BO, 10 CO, 9 CPU 1 Ya, 2 Yg, 3 Yf, 4 $\overline{TE}$, 5 RST, 6 LE, 7 CPD, 8 Uss	CD4511 BCD-锁存/七段译码/驱动器	CD4511 16 UDD, 15 Yf, 14 Yg, 13 Ya, 12 Yb, 11 Yc, 10 Yd, 9 Ye 1 B, 2 C, 3 $\overline{LT}$, 4 $\overline{BI}$, 5 LE, 6 D, 7 A, 8 Uss

续表 5-4-1

名称	图片	名称	图片
74LS151 8选1数据选择器	**选择器** 74LS151: 16-Ucc, 15-D4, 14-D5, 13-D6, 12-D7, 11-A, 10-B, 9-C / 1-D3, 2-D2, 3-D1, 4-D0, 5-Y, 6-W, 7-$\overline{S}$, 8-GND	74LS157 四2选1数据选择器（同相）	**选择器** 74LS157: 16-Ucc, 15-$\overline{G}$, 14-4A, 13-4B, 12-4Y, 11-3A, 10-3B, 9-3Y / 1-S, 2-1A, 3-1B, 4-1Y, 5-2A, 6-2B, 7-2Y, 8-GND
74LS85 四位数值比较器	**比较器** 74LS85: 16-Ucc, 15-A3, 14-B2, 13-A2, 12-A1, 11-B1, 10-A0, 9-B0 / 1-B3, 2-A<B, 3-A=B, 4-A>B, 5-FA>B, 6-FA=B, 7-FA<B, 8-GND	74LS82 双2位二进制全加器	**加法器** 74LS82: 14-A2, 13-B2, 12-Σ2, 11-GND, 10-C2, 9-NC, 8-NC / 1-Σ1, 2-A1, 3-B1, 4-UCC, 5-C1, 6-NC, 7-NC
74LS73 双JK主从触发器（带消除端）	**触发器** 74LS73: 14-1J, 13-$\overline{1Q}$, 12-1Q, 11-GND, 10-2K, 9-2Q, 8-$\overline{2Q}$ / 1-1CP, 2-$\overline{1R_D}$, 3-1K, 4-Ucc, 5-2CP, 6-$\overline{2R_D}$, 7-2J	74LS74 双D型正沿触发器（带预置端和消除端）	**触发器** 74LS74: 14-Ucc, 13-$\overline{2R_D}$, 12-2D, 11-2CP, 10-$\overline{2S_D}$, 9-2Q, 8-$\overline{2Q}$ / 1-$\overline{1R_D}$, 2-1D, 3-1CP, 4-$\overline{1S_D}$, 5-1Q, 6-$\overline{1Q}$, 7-GND
74LS107 双JK触发器（带消除端）	74LS107: 14-UCC, 13-1CLR, 12-1CLK, 11-2K, 10-2CLR, 9-2CLK, 8-2J / 1-1J, 2-$\overline{1Q}$, 3-1Q, 4-1K, 5-2Q, 6-$\overline{2Q}$, 7-GND	74LS112 双JK负沿触发器（带预置端和消除端）	74LS112: 16-Ucc, 15-$\overline{1CLR}$, 14-$\overline{2CLR}$, 13-2CLK, 12-2K, 11-2J, 10-$\overline{2Sd}$, 9-2Q / 1-1CLK, 2-1K, 3-1J, 4-$\overline{1Sd}$, 5-1Q, 6-$\overline{2Q}$, 7-$\overline{2Q}$, 8-GND
74LS273 八D型触发器（带消除端）	74LS273: 20-Ucc, 19-8Q, 18-8D, 17-7D, 16-7Q, 15-6Q, 14-6D, 13-5D, 12-5Q, 11-CLK / 1-$\overline{CLR}$, 2-1Q, 3-1D, 4-2D, 5-2Q, 6-3Q, 7-3D, 8-4D, 9-4Q, 10-GND		

续表 5-4-1

名称	图片	名称	图片
74LS175 四D型触发器（带消除端）	74LS175 引脚：16 Ucc, 15 4Q, 14 4Q̄, 13 4D, 12 3D, 11 3Q̄, 10 3Q, 9 CLK; 1 CLR̄, 2 1Q, 3 1Q̄, 4 1D, 5 2D, 6 2Q̄, 7 2Q, 8 GND	CD4013 双D型触发器	CD4013 引脚：14 UDD, 13 2Q, 12 2Q̄, 11 2CLK, 10 2R, 9 2D, 8 2S; 1 1Q, 2 1Q̄, 3 1CLK, 4 1R, 5 1D, 6 1S, 7 Uss
CD4027 双JK主从触发器	CD4027 引脚：16 UDD, 15 Q1, 14 Q̄1, 13 CLK1, 12 R1, 11 K1, 10 J1, 9 S1; 1 Q2, 2 Q̄2, 3 CLK2, 4 R2, 5 K2, 6 J2, 7 S2, 8 Uss	CD4042 带锁存的四D触发器	CD4042 引脚：16 UDD, 15 4Q, 14 4D, 13 3D, 12 3Q̄, 11 3Q, 10 2Q, 9 2Q̄; 1 4Q̄, 2 1Q, 3 1Q̄, 4 1D, 5 CP, 6 M, 7 2D, 8 Uss
74LS90 二-五-十进制异步计数器	计数器 74LS90 引脚：14 CPA, 13 NC, 12 QA, 11 QD, 10 GND, 9 QB, 8 QC; 1 CPB, 2 R0(1), 3 R0(2), 4 NC, 5 Ucc, 6 S9(1), 7 S9(2)	74LS93 4位二进制计数器	计数器 74LS93 引脚：14 CPA, 13 NC, 12 QA, 11 QD, 10 GND, 9 QB, 8 QC; 1 CPB, 2 R01, 3 R02, 4 NC, 5 Ucc, 6 NC, 7 NC
74LS160 可预置BCD同步计数器	74LS160 引脚：16 Ucc, 15 RCO, 14 Q0, 13 Q1, 12 Q2, 11 Q3, 10 ET, 9 LD̄; 1 RD̄, 2 CP, 3 D0, 4 D1, 5 D2, 6 D3, 7 EP, 8 GND	74LS161 可预置BCD同步计数器	74LS161 引脚：16 Ucc, 15 RCO, 14 Q0, 13 Q1, 12 Q2, 11 Q3, 10 ET, 9 LD̄; 1 RD̄, 2 CP, 3 D0, 4 D1, 5 D2, 6 D3, 7 EP, 8 GND
74LS290 二-五-十进制异步计数器	74LS290 引脚：14 Ucc, 13 R0(2), 12 R0(1), 11 CPB, 10 CPA, 9 Q0, 8 Q3; 1 S9(1), 2 NC, 3 S9(2), 4 Q2, 5 Q1, 6 NC, 7 GND	CD4017 十进制计数/分频器	CD4017 引脚：16 UDD, 15 CLR, 14 CLK, 13 CĒ, 12 COUT, 11 Q9, 10 Q4, 9 Q8; 1 Q5, 2 Q1, 3 Q0, 4 Q2, 5 Q6, 6 Q7, 7 Q3, 8 Uss

续表 5-4-1

名称	图片	名称	图片
CD4029 4位可预置二进制/十进制可逆计数器	16 U_{DD} / 15 CLK / 14 Q2 / 13 D2 / 12 D1 / 11 Q1 / 10 U/D / 9 B/D **CD4029** 1 LOAD / 2 Q3 / 3 D3 / 4 D0 / 5 $\overline{CIN}$ / 6 Q0 / 7 $\overline{COUT}$ / 8 U_{SS}	CD4040 12位二进制串行计数器/分频器	16 U_{DD} / 15 Q11 / 14 Q10 / 13 Q8 / 12 Q9 / 11 RST / 10 CLK / 9 Q1 **CD4040** 1 Q12 / 2 Q6 / 3 Q5 / 4 Q7 / 5 Q4 / 6 Q3 / 7 Q2 / 8 U_{SS}
CD4060 14位二进制串行计数器/分频器	16 U_{DD} / 15 Q9 / 14 Q7 / 13 Q8 / 12 CR / 11 $\overline{CP_1}$ / 10 $\overline{CP_0}$ / 9 CP0 **CD4060** 1 Q11 / 2 Q12 / 3 Q13 / 4 Q5 / 5 Q4 / 6 Q6 / 7 Q3 / 8 U_{SS}	CD40192 可预置可逆BCD计数器（双时钟）	16 U_{DD} / 15 D0 / 14 R / 13 $\overline{BO}$ / 12 $\overline{CO}$ / 11 $\overline{PE}$ / 10 D2 / 9 D3 **CD40192** 1 D1 / 2 Q2 / 3 Q1 / 4 CPD / 5 CPU / 6 Q3 / 7 Q4 / 8 U_{SS}
74LS60 双4输入与扩展器	扩展器 14 U_{CC} / 13 1D / 12 $\overline{1X}$ / 11 1X / 10 2X / 9 $\overline{2X}$ / 8 2D **74LS60** 1 1A / 2 1B / 3 1C / 4 2A / 5 2B / 6 2C / 7 GND	74LS194 4位双向通用移位寄存器	寄存器 16 VCC / 15 Q0 / 14 Q1 / 13 Q2 / 12 Q3 / 11 CLK / 10 M1 / 9 M0 **74LS194** 1 $\overline{CLR}$ / 2 DSR / 3 A / 4 B / 5 C / 6 D / 7 DSL / 8 GND
CD4015 双4位串入/并出移位寄存器	寄存器 16 U_{DD} / 15 2DS / 14 2CR / 13 2Q1 / 12 2Q2 / 11 2Q3 / 10 1Q4 / 9 1CLK **CD4015** 1 2CLK / 2 2Q4 / 3 1Q3 / 4 1Q2 / 5 1Q1 / 6 1CR / 7 1DS / 8 U_{SS}	NE555集成定时器	定时器 8 U_{CC} / 7 D / 6 TH / 5 CO **NE555** 1 GND / 2 TL / 3 U0 / 4 R
74LS373 八D锁存器（三态）	锁存器 20 U_{CC} / 19 8Q / 18 8D / 17 7D / 16 7Q / 15 6Q / 14 6D / 13 5D / 12 5Q / 11 G **74LS373** 1 $\overline{OE}$ / 2 1Q / 3 1D / 4 2D / 5 2Q / 6 3Q / 7 3D / 8 4D / 9 4Q / 10 GND	μA741集成运算放大器	集成运算放大器 8 NC / 7 +UCC / 6 U0 / 5 NC **μA741** 1 NC / 2 U- / 3 U+ / 4 -UCC

5.5　实验注意事项及常见故障排除

在实验中，当电路达不到预期的逻辑功能时，就称为故障。通常有四种类型的故障：一是电路设计错误；二是布线错误；三是集成器件使用不当或功能不正常；四是实验箱仪器、导线或插座等不正常。

做实验，要求完全不出故障是比较困难的。然而，只要做到实验前充分准备；实验时操作细心，将故障减少到最低限度则是可能的。另一方面，即使实验中出现了故障，只要掌握并利用数字电路是一个二元系统（只有"0"和"1"两种状态）以及具有"逻辑判断"能力这样两个最基本的特点，实验故障是不难排除的。对于实验故障，从另一个角度看，正因为有实验故障的存在，实验过程才更有意义，工程实践能力才得以提高。

对验证性实验，由于其内容、实验电路大多是预先指定的，相对于设计性实验来说，实验者的主观能动性体现不多。因而，要求实验者在做实验前必须弄清验证性实验所要验证的现象或理论、实验电路等；对实验结果、实验中可能出现的种种现象，预先做出分析和估计。否则，对实验结果似是而非，甚至实验做完了，还不清楚自己做的是什么内容和为什么要做实验，更谈不上什么实验收获了。

下面介绍实验故障检查的方法（条件是：实验电路设计正确）：

1. 正确使用集成元器件

使用前应使其引脚间距适当；集成元器件的正方向一致。均匀用力按下，专用拔钳工具拔出。

2. 检查电源

测量电源输出电压是否符合要求。

3. 器件上电压的测试

检查各集成元器件是否已加上电源。

4. 线路检查

检查是否有不允许的悬空输入端未接入电路。

5. 实验线路的连接过程

对于较复杂电路，可以分步接线，经测量验证无误后，再继续接线。

6. 实验线路的布线方法

正确合理的布线，布线的顺序通常是先接地线和电源线，再接输入线、输出线和控制线。

7. 接地、接电源

如果无论输入信号怎样变化，输出一直保持高电平不变，则可能集成元器件没有接地，或接地不良；若输出信号保持与输入信号同样规律变化，则可能集成元器件没有接电源。

8. 组合逻辑电路

对于有多个"与"输入端器件，如果实际使用时有输入端多余，在检查故障时，可以调换另外的输入端试用。实验中使用器件替换法也是一种有效的检查故障的方法，以排除器件功能不正常引起的电路故障。

9. 逐级跟踪

按信号流程依次逐级向后检查，也可以从故障输出端向输入方向逐级向前检查，直至找到故障点为止。

10. 反馈电路的检查

对于含有反馈线的闭合电路，应设法断开反馈线进行检查，必要时对断开的电路进行状态预置后，再进行检查。

11. TTL 电路

TTL 电路工作时产生电源尖峰电流，可能会通过电源耦合破坏电路正常工作，应采取必要的去耦措施。

12. 频率较高时的故障检查

当电路工作在频率较高时，应从下列方面采取措施：

（1）减小电源内阻，加粗电源线与地线直径，扩大地线面积或采用接地板，将电源线与地线夹在相邻的输入与输出信号线之间起屏蔽作用。

（2）逻辑线尽量不要紧靠时钟脉冲线。

（3）缩短引线长度。

（4）驱动多路同步电路的时钟脉冲信号，要求各路信号的延时时间尽可能接近。

13. CMOS 电路

注意预防 CMOS 电路的锁定效应。

（1）注意电源去耦，加粗地线来减小地线电阻。

（2）在不影响电路工作的情况下尽量降低直流电源值。

（3）在不影响电路工作速度的条件下，使电源允许提供的电流小于锁定电流（一般器件的锁定电流在 40 mA 左右）。

（4）对输入信号进行钳位。

14. 实验结束时的操作

进行所有电路实验，先分步接好线路检查无误后方可接通电源进行实验。实验结束后，必须先关电源后拆除电路。

5.6　EE2010 电子综合实践装置使用说明书

5.6.1　概　　述

电子综合实践装置主要能实施模拟电子技术、数字电子技术及与电子技术综合应用内容相关的实验项目。模拟电子技术器件伏安特性、放大特性、传输特性和模拟电子电路的应用功能等；数字电子集成器件的逻辑功能和逻辑电路的分析与设计等；数电、模电的综合分析、设计与应用等，通过 EE2010 电子综合实践装置平台，能很好地进行电子技术实验教学实施，即可进行灵活的组合实验项目，实现层次化、模块化、专业化等多元化的电子技术实验教学，提高学生实验技能和工程实践能力，为学习后续课程以及从事电子工程技术工作奠定基础。

本装置如图 5-6-1 所示，装置性能稳定，安全性强，操作便利。

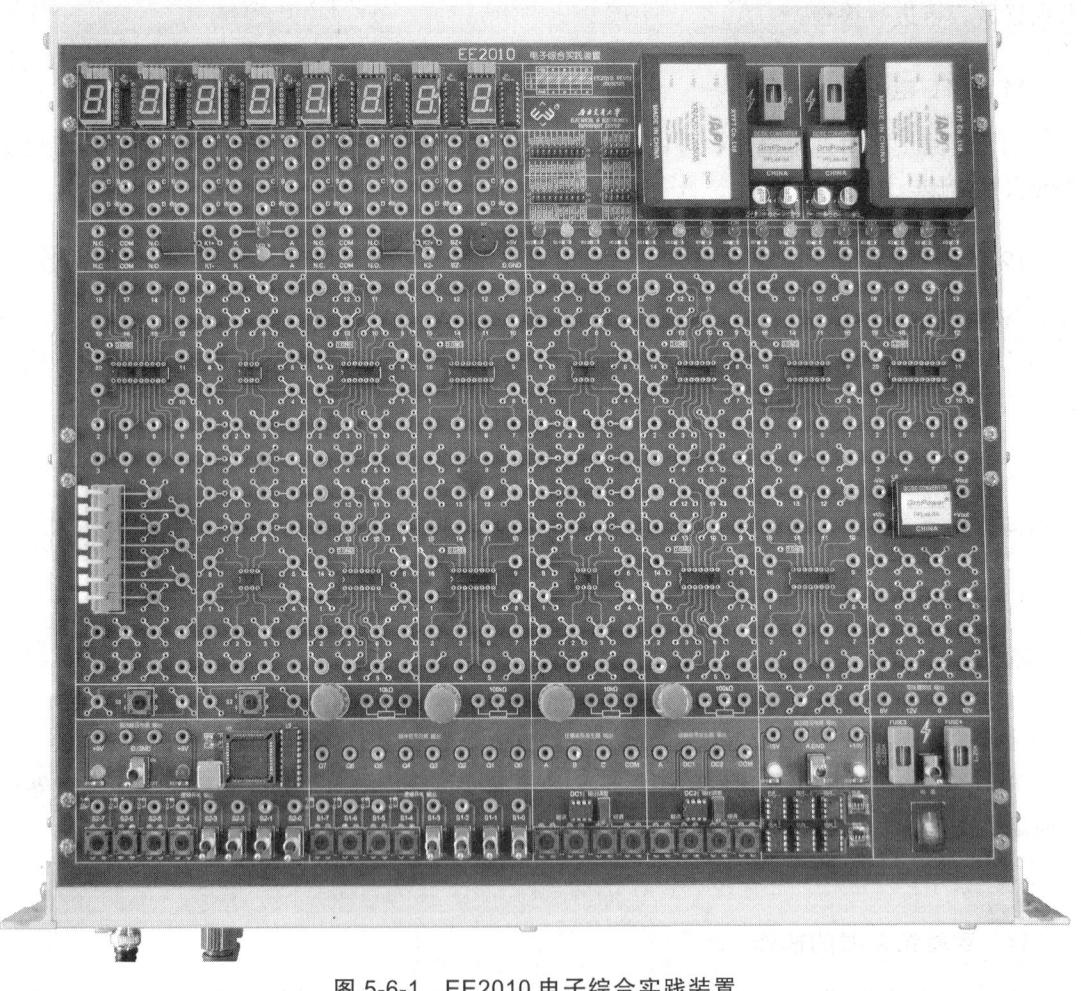

图 5-6-1　EE2010 电子综合实践装置

EE2010 实验箱总体按功能及使用分块布局，上部为数码管、LED 显示；中间为实验电路构建区；下部为实验电源及信号源。

5.6.2 功能模块简介

下面针对图 5-6-1 所示的 EE2010 电子综合实践装置，分功能模块进行简单介绍。

1. BCD 七段显示译码器模块

BCD 七段显示译码器模块如图 5-6-2 所示。

1）七段数码管

每个七段数码管上方有一个"红色跳线"端，当"红色跳线"端向上时，可配置连接共阳极数码管；当"红色跳线"端向下时，可配置连接共阴极数码管。

2）BCD 七段显示译码器的驱动信号输入

当七段数码管单独使用时（如图 5-6-2 中的左上角模块所示），abcdefg 为对应的输入端，dp 为小数点输入；当七段数码管已与 BCD 码七段译码器相接（如图 5-6-2 中的右上角模块所示），BCD 码从对应的 ABCD 端输入。

3）数码管的电源输入

使用数码管时，需要将 5 V 电源连接至数码管电源输入。

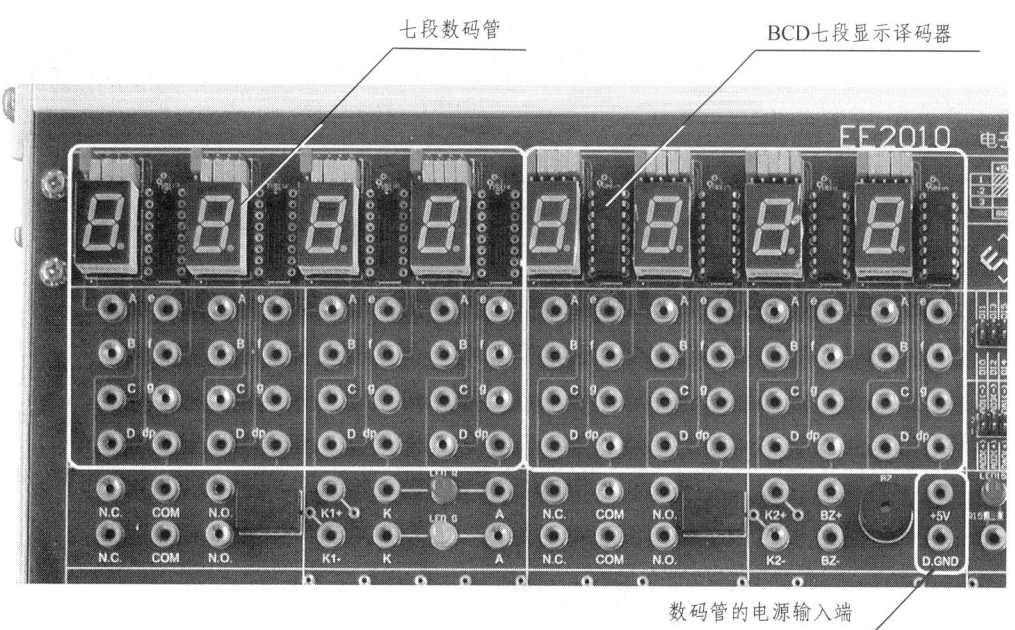

图 5-6-2　BCD 七段显示译码器模块图

2. 器件模块

器件模块如图 5-6-3 所示。电子综合实践装置上提供了小型继电器两个、LED 和蜂鸣器一个。

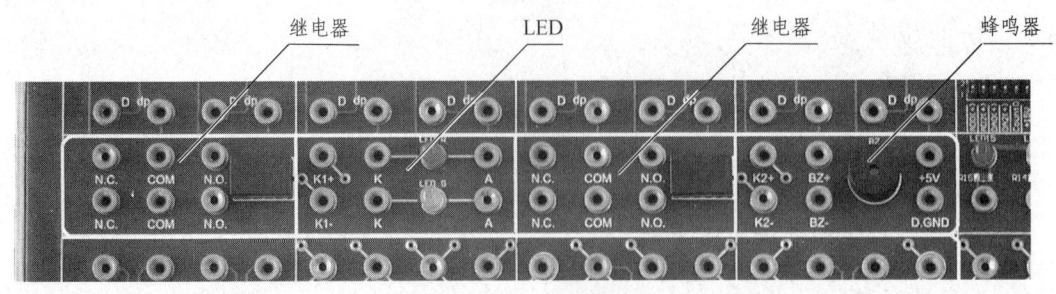

图 5-6-3　器件模块

3. 器件的三种连接方式

器件的三种连接方式如图 5-6-4（a）所示。

1）接线端子

"接线端子"又称为"端子排"，"接线端子"可实现线路的快速连接，起到信号（电压、电流）传输的作用，使用端子排，接线美观，维护和施工方便。

2）开　关

电子综合实践装置上提供两个按钮开关，其电路原理如图 5-6-4（b）所示。

3）DIP 插座

如图 5-6-4（a）所示的 DIP 插座，电子综合实践装置上提供了四个 4 管脚 DIP 插座、四个 14 管脚 DIP 插座、四个 16 管脚 DIP 插座、两个 20 管脚 DIP 插座，如图 5-6-1 所示。

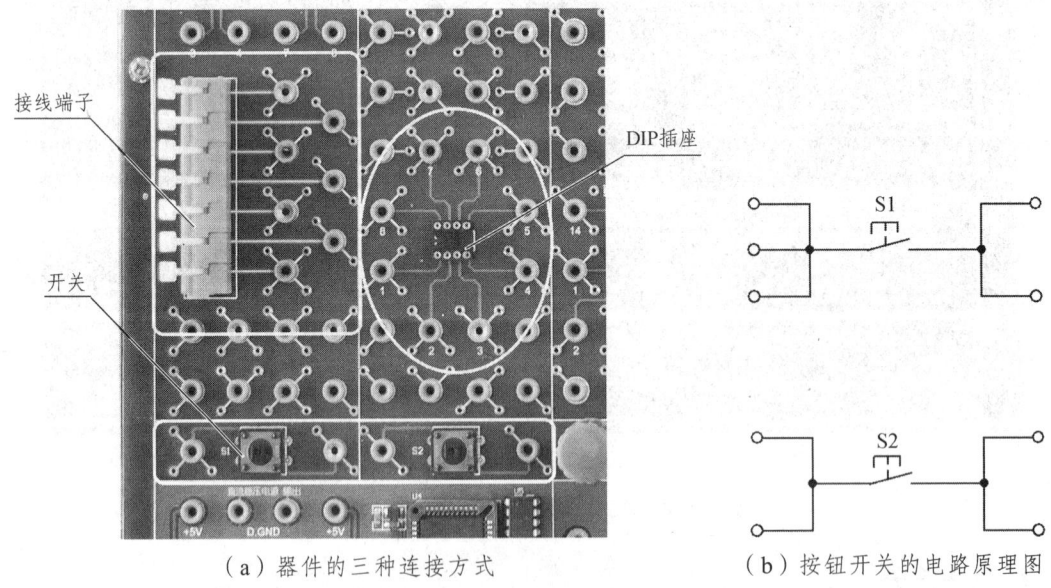

（a）器件的三种连接方式　　　　　　（b）按钮开关的电路原理图

图 5-6-4　器件的连接方式图

4. 各种信号源

如图 5-6-5 所示，信号源有三个模块：直流电压电源、逻辑开关和脉冲信号源。

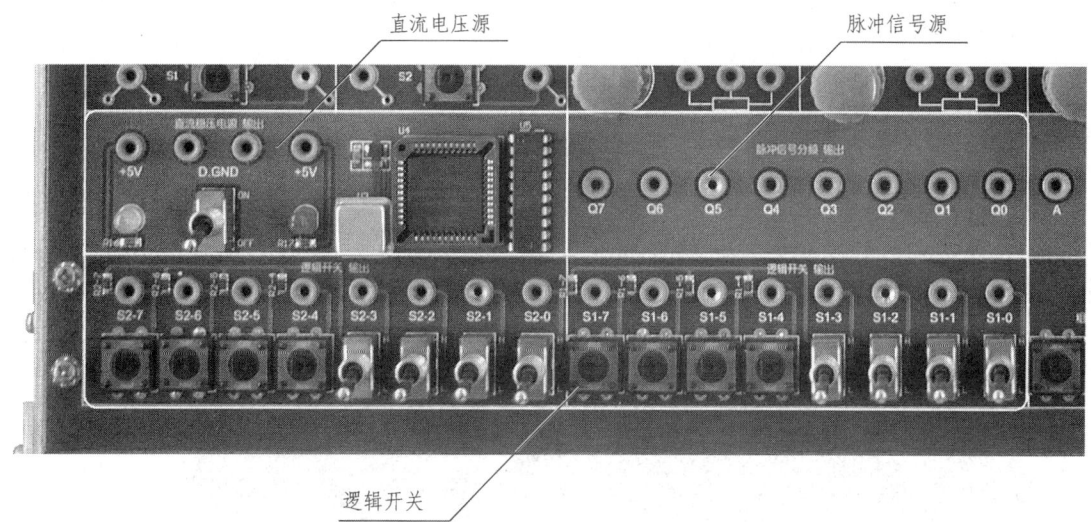

图 5-6-5 各种信号源电路图

1）直流稳压电源

本模块主要由直流 5 V 电压输出端、电压信号指示灯和电源开关组成。注意：两个电压电源的"负"端为共地端。

2）逻辑开关

图 5-6-5 中有两组逻辑开关，每组逻辑开关又分 4 位"按键式逻辑开关"和 4 位"钮子式逻辑开关"两种，如图 5-6-6 所示。

① 按键式逻辑开关的逻辑关系：当按下按键式逻辑开关是时，对应的输出端为高电平，不操作按键式逻辑开关时，对应的输出端为低电平。

② 钮子式逻辑开关的逻辑关系：当将钮子式逻辑开关往上扳时，对应的输出端为高电平；当将钮子式逻辑开关往下扳时，对应的输出端为低电平。

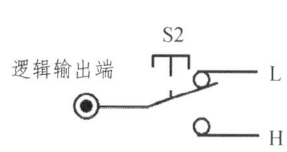 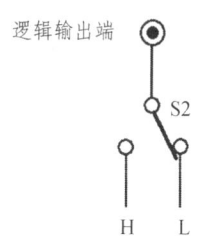

（a）按键式逻辑开关　　　　　　　　（b）钮子式逻辑开关

图 5-6-6 逻辑开关电路原理图

3)脉冲信号源

脉冲信号源的 8 个输出端的频率为分频关系,即输出端 Q0~Q7 相邻位输出频率相差 10 倍,其中,Q0 频率最低,Q7 频率最高。

5. 交、直流电源

如图 5-6-7 所示模块中,有函数信号发生器、直流稳压电源、变压器次边和电源开关等四个功能模块。

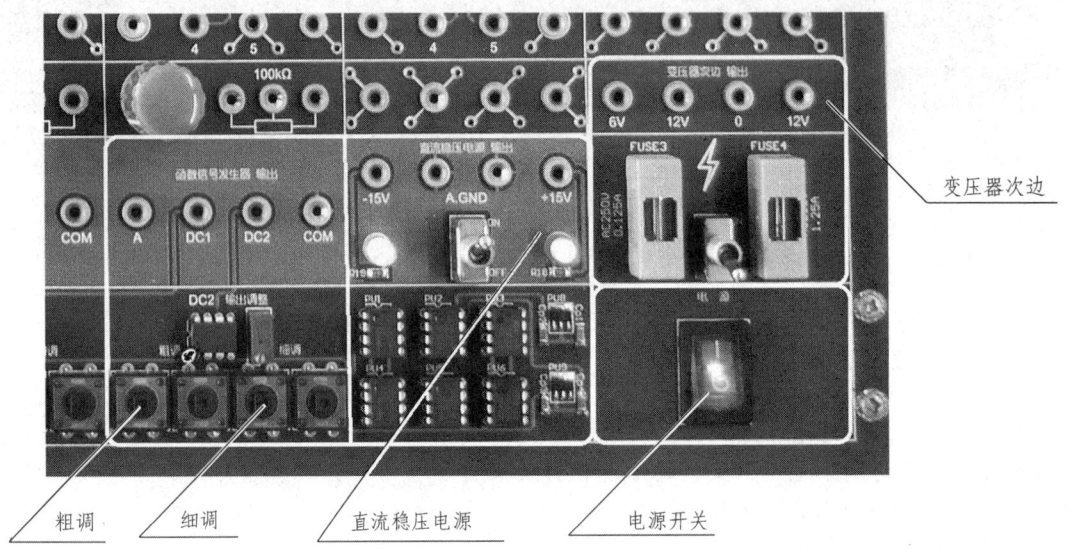

图 5-6-7 交、直流电源模块

1)函数信号发生器

装置上标示的"函数信号发生器"是一个双路可调直流电压源,即输出的直流电压可调,调节范围为 $-5\,V \sim +5\,V$。

函数信号发生器是一个具有双路输出端(即 DC1、DC2 为正极端,COM 为共地端)的直流电压源,其输出电压值的大小,可通过"粗调"和"细调"按钮实现。一般操作时,先用粗调按钮调节输出直流电压值(粗调步进 300 mV),再用细调按钮微调输出的直流电压值(细调步进 10 mV)。

2)直流稳压电压源

电压源输出的直流电压值为 $+15\,V$、$-15\,V$ 两种恒定直流电压值。

3)变压器次边

变压器次边有三个频率为 50 Hz 的交流电压输出端,即交流电压输出端 6 V、12 V、12 V,0 V 为共地端。

4)电源开关

电源开关为实验箱的总开关。

6. 直流电源模块

如图 5-6-8 所示的直流电源模块，是直流稳压 5 V 电源（见图 5-6-5）和 ±15 V 稳压电源（见图 5-6-7）的产生电路模块，模块中有输出短路保护。

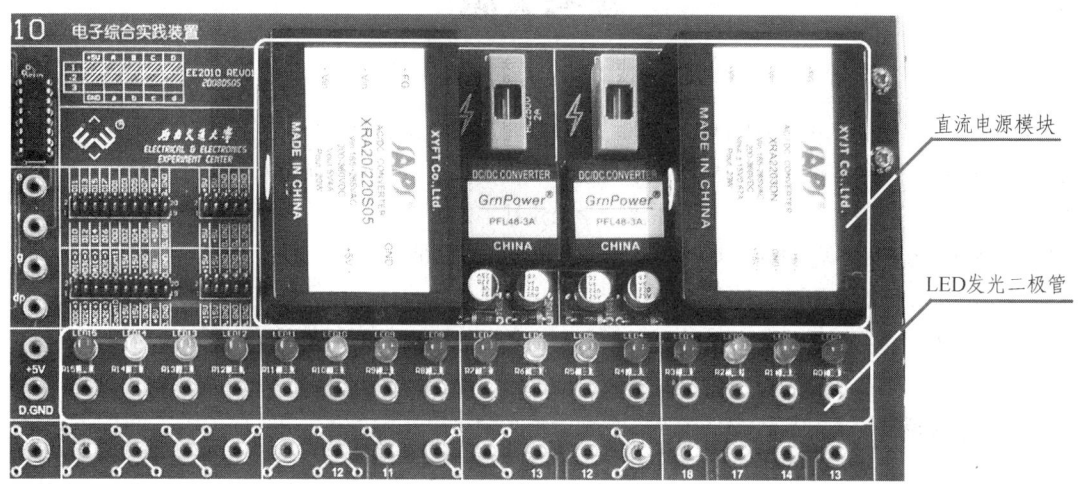

图 5-6-8　直流电源模块和 LED 发光二极管电路图

注意：由于实验箱脉冲信号源 CPLD 无静电保护功能，学生在连线、检查线路、拆线过程中请勿带电操作。

7. LED 发光二极管

如图 5-6-8 所示电路中，4 组 16 位发光二极管，全部为共阴极连接，实验箱内部已经将 LED 阴极连接至 D.GND 端。

参考文献

[1] 陈大钦. 电子技术基础实验[M]. 北京：高等教育出版社，2002.
[2] 路勇. 电子电路实验及仿真[M]. 北京：清华大学出版社，北方交通大学出版社，2004.
[3] 王尧. 电子线路实践[M]. 南京：东南大学出版社，2000.
[4] 康华光 电子技术基础[M]. 北京：高等教育出版社，2008.
[5] 杨帮文. 新型集成器件实用电路[M]. 北京：电子工业出版社，2002.
[6] 王萍，林孔元. 电工学实验教程[M]. 北京：高等教育出版社，2008.
[7] 唐庆玉. 电工技术与电子技术实验指导[M]. 北京：清华大学出版社，2004.
[8] 王英. 模拟电子技术基础[M]. 成都：西南交通大学出版社，2008.